Metodología para el Apre del
Calculo Integral

Conforme al programa de estudio de
Cálculo Integral orientado a competencias del
Sistema Nacional de Educación Superior Tecnológica

José Santos Valdez Pérez
y
Cristina Pérez Pérez

Instituto Tecnológico de Saltillo
Instituto Tecnológico de Celaya

Segunda edición

DEDICATORIA:

Mi verdad:

Lo mejor de la educación orientada a competencias, es haber dejado atrás la percepción incompleta de la enseñanza centrada en el aprendizaje.

Dedicatoria:

A mis Madres: María Pérez y Josefina Rico.
A mi Padre: Francisco Valdez García.
A mis hijos.
A mis nietos.

Creo en el valor del individuo y en su derecho a vivir en libertad y a buscar su felicidad.

John D. Rockefeller

AGRADECIMIENTOS:

He de agradecer a las Ciudades que cobijaron mi existencia y de las cuales guardo gratos recuerdos: A mi tierra Palma Grande, Nay.; Xalisco; Tepic; Morelia, cuna de mi cultura; Villahermosa, la inolvidable; Tehuacan el irresistible; Distrito Federal el combativo y Saltillo de mis esperanzas; de la misma forma a Delicias Chih., Mazatlán, Sin.; Querétaro, Qro.; y Celaya, Gto. por recibir el influjo de esas tierras de inspiración.

Me es imposible nombrar a tantas personas, quienes de algún modo influyeron en la realización de la presente obra; sin embargo he de recordar a mis exalumnos, compañeros de estudio y de trabajo, así como mis maestros y directivos a quienes doy un profundo agradecimiento.

Directivos: Max Novelo Ramírez, Enriqueta González Aguilar, Carlos García Ibarra, José Guerrero Guerrero, Juan Leonardo Sánchez Cuellar, Bulmaro Fuentes Lemus, Carlos Fernández Pérez, Jesús Contreras García, Mario Madrigal Lápiz, Mario Valdés Garza, Javier Alonso Banda, Fidel Aguillón Hernández, Alejandro Guzmán Lerma, José Callejas Mejía, David Hernández Ochoa y Agustín Vázquez Vera.

Maestros: Sergio Alaníz Mancera, Heber Soto Fierro, Germán Maynes Meléndez, Salvador Montoya Luján, Elisa Álvarez Constantino, Salvador Campa, y Rosario Vitalle DiBenedeto.

Compañeros de trabajo: Ramón Tolentino Quilatan, Salvador Aarón Antuna García, Roberto Sánchez Alvarado, Rodolfo Rosas Morales, Araceli Rodríguez Contreras, Isabel Piña Villanueva, Norma Herrera Flores, Romina Sánchez González, Mayra Maycotte de la Péña, Elizabeth Sorkee Quiroz, Leonilo Rodríguez Borrego, Miguel Ángel Cabrera Navarro, Sergio Gaytán Aguirre, Francisco Javier Rodríguez Sánchez, Adrián Martínez Burceaga, Olivia García Calvillo, Javier Cuellar Villarreal, Alberto Córdoba García, Genaro Dávila Ramos, Josefina González Muñoz; Rosa María Hernández González, José Luís Quero Durán, Beatriz Barrón González, Noé Isaac García Hernández, Francisco Ruíz López, Roberto Wilson Alamilla, Jaime Edwald Montaño, José Luis Meneses Hernández; Antelmo Ventura Pérez, Rubén Medina Vilchis, Juan Manuel Nuché, Alberto Gutiérrez Alcalá, Marco Antonio Ledesma González, y Bernardo González Nava.

Compañeros de estudios: Mario Madrigal Lépiz, Bulmaro Fuentes Lemus, Jorge Maldonado Brizuela, Jaime Rebollo Rico, Cecilia Guzmán Hernández, Francisco Orizaga Espinosa, Miguel Espericueta Corro, Carlos Díaz Ramos, Juan Manuel Vargas Dimas, Fernando Aguilar Barragán y Delia Amador Gil.

Exalumnos: Martha Madero Estrada, Felicitas Cisneros Romero, Ma. Reyna Rivera Rivera, Fernando Treviño Montemayor, Enedina Sierra Ramos, Ema Aguilar Ibarra, Lizet Mancinas Pérez, Lucia Rosalía Paredes Hernández, Edgar Alonso Carrillo Quintero, Miriam Alcázar Ascacio, y Miriam Ávila García.

Así también a: Ricardo Llanos y Cecilia Guzmán ; David Obregón y Yolanda Pérez, Jesús Ramos y Araceli Pérez, Jorge Mares y Judith Rivera, Camerina Valdés y Rubén Saldaña; Andrés Valdés y Ma. de Jesús Guitrón; Jorge Pérez y Teresa Guevara; Gildardo Medina y Anita Pérez; Víctor Burciaga y Angélica Baena; Bernardo González Macías y Margarita Nava; Fernando García Rangel; Donaciano Quintero Salazar; Ivonne Muñoz, Ociel Ramírez, Sandra Herrera y Francisco Villaseñor; Leandro Ocampo López; Antonio Duarte Morales; Lupita Cárdenas Oyervides; Carolina Baez Olivo; Irene Valdés; Mario Manríquez Campos, Isabel Solís Serrano, Martha Hernández, Faviola Lara Cervantes, Luís Muñoz Romero, David Jaime González, Roberto Jaime González, Oscar Romero Rivera, Javier Valdés, Víctor García Martínez y José Guadalupe Torres.

PREFACIO DE LA SEGUNDA EDICIÓN:

El perfeccionamiento, no es otra cosa mas que el proceso de revisar y detectar actualizaciones, vacíos y errores; por lo que resulta natural, que lejos de la decepción surja el reto de hacer mejor lo que ya hemos hecho; después de todo, es válida la siguiente redundancia: "hacer constantemente lo mismo se compensa con perfeccionar lo que siempre hemos hecho"; desde luego sin haber olvidado la sentencia "Trabajos perfectos a tiempos infinitos tienen valor cero"; Es así como en la presente edición se han realizado las siguientes mejoras.

En lo general:

- Revisión de las teorías del aprendizaje.
- Completes de los supuestos pedagógicos.
- Adaptación del trabajo realizado orientado a competencias.
- Amplitud sobre el contenido del libro.
- Revisión general de las unidades.

Unidad 1:

- Las unidades 1 y 2 (Diferenciales y La integral indefinida) se unieron para formar esta unidad.
- Los fundamentos cognitivos por temas de la unidad 1, se trasladaron a los anexos.

Unidad 2:

- Antes era la unidad 3.

Unidad 3:

- Antes era la unidad 4 y se sumó la unidad 5.

Anexos:

- Se suma el anexo "Fundamentos cognitivos del cálculo integral".
- Dentro de los fundamentos cognitivos se desarrolló el tema: "Funciones y sus gráficas".
- Perfeccionamiento y desarrollo de la instrumentación didáctica orientada a competencias.

Unidad 4:

- Antes era la unidad 6.

Unidad 5:

- Se suma un nuevo contenido "Series"

PREFACIO:

Recomendaciones a los maestros:

Este libro ha sido escrito en paralelo a desarrollos pedagógicos expresos para tal fin, de igual forma se han delineado teorías y técnicas aún en proceso de desarrollo, sin embargo el máximo valor esperado, es el que tú como maestro le puedas adherir, mediante la apropiación y praxis de tales instrumentos así como el de su enriquecimiento.

Teorías del aprendizaje:

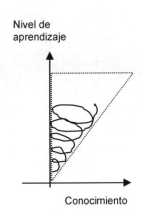

Nivel de aprendizaje

Conocimiento

Se ha supuesto que la generación del aprendizaje tiene un comportamiento helicoidal ascendente en forma de cono irregular invertido *"Teoría tornado".* También se afirma que su desarrollo es cíclico ascendente, porque a medida que avanza se aprende lo mismo pero a otro nivel y se adhieren nuevos conocimientos, por lo que es de suponer que las *"Corrientes pedagógicas constructivistas"* que describen la construcción del aprendizaje fundamentado en otros aprendizajes, se hacen presentes en cada momento; sin embargo también se han supuesto *"Teorías biogenéticas"* que insinúan que el conocimiento existe en cada ser humano y su aprendizaje es accesible.

De la misma manera y en forma constante, se deberá tener presente la *"Teoría de los aprendizajes equiparables"* que afirma: Todos los aprendizajes tienen el mismo grado de dificultad y son directamente proporcionales al grado cuantitativo y cualitativo de la información que se tenga del conocimiento. Así podemos afirmar que se aplica el mismo esfuerzo en apropiarse del conocimiento de cualquier ciencia, llámense estas sociales ó exactas; la clave de nuestra visión, es que en las ciencias exactas existe mucho conocimiento en poca información, por lo que en el campo del cálculo integral es necesario girar constantemente sobre la información disponible.

Otra teoría que se ha tomado en consideración y de aplicación práctica es la *"Teoría del bao cognitivo"* que infiere la existencia de un flujo constante y mutuo de energía cognitiva entre alumnos y docentes; de aquí la afirmación sobre la "Eternidad del Maestro"; y hace extensiva la generalidad de esta teoría infiriendo la existencia de flujos cognitivos universales, que se manifiestan en saberes similares adquiridos por las sociedades y las naciones en forma independiente.

Por supuesto que en su mayoría las diferentes teorías se encuentran en etapa de desarrollo, sin embargo y me consta que sus inferencias son aplicadas con resultados pedagógicos asombrosos.   No entraremos en polémicas sobre estas teorías ya que no es el propósito, sin embargo una simbiosis de tales teorías sería deseable en la praxis educativa.

Técnica de los aprendizajes por justificandos:

Esta técnica se ha desarrollado con el propósito de ser mas efectivos en el proceso enseñanza-aprendizaje; su aplicación en las matemáticas y en la física ha sido exitosa, sin embargo es extensible al campo de otras ciencias, por lo que aquí se presenta la dinámica de su proceso.

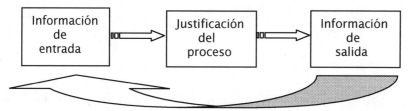

Información de entrada: Es el problema que se plantea y es sujeto a ser resuelto.

Justificación del proceso: Son todos los elementos necesarios para justificar un resultado.

Información de salida: Es el resultado fundamentado en la justificación de un proceso.

El proceso se caracteriza por ser cíclico, progresivo, repetitivo y cada vez que esto sucede avanza, ya que la información de salida automáticamente se convierte en información de entrada hasta obtener el resultado final.

Ejemplo: Por la fórmula de integración de funciones algebraicas que contienen x^n y la propiedad de la constante, integrar la siguiente función:

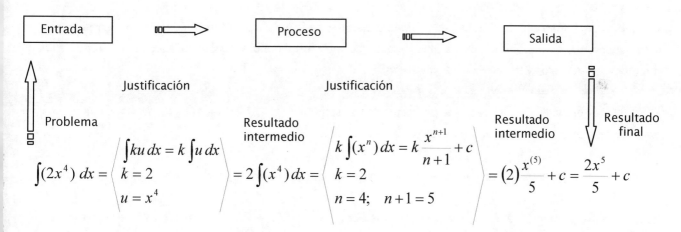

Técnica de los aprendizajes por agrupamiento:

El propósito de esta técnica es que el alumno aprenda a un determinado nivel de conocimientos, el cual incluye un eficiente dominio de las operaciones, entendiéndose estas rápidas y directas, además de mantener sensible el resultado esperado; las etapas que deberán cubrirse las podríamos delinear de la siguiente forma:

1) Presentación del problema.

2) Identificación de las fórmulas.

3) Aplicación directa de las fórmulas utilizando paréntesis.

4) Eliminación de paréntesis y simplificación.

Ejemplo: Aplicando la propiedad de la constante y la fórmula de diferenciación de la función seno; obtener:

$$d\left(3 sen2x\right)$$

$$\quad Paso\,1) \qquad\qquad Paso\,2) \qquad\qquad\qquad\qquad\qquad Paso\,3) \qquad\qquad Paso\,4)$$

$$d\left(3\,sen\,2x\right)=\left\langle \begin{array}{ll} d(k\,f(x))=k\,d(f(x)); & d\left(sen\,u\right)=\cos u\,du \\ k=3; \quad f(x)=sen2x; & u=2x; \quad du=2\,dx \end{array} \right\rangle = (3)(\cos 2x)(2dx)=6\cos 2x\,dx$$

Instrumentación didáctica:

Para este curso se ha elaborado en particular la instrumentación didáctica orientada a competencias, adjuntada en uno de sus anexos, y toda su estructura tienen como base los trabajos realizados sobre "Metodología para la instrumentación didáctica orientada a competencias", misma que previamente se desarrolló en exclusivo para tal fin: Lo importante de esta instrumentación didáctica, es que nos resuelve las siguientes preguntas: ¿qué?, ¿cómo?, ¿cuándo?, ¿con qué?, ¿para qué? y cuantas clases hay que desarrollar para obtener un curso de calidad, en el entendido de que toda calidad educativa deja mucho que desear si la misma no permea la labor docente y en última instancia el aprendizaje de los alumnos.

Supuestos pedagógicos:

Para un curso eficaz se han supuesto las siguientes condiciones pedagógicas:

- Apegarse en la instrumentación didáctica, en lo general, y cada maestro en función de su experiencia y de su estilo personal, irá haciendo los cambios y adaptaciones correspondientes, sobre todo en el campo de los métodos, las técnicas y las dinámicas educativas.

- Exposiciones globalizadas a través de proyector de transparencias ó cañón electrónico; máxime, cuando los aprendizajes sean de información extensa y/ó sistematizada.

- Crear confianza en los alumnos para que pregunten; la regla es ¡ No hay preguntas tontas !

- Paralelamente al curso se requieren acciones que permitan la educación en valores para que la misma sea integral, por lo que deben irse aprovechando los eventos institucionales o bien creando las actividades e incentivos correspondientes; De la misma forma y con propósitos educativos, continuamente se deberá observar la disciplina del grupo así como las actitudes de cada uno de sus integrantes.

- Tener conocimiento y control de los alumnos e identificación del grupo, para lo cual en los anexos se ha incluido un registro escolar y el formato de lista.

- Inhibir la copia a través de una concientización y en casos extremos aplicar las sanciones previamente establecidas e informadas al alumnado. En los anexos se encuentra un formato de examen, con el propósito de ser utilizado en la presentación de exámenes cuando así se requiera.

- No abusar de la aplicación de exámenes repetidos, para lo cual se sugiere elaborar una amplia batería de evaluaciones, ya que el alumno tiende a informarse de exámenes aplicados con anterioridad y confiarse en su posible aplicación, siendo ésta una de las causas de deficiencias en sus estudios.

Recomendaciones a los alumnos:

Existe una técnica para obtener buenos resultados en un curso, y lo mejor de esta técnica es que tú ya la conoces. Se trata de la técnica "ege" que significa ¡ échale ganas ! esa es la clave.

Las matemáticas son una disciplina y por lo mismo requiere de alumnos disciplinados en sus estudios, por lo que se requerirá de ti los siguientes condicionamientos mínimos:

- Un espacio de estudio, en tu casa preferentemente.
- Un horario de estudio, de al menos una hora de lunes a viernes y sólo para esta materia.
- Reorganización de los conocimientos, el domingo en la noche ó lunes en la mañana.
  La técnica de estudio que deberás de aplicar es:
- Lectura de la teoría.
- Visualización de la estrategia empleada en la solución de problemas de tu libro.
- Resolución de los problemas ya resueltos en el libro. Toma en cuenta que es válido echar un ojito cuando te bloques, no sin antes preguntarte ¿Qué sigue?, ¿Qué hago?, ¿ Qué se me ocurre?, etc., etc., etc..
- Solución a los ejercicios del libro.
- Si te es posible, intenta trabajar en equipo integrado por no más de cinco de tus compañeros.
- Recuerda: Tienes derecho a que se te desarrollen completamente los programas de estudio y a ser evaluado en tiempo, forma, contenido y nivel de lo que se te enseña.

En este libro se ha considerado que aún si tus bases de conocimiento son deficientes, es posible tener un excelente curso, ya que se previeron en las cadenas de aprendizajes los fundamentos indispensables para ir avanzando, sin embargo es de tu entera responsabilidad ser sistemático en tus estudios y si lo consideras necesario debes de consultar otras fuentes de información para el dominio correspondiente.

Se han desarrollado una serie de recursos pedagógicos para que tu aprendizaje sea más eficiente; así tenemos: Teorías del aprendizaje, Técnica de los aprendizajes por justificandos, Técnica de los aprendizajes por agrupamiento, Instrumentación didáctica, etc.. de los cuales no tienes que preocuparte por aprender, el maestro te los irá mostrando en todo el curso, y a ti te corresponde en paralelo instruirte en su uso ya que de seguro te servirá en toda tu carrera.

Sobre el libro:

Escribir un libro de matemáticas en el área de cálculo integral, tiene poco sentido, ya que existen en el mercado varias decenas escritos por autores extranjeros y la moda actual es que autores mexicanos por fin están elaborando libros y alguno de ellos de excelentes calidad en sus contenidos, pero pocos de ellos en sus métodos de presentación del conocimiento, y aun mas escasos en la didáctica recomendada para el maestro y metodologías de aprendizaje para el alumno. Y es aquí en donde se encuentra un desierto y la aportación de un esfuerzo que intenta mitigar el vacío y donde el crédito si es que lo existe debe reconocerse. También debe citarse que el éxtasis de la presente obra se encuentra en la idea de crear un libro para cada Programa de estudio y en específico para una Institución ó bien para todo un sistema como lo es el Sistema Nacional de Educación Superior Tecnológica.

El nivel de comprensión es para alumnos de inteligencia normal y aquellos que tienen leves problemas de aprendizajes, y de ninguna manera se ha escrito para alumnos de alto rendimiento a menos que su interés se concentre en la realización de ejercicios básicos de desarrollo de la creatividad, ya que los mismos descubrirán que el texto intencionalmente esta muy lejos de provocar el conflicto cognitivo necesario para su evolución.

La estrategia de enseñanza y aprendizaje va dirigida a estudiantes que han iniciado una carrera profesional sin incluir la de licenciatura en matemáticas, ya que esta orientada a la aplicación estructural de las matemáticas y algunas demostraciones son solamente intuitivas, y para nada se realiza un análisis matemático riguroso; Debemos de recordar que los métodos son para iniciar un aprendizaje que difícilmente lo podemos asimilar, pero una vez que se han tenido los fundamentos del conocimiento, los métodos deben desecharse porque de no ser así los mismos métodos nos limitan. Aquí opera el principio fundamental que versa sobre la existencia de cada método para cada nivel de desarrollo cognitivo e intelectual.

La utilidad para los maestros se hace patente, cuando el docente domina los métodos que se muestran, y se adquieren fundamentos de métodos y técnicas educativas así como de un leve repertorio de dinámicas grupales, pero se debe entender que sin una actitud responsable como profesor todo deja de tener sentido. Como complemento de utilidad para los docentes se anexa al final del libro la instrumentación didáctica orientada a competencias del curso, y para el mismo objetivo se ha desarrollado y aplicado con gran éxito las técnicas de aprendizajes por justificandos y por agrupamiento, como estrategia fundamental de desarrollo para los educandos, que de seguro le serán de utilidad en casi todas sus materias.

La ciencia avanza enormemente día con día, y es menester señalar que el aprendizaje con una estrategia metódica resulta más eficiente. Además los medios son eso, sólo medios únicamente, como paráfrasis podríamos afirmar que para nada importan los procesos internos que una computadora realice, ese es problema de los profesionales en electrónica; lo que si importa, son los resultados que se obtienen; Ahora bien y en nuestro caso son los aprendizajes que el alumno adquiere. En este sentido es oportuno señalar que intencionalmente se ha sacrificado la rigidez matemática por un intento de ser más claro en la comprensión del conocimiento.

Durante el proceso de su elaboración se tuvieron presentes las siguientes premisas fundamentales:

1) La ciencia y la tecnología tienen un avance potencialmente creciente, sin embargo el desarrollo de la naturaleza del ser humano tarda cientos y quizá miles de años para asimilar un pequeño progreso.

2) Los programas de estudio incorporan cada vez mas nuevos conocimientos, al grado que la cantidad que se estudia actualmente representa al menos el doble que en una década anterior, sin embargo el tiempo de 10 semestres en promedio que tarda un estudiante en realizar su carrera profesional no se ha incrementado por lo que la administración educativa tendrá que crear simbiosis de las siguientes alternativas:
- Incrementar el tiempo de realización de una carrera profesional, lo que hace más costosa a la educación y sus resultados no garantizan ser favorables.
- Quitar conocimientos de los programas de estudios, que seria un error al romperse las cadenas cognitivas.
- Tender a una especialización de las carreras profesionales, seleccionando aquellas áreas cognitivas específicas de mayor interés, siendo esta una opción a medias.
- Eficientar la labor pedagógica, a través de la teoría fundamentada en las cuatro potencialidades del docente:
  . Conocimiento: Dominio del conocimiento requerido por los programas de estudio.
  . Didáctica: Capacitación en métodos, técnicas, dinámicas grupales y estrategias de enseñanza que incidan en la instrumentación didáctica orientada a competencias.
  . Ética docente: Crear los lineamientos individuales, departamentales, institucionales y del sistema en que deba de ubicarse la labor docente.
  . Filosofía de vida: Proporcionar la cultura de aplicación práctica y operativa para que los docentes en función de sus intereses tengan alternativas de su existencia promoviendo un humanismo propio del Modelo Educativo orientado a competencias.
- Un indicador importante son los altos índices de reprobación en los primeros semestres, y un factor de aminoramiento lo es aplicando exámenes de admisión más selectivos, prestando atención en:
  . Fundamentos en el conocimiento necesario.
  . Vocación probada en el campo de la profesión elegida.
  . Actitudes para aminorar la siguiente sentencia: Cuando el alumno no desea estudiar el pedagogo más hábil fracasa.

3) Necesitamos entender y actuar en consecuencia que existen enormes vacíos no escritos en las matemáticas y que por lo general los docentes lo damos por entendidos y dominados por los educandos, sin embargo esto es falso al menos en la generalidad de los estudiantes de inteligencia normal, por lo que se deben de minimizar los efectos de estos vacíos a través de la elaboración de rutas pedagógicas que le permitan la madurez cognitiva.

4) También es necesario reubicar el nivel en que se imparte la educación pública superior asignando el supuesto de que este tipo de educación es para alumnos de inteligencia normal y por lo tanto se requiere de una pedagogía para alumnos de este nivel.

5) Para finalizar tenemos que darnos cuenta que aún no ha sido posible inventar un MODEM que permita al ser humano accesar a los archivos akásicos de las ciencias, y esto es una fantasía al menos en un futuro cercano.

Al leer este libro se verá que existen errores incluyendo hasta los de dedo, sin embargo he creído que sería un error aun más grande el no tener el valor de haberlo editado y sin importar que el mismo acuse de ignorancia.

En la práctica docente he observado que en el cajón del escritorio de cada maestro existe un libro que espera ser publicado, tengo la esperanza en la satisfacción de leer uno de los libros escritos por mis compañeros, que de seguro tendrá el éxito esperado.

En la presente como en todas las obras, el conocimiento tiene sus límites, sólo basta observar, lo escaso de las aplicaciones prácticas ó bien la aplicación de programas específicos de cómputo, pero insisto, lo primero siempre será lo primero y lo demás serán el resultado de la completes, enriquecimiento y perfeccionamiento de la presente obra en futuras ediciones.

Motivos:

Se que existen tanto vacío en el universo como vacío escrito hay en las matemáticas, y éste libro se ha elaborado pensando como maestro de la materia y no como matemático, puesto que si pensara como tal, jamás lo hubiese escrito, y la razón principal es la infinidad de alumnos que desean hacer una carrera profesional y se encuentran con la muralla de los números y la escasa tutoría en su aprendizaje.

Podría señalar una larga lista de motivos y cualquiera de ellos sería suficiente para la emisión del presente trabajo; sin embargo aseguro, que cuando las sociedades se den cuenta que la educación ya no es solo problema de bienestar social o económico, sino de existencia humana en toda la extensión de la palabra, llámese a esta existencia individual, familiar, social, económica, institucional, de un sistema, de un País, de un continente ó mundial, será entonces cuando habrá un viraje real y no simulado en el rumbo de las políticas públicas en materia educativa; y entenderemos que hacer la calidad con discursos no tiene sentido.

Me es imposible no mencionar los estudios realizados por Antuna, Valdés e Hinojosa (2004) "Índices de reprobación, un estudio exploratorio en el departamento de Ciencias Básicas del Instituto Tecnológico de Saltillo" donde se bosqueja la enorme problemática educativa sintetizada en tres resultados: La eficiencia Terminal total no rebasa el 40%; De ocho carreras, sólo 2 tienen eficiencia Terminal aceptable; existe una carrera acreditada y certificada por su calidad? donde sólo 1 de cada 10 estudiantes egresa y 9 desertan ¡¡¡¡¡; y la causa principal de deserción es el alto índice de reprobación en cálculo integral. Sin embargo otros indicadores infieren que la institución investigada es una de las mejores instituciones del Sistema Educativo Nacional, quedando interesante la respuesta a la pregunta; ¿Cómo estarán las demás?

Saltillo, Coah., verano del año 2010.

José Santos Valdez Pérez.

CONTENIDO:

Si tengo que decidir, entre hacer lo incorrecto a cambio de no tener problemas, entonces elegiré hacer lo correcto.

El proceso de aprendizaje, es como en las empresas; éstas, difícilmente alcanzan sus objetivos cuando la motivación de quienes laboran se encuentra debilitada.

Así sucede con los alumnos, estos requieren de una disciplina y una moral muy elevada para poder accesar al éxtasis del conocimiento.

Lo que se dice aquí es la verdad, ó al menos mi verdad y sólo por este instante.

José Santos Valdez Pérez

UNIDAD 1. LA INTEGRAL INDEFINIDA.

Clases:

1.1   Diferenciales.
1.2   Diferenciación de funciones elementales.
1.3   Diferenciación de funciones algebraicas que contienen x^n.
1.4   Diferenciación de funciones que contienen u.
1.5   La antiderivada e integración de funciones elementales.
1.6   Integración de funciones algebraicas que contienen x^n.
1.7   Integración de funciones que contiene u.

- Evaluación tipo.
- Formulario de diferenciales de funciones que contienen x^n, y u.
- Formulario de integración indefinida de funciones que contienen x^n y u.

Clase: 1.1 Diferenciales.
  Guía:
- Definición e interpretación geométrica de incrementos y diferenciales. · · · - Ejemplos.
- Propiedades de las diferenciales. · · · - Ejercicios.
- Clasificación de funciones.
- Introducción a las diferenciales por fórmulas.

Definición e interpretación geométrica de incrementos y diferenciales:

Sean:

- R^2 un plano rectangular.
- f la gráfica de una función $y = f(x)$ derivable.
- $P(x, f(x))$ y $Q((x + \Delta x), f(x + \Delta x))$ *dos puntos* $\in f$.
- S una recta secante de $f \in P$ y Q.
- T una recta tangente de $f \in P$.
- m_S y m_T las pendientes de S y de T respectivamente.
- W el punto común de T y la ordenada $x + \Delta x$
- dy la distancia entre los puntos W y $((x + \Delta x), f(x))$.

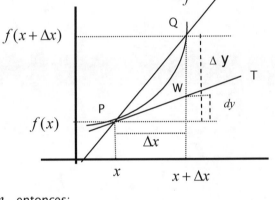

$\therefore$ $\Delta x = (x + \Delta x) - x$ **es el** *incremento de* "x".

$\Delta y = f(x + \Delta x) - f(x)$ **es el** *incremento de* "y".

Si $\Delta x \to 0$ $\therefore$ $Q \to P$; S *gira hacia* T; y $m_S \to m_T$ entonces:

$$m_T = \lim_{\Delta x \to 0} \frac{\Delta y}{\Delta x} = \lim_{\Delta x \to 0} \frac{f(x + \Delta x) - f(x)}{\Delta x} = \left\langle \begin{matrix} otras \\ notaciones \end{matrix} \right\rangle = \frac{dy}{dx} = f'(x) = y' = \left\langle \begin{matrix} llamada\ derivada\ de \\ la\ función\ y = f(x) \end{matrix} \right\rangle$$

Como: $m_T = \dfrac{dy}{\Delta x} = f'(x) = \left\langle \begin{matrix} Sí\ \Delta x \to 0 \\ \therefore \Delta x \to dx \end{matrix} \right\rangle = \dfrac{dy}{dx}$ $\therefore$ $dy = f'(x)dx$ llamada diferencial de "y".

Propiedad de las diferenciales:

Propiedad de la constante:

Esta propiedad establece que: Para todo k que sea una constante y $f(x)$ una función, se cumple lo siguiente:

$$d\big(k\, f(x)\big) = k\, d\big(f(x)\big)$$

Esto nos sugiere y según nos convenga, ubicar la constante dentro ó fuera de la diferencial.

Propiedad de la suma y/o diferencia de funciones:

Esta propiedad nos indica que: Para $f(x)$ y $g(x)$ que sean funciones, se cumple lo siguiente:

$$d\big(f(x) \pm g(x)\big) = d\big(f(x)\big) \pm d\big(g(x)\big)$$

Entendiendo lo anterior como: "la diferencial de la suma de dos funciones es igual a la suma de sus diferenciales".

Clasificación de funciones:

Antes de iniciar el proceso de obtención de diferenciales daremos una mirada a las dos clasificaciones de funciones sujetas a nuestro interés, lo anterior obedece a la completes y fluidez didáctica en el proceso de aprendizaje. Con el propósito de cubrir las posibles deficiencias cognitivas antecedentes de este curso, es recomendable consultar el "Anexo: A1. Funciones y sus gráficas", desarrollado al final del libro.

La primera clasificación presenta el universo de funciones en que opera el cálculo integral y por lo mismo en cada etapa de aprendizaje se trata de globalizar el conocimiento atendiendo a este orden.

1) Funciones algebraicas.
2) Funciones exponenciales.
3) Funciones logarítmicas.
4) Funciones trigonométricas.
5) Funciones trigonométricas inversas.
6) Funciones hiperbólicas.
7) Funciones hiperbólicas inversas.

La segunda clasificación obedece al grado de complejidad de las funciones y las hemos observado de la siguiente manera:

1) Funciones elementales.
2) Funciones básicas.
3) Funciones metabásicas.

Las funciones elementales las hemos concebido como las funciones que contienen en su estructura una constante ó bien una variable, y para nuestro caso nos referiremos a la variable "x".

Ejemplos: $y = 4;$ $y = \dfrac{1}{x};$ $y = sen\, x;$ $etc..$

Las funciones básicas las definiremos como las funciones que contienen en su estructura un binomio de la forma: $y = ax + b$ $\forall a, b \in k$ y $a \neq 0$

Ejemplos: $y = 3x + 2;$ $y = \ln(2x + 1);$ $y = \cos(x + 1);$ $etc..$

Y por último; las funciones metabásicas las podemos inferir como aquellas que contienen en su estructura un polinomio de la forma: $y = p(x) = ax^n + bx^{n-1} + \cdots + z$ $\forall a, b, \cdots z \in k$ y $n \in Z^+$

Ejemplo: $y = x^3 - 3x^2 + 2$

Introducción a las diferenciales por fórmulas:

Las fórmulas de diferenciales se fundamentan en teoremas previamente demostrados en cálculo diferencial; al revisar su análisis se observa que son las mismas fórmulas que se utilizan para las derivadas, excepto que se multiplican ambos lados por $"dx"$ (se dice "de equis ó diferencial de equis").

Como punto de partida tenemos que aceptar por principio didáctico y por norma de jerarquía, que el objetivo principal del estudiante de cualquiera de las licenciaturas es el aprendizaje del proceso de obtención de las diferenciales, y no necesariamente el análisis matemático en el proceso de demostración de fórmulas, propiedades y reglas, muy propio de los aspirantes a profesionales del área de las matemáticas específicamente, sin que con esto se afirme que deba existir un total desconocimiento por parte de los aspirantes a profesionales de áreas ajenas.

De lo anterior y en lo sucesivo, iniciaremos cada aprendizaje con la aplicación directa de las propiedades y fórmulas, y sólo en algunos casos haremos su demostración intuitiva.

Clase: 1.2 Diferenciación de funciones elementales.
Guía:
- Diferenciación de funciones elementales: . Trigonométricas inversas.
 . Algebraicas.   . Hiperbólicas.
 . Exponenciales.   . Hiperbólicas inversas.
 . Logarítmicas.   - Ejemplos.
 . Trigonométricas.   - Ejercicios.

Diferenciación de funciones elementales algebraicas.

Funciones elementales algebraicas:

Es de observarse que existe una infinidad de funciones elementales algebraicas, sin embargo y según sea el caso, sólo mencionaremos las que sean de nuestro interés; y es así como ahora consideramos las siguientes:

Fórmulas de diferenciales	Función	Nombre
1) $d(k) = 0$	$y = k$	Constante
2) $d(x) = dx$	$y = x$	Identidad
3) $d\lvert x \rvert = \dfrac{x}{\lvert x \rvert} dx$	$y = \lvert x \rvert$	Valor absoluto
4) $d\left(\sqrt{x}\right) = \dfrac{1}{2\sqrt{x}} dx$	$y = \sqrt{x}$	Raíz
5) $d\left(\dfrac{1}{x}\right) = -\dfrac{1}{x^2} dx$	$y = \dfrac{1}{x}$	Inversa de "x"

Ejemplos:

1) $d(2) = 0$

2) $d(pancho) = 0$ observe que todo lo que no sea "x" es constante.

3) $d(2x) = 2d(x) = 2\,dx$ es de observarse que estamos aplicando la propiedad de la constante.

4) $d(sixto) = sito\, d(x) = sito\, dx$ aquí hemos aprendido que todo lo que no sea "x" es constante.

5) $d(5x - 4) = d(5x) - d(4) = 5d(x) - 4d(1) = (5)(1) - (4)(4) = 5$

6) $d(5x) = d(5\lvert x\rvert) = \lvert 5\rvert d(\lvert x\rvert) = (5)\left(\dfrac{x}{\lvert x\rvert} dx\right) = \dfrac{5x}{\lvert x\rvert} dx$

7) $d\left(\dfrac{\sqrt{x}}{3}\right) = \dfrac{1}{3}d\left(\sqrt{x}\right) = \left(\dfrac{1}{3}\right)\left(\dfrac{1}{2\sqrt{x}} dx\right) = .\dfrac{1}{6\sqrt{x}} dx$

8) $d\left(\sqrt{2}x\right) = \sqrt{2}d\left(\sqrt{x}\right) = \left(\sqrt{2}\right)\left(\dfrac{1}{2\sqrt{x}} dx\right) = .\dfrac{\sqrt{2}}{2\sqrt{x}} dx = \dfrac{1}{\sqrt{2}\sqrt{x}} dx = \dfrac{1}{\sqrt{2x}} dx$

9) $d\left(\dfrac{2x}{\sqrt{x}}\right) = 2d\left(\dfrac{x}{\sqrt{x}}\right) = 2d\left(\sqrt{x}\right) = (2)\left(\dfrac{1}{2\sqrt{x}} dx\right) = \dfrac{1}{\sqrt{x}} dx$

10) $d\left(\dfrac{2}{3x}\right) = \dfrac{2}{3}d\left(\dfrac{1}{x}\right) = \left(\dfrac{2}{3}\right)\left(-\dfrac{1}{x^2} dx\right) = .-\dfrac{2}{3x^2} dx$

Diferenciación de funciones elementales exponenciales:

Funciones elementales exponenciales:

Fórmulas de diferenciales		Función	Nombre
1) $d\left(e^x\right) = e^x dx$	$\forall e \approx 2.71828....$	$y = e^x$	Exponencial de base e
2) $d\left(a^x\right) = a^x \ln a\, dx$	$\forall a > 0 \neq 1$	$y = a^x \quad \forall a > 0 \neq 1$	Exponencial de base a

Ejemplos:

1) $d\left(\dfrac{e^x}{\sqrt{2}}\right) = \dfrac{1}{\sqrt{2}} d\left(e^x\right) = \left(\dfrac{1}{\sqrt{2}}\right)\left(e^x dx\right) = \dfrac{e^x}{\sqrt{2}} dx$

2) $d\left(2^x + 3\right) = d\left(2^x\right) + d(3) = \left(2^x \ln 2\, dx\right) + 0 = 2^x \ln 2\, dx$

Diferenciación de funciones elementales logarítmicas:

Funciones elementales logarítmicas:

Fórmulas de diferenciales	Función	Nombre
1) $d\left(\ln x\right) = \dfrac{1}{x} dx \quad \forall x > 0$	$y = \ln x$	Logaritmo de base e (logaritmo natural)
2) $d\left(\log_a x\right) = \dfrac{1}{x \ln a} dx$	$y = \log_a x$	Logaritmo de base a

Ejemplos:

1) $d\left(\dfrac{2\ln x}{5}\right) = \dfrac{2}{5} d\left(\ln x\right) = \left(\dfrac{2}{5}\right)\left(\dfrac{1}{x} dx\right) = \dfrac{2}{5x} dx$

2) $d\left(4\log_{10} x\right) = 4\dfrac{d}{dx}\left(\log_{10} x\right) dx = \dfrac{4}{x \ln 10} dx$

Diferenciación de funciones elementales trigonométricas:

Funciones elementales trigonométricas:

Fórmulas de diferenciales	Función	Nombre
1) $d\left(sen\, x\right) = \cos x\, dx$	$y = sen\, x$	Seno
2) $d\left(\cos x\right) = -sen\, x\, dx$	$y = \cos x$	Coseno
3) $d\left(\tan x\right) = \sec^2 x\, dx$	$y = \tan x$	Tangente
4) $d\left(\cot x\right) = -\csc^2 x\, dx$	$y = \cot x$	Cotangente
5) $d\left(\sec x\right) = \sec x \tan x\, dx$	$y = \sec x$	Secante
6) $d\left(\csc x\right) = -\cot x \csc x\, dx$	$y = \csc x$	Cosecante

Ejemplos:

1) $d\left(\dfrac{\cos x}{2}\right) = \dfrac{1}{2}(-sen x)\,dx = -\dfrac{1}{2}sen x\,dx$

2) $d\left(\dfrac{\sqrt{2}\tan x}{3}\right) = \dfrac{\sqrt{2}}{3}\,d(\tan x) = \left(\dfrac{\sqrt{2}}{3}\right)(\sec^2 x\,dx) = \dfrac{\sqrt{2}\sec^2 x}{3}\,dx$

3) $d\left(\dfrac{2}{\cos x}\right) = 2d\left(\dfrac{1}{\cos x}\right) = 2d(\sec x) = 2\sec x\tan x\,dx$

Diferenciación de funciones elementales trigonométricas inversas:

Funciones elementales trigonométricas inversas:

Fórmulas de diferenciales	Función	Nombre
1) $d(arc\,sen\,x) = \dfrac{1}{\sqrt{1-x^2}}\,dx$	$y = arc\,sen\,x$	Seno inverso
2) $d(arc\cos x) = -\dfrac{1}{\sqrt{1-x^2}}\,dx$	$y = arc\cos x$	Coseno inverso
3) $d(arc\tan x) = \dfrac{1}{1+x^2}\,dx$	$y = arc\tan x$	Tangente inversa
4) $d(arc\cot x) = -\dfrac{1}{1+x^2}\,dx$	$y = arc\cot x$	Cotangente inversa
5) $d(arc\sec x) = \dfrac{1}{x\sqrt{x^2-1}}\,dx$	$y = arc\sec x$	Secante inversa
6) $d(arc\csc x) = -\dfrac{1}{x\sqrt{x^2-1}}\,dx$	$y = arc\csc x$	Cosecante inversa

Ejemplos:

1) $d(3arcsenx) = 3\,d(arcsenx) = (3)\left(\dfrac{1}{\sqrt{1-x^2}}\,dx\right) = \dfrac{3}{\sqrt{1-x^2}}\,dx$

2) $d\left(\dfrac{-2arc\cot x}{3}\right) = \dfrac{-2}{3}\,d(arc\cot x) = \left(\dfrac{-2}{3}\right)\left(-\dfrac{1}{1+x^2}\,dx\right) = \dfrac{2}{3(1+x^2)}\,dx$

3) $d\left(\dfrac{arc\sec x}{\sqrt{2}}\right) = \dfrac{1}{\sqrt{2}}\,d(arc\sec x) = \left(\dfrac{1}{\sqrt{2}}\right)\left(\dfrac{1}{x\sqrt{x^2-1}}\,dx\right) = \dfrac{1}{x\sqrt{2}\sqrt{x^2-1}}\,dx = \dfrac{1}{x\sqrt{2(x^2-1)}}\,dx = \dfrac{1}{x\sqrt{2x^2-2}}\,dx$

Diferenciación de funciones elementales hiperbólicas:

Funciones elementales hiperbólicas:

Fórmulas de diferenciales	Función	Nombre
1) $d\left(senh\,x\right) = \cosh x\,dx$	$y = senh\,x$	Seno hiperbólico
2) $d\left(\cosh x\right) = senh\,x\,dx$	$y = \cosh x$	Coseno hiperbólico
3) $d\left(\tanh x\right) = \sec h^2 x\,dx$	$y = \tanh x$	Tangente hiperbólica
4) $d\left(\coth x\right) = -\csc h^2 x\,dx$	$y = \coth x$	Cotangente hiperbólica
5) $d\left(\sec h\,x\right) = -\tanh x\,\sec h\,x\,dx$	$y = \sec h\,x$	Secante hiperbólica
6) $d\left(\csc h\,x\right) = -\coth x\,\csc h\,x\,dx$	$y = \csc h\,x$	Cosecante hiperbólica

Ejemplo:

1) $d\left(2\cosh x - 5x\right) = 2\,d\left(\cosh x\right) - 5d\left(x\right) = \left(2\right)\left(senh\,x\,dx\right) - \left(5\right)\left(1\right) = 2senh\,x\,dx - 5$

2) $d\left(\dfrac{3\tanh x}{4}\right) = \left(\dfrac{3}{4}\right)d\tanh x = \left(\dfrac{3}{4}\right)\left(\sec h^2 x\,dx\right) = \dfrac{3}{4}\sec h^2 x\,dx$

Diferenciación de funciones elementales hiperbólicas inversas:

Funciones hiperbólicas inversas:

Fórmulas de diferenciales	Función	Nombre
1) $d\left(arc\,senh\,x\right) = \dfrac{1}{\sqrt{x^2+1}}\,dx$	$y = arc\,senh\,x$	Seno hiperbólico inverso
2) $d\left(arc\cos h\,x\right) = \dfrac{1}{\sqrt{x^2-1}}\,dx \quad \forall\,x>1$	$y = arc\cos h\,x$	Coseno hiperbólico inverso
3) $d\left(arc\tan h\,x\right) = \dfrac{1}{1-x^2}\,dx \quad \forall\,|x|<1$	$y = arc\tan h\,x$	Tangente hiperbólico inverso
4) $d\left(arc\coth x\right) = \dfrac{1}{1-x^2}\,dx \quad \forall\,|x|>1$	$y = arc\coth x$	Cotangente hiperbólico inverso
5) $d\left(arc\sec h\,x\right) = -\dfrac{1}{x\sqrt{1-x^2}}\,dx \quad \forall\,0<x<1$	$y = arc\sec h\,x$	Secante hiperbólico inverso
6) $d\left(arc\csc h\,x\right) = -\dfrac{1}{|x|\sqrt{1+x^2}}\,dx \quad \forall\,x\neq 0$	$y = arc\csc h\,x$	Cosecante hiperbólico inverso

Ejemplos:

1) $d\left(\sqrt{2}\,arc\tan h\,x\right) = \left(\sqrt{2}\right)\left(\dfrac{1}{1-x^2}\,dx\right) = \dfrac{\sqrt{2}}{1-x^2}\,dx$

2) $d\left(\dfrac{2\,arc\csc h\,x}{3}\right) = \dfrac{2}{3}d\left(arc\csc h\,x\right) = \left(\dfrac{2}{3}\right)\left(-\dfrac{1}{|x|\sqrt{1+x^2}}\,dx\right) = -\dfrac{2}{3|x|\sqrt{1+x^2}}\,dx$

Ejercicios:

Tipo I. Obtener la diferencial por fórmula de las siguientes funciones elementales algebraicas.

1) $d(2x) = ?$ 4) $d\left(\dfrac{x}{2}\right) = ?$ 7) $d\left(\sqrt{5x}\right) = ?$ 10) $d\left(\dfrac{3}{x}\right) = ?$

2) $d\left(-\dfrac{x}{4}\right) = ?$ 5) $d(2\sqrt{x}) = ?$ 8) $d\left(\dfrac{2x}{\sqrt{x}}\right) = ?$ 11) $d\left(\dfrac{2}{3x}\right) = ?$

3) $d\left(\dfrac{2x}{3}\right) = ?$ 6) $d\left(\dfrac{\sqrt{2x}}{4}\right) = ?$ 9) $d\left(\dfrac{2x}{\sqrt{3x}}\right)$ 12) $d\left(3x^2 - \dfrac{2}{x}\right) = ?$

Tipo II. Obtener la diferencial por fórmula de las siguientes funciones elementales exponenciales.

1) $d\left(-\dfrac{e^x}{3}\right) = ?$ 2) $d\left(\dfrac{5(5^x)}{4}\right) = ?$ 3) $d\left(2\sqrt{3e^x} + 4\right) = ?$

Tipo III. Obtener la diferencial por fórmula de las siguientes funciones elementales logarítmicas.

1) $d\left(\dfrac{2\ln x}{9}\right) = ?$ 2) $d\left(5\log_{10} x\right) = ?$ 3) $d\left(\dfrac{-\ln x}{5}\right) = ?$

Tipo IV. Obtener la diferencial por fórmula de las siguientes funciones elementales trigonométricas.

1) $d\left(-3\cos x\right) = ?$ 2) $d\left(\dfrac{3\cot x}{-4}\right) = ?$ 3) $d\left(\dfrac{2}{3}\csc x\right) = ?$

Tipo V. Obtener la diferencial por fórmula de las siguientes funciones elementales trigonométricas inversas.

$d\left(-3arc\,sen\,x\right) = ?$ $d\left(\dfrac{-3arc\tan x}{8}\right) = ?$ $d\left(-\dfrac{2}{3}arc\csc x\right) = ?$

Tipo VI. Obtener la diferencial por fórmula de las siguientes funciones elementales hiperbólicas.

1) $d\left(-2\cosh x\right) = ?$ 2) $d\left(\dfrac{5\tanh x}{-4}\right) = ?$ 3) $d\left(\dfrac{3}{\sqrt{2}}\csc h x\right) = ?$

Tipo VII. Obtener la diferencial por fórmula de las siguientes funciones elementales hiperbólicas inversas.

1) $d\left(\dfrac{2arcsenh x}{3}\right) = ?$ 2) $d\left(\dfrac{arccos h x}{10}\right) = ?$ 5) $d\left(5arc\sec h x\right) = ?$

Clase: 1.3 Diferenciación de funciones algebraicas que contienen x^n.

Guía:
- Diferenciación de funciones algebraicas que contienen x^n.
- Ejemplos.
- Ejercicios.

<u>Diferenciación de funciones algebraicas que contienen x^n.</u>

<u>Fórmulas de diferenciales</u>	<u>Función</u>	<u>Nombre</u>
1) $\quad d\left(x^n\right) = nx^{n-1}dx$	$y = x^n$	Potencia de x

<u>Ejemplos:</u>

1) $\quad d\left(x^3\right) = \left\langle \begin{array}{l} d\left(x^n\right) = nx^{n-1}dx \\ n = 3 \\ n - 1 = 2 \end{array} \right\rangle = (3)\left(x^{(2)}\,dx\right) = 3x^2 dx$

2) $\quad d\left(2x^4\right) = \left\langle \begin{array}{l} d(ku) = k\,d(u) \\ k = 2 \\ u = x^4 \end{array} \right\rangle = 2\,d\left(x^4\right) = (2)(4)\left(x^{(3)}dx\right) = 8x^3 dx$

3) $\quad d\left(\dfrac{7x}{\sqrt[3]{x^4}}\right) = 7\,d\left(\dfrac{x}{\sqrt[3]{x^4}}\right) = 7d\left(x^1 x^{-\frac{4}{3}}\right) = 7d\left(x^{1-\frac{4}{3}}\right) = 7d\left(x^{-\frac{1}{3}}\right) = (7)\left(-\dfrac{1}{3}\right)\left(x^{-\frac{4}{3}}dx\right) = -\dfrac{7}{3\sqrt[3]{x^4}}\,dx$

4) $\quad d\left(x + 1\right) = \left\langle \begin{array}{l} d\left(u + v\right) = d(u) + d(v) \\ u = x \\ v = 1 \end{array} \right\rangle = d(x) + d(1) = dx + 0 = dx$

5) $\quad d\left(3x^2 - x\right) = \left\langle \begin{array}{l} d\left(u - v\right) = d(u) - d(v) \\ u = 3x^2 \\ v = x \end{array} \right\rangle = d\left(3x^2\right) - d(x) = 6xdx - dx = (6x - 1)dx$

6) $\quad d\left(\dfrac{2 + 3\sqrt{x}}{x^2}\right) = d\left(\dfrac{2}{x^2}\right) + d\left(\dfrac{3\sqrt{x}}{x^2}\right) = 2d\left(x^{-2}\right) + 3d\left(x^{-\frac{3}{2}}\right) = 2(-2)x^{-3}dx + 3\left(-\tfrac{3}{2}\right)x^{-\frac{5}{2}}dx = \left(-\dfrac{4}{x^3} - \dfrac{9}{2\sqrt{x^5}}\right)dx$

7) $\quad d\left(\dfrac{1 - 3x}{2}\right) = d\left(\dfrac{1}{2} - \dfrac{3x}{2}\right) = d\left(\dfrac{1}{2}\right) - d\left(\dfrac{3x}{2}\right) = \dfrac{1}{2}d(1) - \dfrac{3}{2}d(x) = \left(\dfrac{1}{2}\right)(0) - \left(\dfrac{3}{2}\right)(1\,dx) = -\dfrac{3}{2}dx$

8) $\quad d\left(\dfrac{x+1}{3\sqrt{2x}}\right) = \dfrac{1}{3\sqrt{2}}\,d\left(\dfrac{x+1}{\sqrt{x}}\right) = \dfrac{1}{3\sqrt{2}}\,d\left(\dfrac{x}{\sqrt{x}}+\dfrac{1}{\sqrt{x}}\right) = \dfrac{1}{3\sqrt{2}}\,d\left(x^{\frac{1}{2}}+x^{-\frac{1}{2}}\right) = \dfrac{1}{3\sqrt{2}}\left(\dfrac{1}{2}x^{-\frac{1}{2}}+\left(-\dfrac{1}{2}x^{-\frac{3}{2}}\right)\right)dx$

$\quad\quad = \dfrac{1}{3\sqrt{2}}\left(\dfrac{1}{2\sqrt{x}}-\dfrac{1}{2\sqrt{x^3}}\right)dx = \left(\dfrac{1}{6\sqrt{2x}}-\dfrac{1}{6\sqrt{2x^3}}\right)dx$

9) $\quad d\left(\dfrac{2-\sqrt{x}}{\sqrt{x}}\right) = d\left(\dfrac{2}{\sqrt{x}}-\dfrac{\sqrt{x}}{\sqrt{x}}\right) = d\left(2x^{-\frac{1}{2}}-1\right) = (2)\left(-\dfrac{1}{2}\right)\left(x^{-\frac{3}{2}}dx\right) = -x^{-\frac{3}{2}}dx = -\dfrac{1}{\sqrt{x^3}}\,dx$

10) $\quad d\left(\dfrac{a-bx}{\sqrt{x}}\right) = d\left(\dfrac{a}{\sqrt{x}}-\dfrac{bx}{\sqrt{x}}\right) = d\left(\dfrac{a}{\sqrt{x}}\right) - d\left(\dfrac{bx}{\sqrt{x}}\right) = ad\left(\dfrac{1}{\sqrt{x}}\right) - bd\left(\dfrac{x}{\sqrt{x}}\right) = ad\left(x^{-\frac{1}{2}}\right) - bd\left(x^{\frac{1}{2}}\right)$

$\quad\quad = (a)\left(-\dfrac{1}{2}\right)\left(x^{-\frac{3}{2}}dx\right) - (b)\left(\dfrac{1}{2}\right)\left(x^{-\frac{1}{2}}dx\right) = -\dfrac{a}{2\sqrt{x^3}}\,dx - \dfrac{b}{2\sqrt{x}}\,dx = \left(-\dfrac{a}{2\sqrt{x^3}}-\dfrac{b}{2\sqrt{x}}\right)dx$

Ejercicios:

Tipo I. Por la fórmula de diferenciación de funciones algebraicas que contienen x^n; obtener:

1) $\quad d\left(\sqrt{2x}\right) = ?$

2) $\quad d\left(8\sqrt[7]{x^3}\right) = ?$

3) $\quad d\left(\dfrac{2}{\sqrt[3]{3x}}\right) = ?$

4) $\quad d\left(\dfrac{2x}{\sqrt{x}}\right) = ?$

5) $\quad d\left(\dfrac{3x^3}{5\sqrt{x^5}}\right) = ?$

6) $\quad d\left(\dfrac{7x}{\sqrt[3]{x^4}}\right) = ?$

7) $\quad d\,(x+2) = ?$

8) $\quad d\,(x^2-3x) = ?$

9) $\quad d\left(x\,(2x-1)\right) = ?$

10) $\quad d\,(2x+1)^2 = ?$

11) $\quad d\left((x+1)(x-1)\right) = ?$

12) $\quad d\left(4-\sqrt{x}\right) = ?$

13) $\quad d\left(\dfrac{5-2x}{3}\right) = ?$

14) $\quad d\left(\dfrac{3x-x^2}{x}\right) = ?$

15) $\quad d\left(\dfrac{2-3x}{\sqrt{x}}\right) = ?$

16) $\quad d\,(1-z^2)z = ?$

17) $\quad d\left(\dfrac{1-\sqrt{t}}{2t}\right) = ?$

18) $\quad d\left(\dfrac{2x^2+3x-1}{\sqrt{2x}}\right) = ?$

Clase: 1.4 Diferenciación de funciones que contienen u.

Guía:
- Diferenciación de funciones que contienen u.
- Ejemplos.
- Ejercicios.

Diferenciación de funciones que contienen u:

Sí u es cualquier función y n es un número real se cumple los siguientes diferenciales:

Diferenciación de funciones algebraicas que contienen u.

Fórmulas de diferenciales	Función	Nombre
1) $d\left(u^n\right)=nu^{n-1}du$	$y=u^n$	Potencia de u
2) $d\left(\sqrt{x}\right)=\dfrac{1}{2\sqrt{u}}du$	$y=\sqrt{u}$	Raíz de u
3) $d\left(\dfrac{1}{u}\right)=-\dfrac{1}{u^2}du$	$y=\dfrac{1}{u}$	Inversa de u

Ejemplos:

1) $d(x^5)=\left\langle\begin{array}{l}\Rightarrow Por\ la\ fórmula \\ que\ contiene\ "x^n\ " \end{array}\right\rangle=\left\langle\begin{array}{l} d(x^n)=nx^{n-1} \\ n=5 \\ n-1=4 \end{array}\right\rangle=5x^4dx$

$=\left\langle\begin{array}{l}\Rightarrow Por\ la\ fórmula \\ que\ contiene\ "u" \end{array}\right\rangle=\left\langle\begin{array}{l} d(u^n)=nu^{n-1}du \\ n=5;\quad n-1=4 \\ u=x;\quad du=d(x)=dx \end{array}\right\rangle=(5)(x^{(4)})(dx)=5x^4dx$

$=5x^4dx$

2) $d\left(3x+2\right)=\left\langle\begin{array}{l} d(u^n)=nu^{n-1}du;\quad n=4;\quad n-1=3 \\ u=3x+2;\quad du=3\,dx \end{array}\right\rangle=(4)(3x+2)^3(3dx)=12(3x+2)^3\,dx$

3) $d\left(\sqrt{1-2x}\right)=\left\langle\begin{array}{l} d(\sqrt{u})=\dfrac{1}{2\sqrt{u}}du \\ u=1-2x;\quad du=-2\,dx \end{array}\right\rangle=\left(\dfrac{1}{2\sqrt{1-2x}}\right)(-2\,dx)=-\dfrac{1}{\sqrt{1-2x}}dx$

4) $d\left(\dfrac{2\sqrt{4x^3+5}}{3}\right)=\left\langle\begin{array}{l} d(\sqrt{u})=\dfrac{1}{2\sqrt{u}}du \\ u=4x^3+5;\quad du=12x^2dx \end{array}\right\rangle=\left(\dfrac{2}{3}\right)\left(\dfrac{1}{2\sqrt{4x^3+5}}\right)(12x^2dx)=\dfrac{4x^2}{\sqrt{1-2x}}dx$

Diferenciación de funciones exponenciales que contienen u:

Fórmulas de diferenciales	Función	Nombre
1) $d(e^u) = e^u \, d(u)$	$y = e^u$	Exponencial de base e
2) $d(a^u) = a^u \ln a \, d(u)$	$y = a^u$	Exponencial de base a
3) $d(u^v) = u^v \ln u \, d(v) + v u^{v-1} d(u)$	$y = u^v$	Potencia de potencia

Ejemplo:

1) $d\left(e^{\frac{2x}{3}} \right) = \left(e^{\frac{2x}{3}} \right)\left(\dfrac{2}{3} dx \right) = \dfrac{2}{3} e^{\frac{2x}{3}} dx$

Diferenciación de funciones logarítmicas que contienen u:

Fórmulas de diferenciales	Función	Nombre
1) $d(\ln u) = \dfrac{1}{u} d(u)$	$y = \log_a u$	Logaritmo de base e (logaritmo natural)
2) $d(\log_a u) = \dfrac{\log_a e}{u} d(u)$	$y = \ln u$	Logaritmo de base a

Ejemplo:

1) $d\left(5\ln(1-2x) \right) = 5d\left(\ln(1-2x) \right) = (5)\left(\dfrac{1}{1-2x} \right)(-2\,dx) = -\dfrac{10}{1-2x} dx$

Diferenciación de funciones trigonométricas que contienen u:

Fórmulas de diferenciales	Función	Nombre
1) $d(\operatorname{sen} u) = \cos u \, du$	$y = \operatorname{sen} u$	Seno
2) $d(\cos u) = -\operatorname{sen} u \, du$	$y = \cos u$	Coseno
3) $d(\tan u) = \sec^2 u \, du$	$y = \tan u$	Tangente
4) $d(\cot u) = -\csc^2 u \, du$	$y = \cot u$	Cotangente
5) $d(\sec u) = \sec u \tan u \, du$	$y = \sec u$	Secante
6) $d(\csc u) = -\cot u \csc u \, du$	$y = \csc u$	Cosecante

Ejemplos:

1) $d(\cos 2x) = \left\langle \begin{array}{l} d(\cos u) = -\operatorname{sen} u \, du \\ u = 2x \\ du = 2dx \end{array} \right\rangle = (-\operatorname{sen} 2x)(2dx) = -2\operatorname{sen} 2x \, dx$

2) $d(2\tan(1-3x)) = 2\sec^2(1-3x)(-3dx) = -6\sec^2(1-3x)\,dx$

3) $d\left(\csc \dfrac{x}{2} \right) = \left(-\cot \dfrac{x}{2} \csc \dfrac{x}{2} \right)\left(\dfrac{1}{2} dx \right) = -\dfrac{1}{2} \cot \dfrac{x}{2} \csc \dfrac{x}{2} dx$

Diferenciación de funciones trigonométricas inversas que contienen u:

Fórmulas de diferenciales	Función	Nombre
1) $\ d(arc\,sen\,u) = \dfrac{1}{\sqrt{1-u^2}}\,du$	$y = arc\,sen\,u$	Arco seno
2) $\ d(arc\,cos\,u) = -\dfrac{1}{\sqrt{1-u^2}}\,du$	$y = arc\,cos\,u$	Arco coseno
3) $\ d(arc\,\tan u) = \dfrac{1}{1+u^2}\,du$	$y = arc\,\tan u$	Arco tangente
4) $\ d(arc\,\cot u) = -\dfrac{1}{1+u^2}\,du$	$y = arc\,\cot u$	Arco cotangente
5) $\ d(arc\,\sec u) = \dfrac{1}{u\sqrt{u^2-1}}\,d(u)$	$y = arc\,\sec u$	Arco secante
6) $\ d(arc\,\csc u) = -\dfrac{1}{u\sqrt{u^2-1}}\,du$	$y = arc\,\csc u$	Arco cosecante

Ejemplos:

1) $\ d\left(\arccos 4x\right) = \left(-\dfrac{1}{\sqrt{1-(4x)^2}}\right)(4\,dx) = -\dfrac{4}{\sqrt{1-16x^2}}\,dx$

2) $\ d\left(arc\,\sec(-x^2)\right) = \left(-\dfrac{1}{\left(-x^2\right)\sqrt{(-x^2)^2-1}}\right)(-2x\,dx) = -\dfrac{2}{x\sqrt{1-16x^2}}\,dx$

Diferenciación de funciones hiperbólicas que contienen u:

Fórmulas de diferenciales	Función	Nombre
1) $\ d\left(senh\,u\right) = \cosh u\ du$	$y = senh\,u$	Seno hiperbólico
2) $\ d\left(\cosh u\right) = senh\,u\ du$	$y = \cosh u$	Coseno hiperbólico
3) $\ d\left(\tanh u\right) = \sec h^2 u\ du$	$y = \tanh u$	Tangente hiperbólica
4) $\ d\left(\coth u\right) = -\csc h^2 u\ du$	$y = \coth u$	Cotangente hiperbólica
5) $\ d\left(\sec h\,u\right) = -\tanh u\,\sec h\,u\,du$	$y = \sec h\,u$	Secante hiperbólica
6) $\ d\left(\csc h\,u\right) = -\coth u\,\csc h\,u\ du$	$y = \csc h\,u$	Cosecante hiperbólica

Ejemplos:

1) $\ d\left(senh(x^2-1)\right) = \left\langle \begin{array}{l} d\left(senh\,u = \cosh u\,du\right) \\ u = x^2-1;\quad du = 2x\,dx \end{array} \right\rangle = \left(\cosh(x^2-1)\right)(2x\,dx) = 2x\cosh(x^2-1)\,dx$

2) $\ d\left(\cosh(2x)\right) = \left\langle \begin{array}{l} d\left(\cosh u = senh\,u\,du\right) \\ u = 2x;\quad du = 2\,dx \end{array} \right\rangle = \left(senh\,2x\right)(2\,dx) = 2x\,senh\,2x\,dx$

3) $d\left[\coth(1-2x)\right]=\left\langle\begin{array}{l}d\left(\coth u\right)=-\csc h^2 u\,du\\u=1-2x;\quad du=-2\,dx\end{array}\right\rangle=-\csc h^2\left(1-2x\right)(-2\,dx)=2\csc h^2\left(1-2x\right)dx$

Diferenciación de funciones hiperbólicas inversas que contienen u:

Fórmulas de diferenciales	Función	Nombre
1) $\quad d\left(arc\,senh\,u\right)=\dfrac{1}{\sqrt{u^2+1}}\,du$	$y=arc\,senh\,u$	Arco seno hiperbólico
2) $\quad d\left(arc\cos h\,u\right)=\dfrac{1}{\sqrt{u^2-1}}\,du\quad\forall\,u>1$	$y=arc\cos h\,u$	Arco coseno hiperbólico
3) $\quad d\left(arc\tan h\,u\right)=\dfrac{1}{1-u^2}\,du\quad\forall\,|u|<1$	$y=arc\tan h\,u$	Arco tangente hiperbólica
4) $\quad d\left(arc\coth u\right)=\dfrac{1}{1-u^2}\,du\quad\forall\,|u|>1$	$y=arc\coth u$	Arco cotangente hiperbólica
5) $\quad d\left(arc\sec h\,u\right)=-\dfrac{1}{u\sqrt{1-u^2}}\,du\quad\forall\;0<u<1$	$y=arc\sec h\,u$	Arco secante hiperbólica
6) $\quad d\left(arc\csc h\,u\right)=-\dfrac{1}{u\sqrt{1+u^2}}\,du\quad\forall\,u\neq0$	$y=arc\csc h\,u$	Arco cosecante hiperbólica

Ejemplos:

1) $d\left(2\,arc\cos h\,5x\right)=\left\langle\begin{array}{l}d\left(arc\cos h\,u\right)=\dfrac{1}{\sqrt{u^2-1}}\,du\\u=5x;\quad du=5\,dx\end{array}\right\rangle=(2)\left(\dfrac{1}{\sqrt{(5x)^2}}\,(5\,dx)\right)=\dfrac{10}{\sqrt{25x^2-1}}\,dx$

2) $d\left(arc\sec h\,(1-2x)\right)=\left\langle\begin{array}{l}d\left(arc\sec h\right)=-\dfrac{1}{u\sqrt{1-u^2}}\,du\\u=1-2x;\quad du=-2\,dx\end{array}\right\rangle=-\dfrac{1}{(1-2x)\sqrt{1-(1-2x)^2}}\,(-2\,dx)$

$=\dfrac{2}{(1-2x)\sqrt{1-(1-4x+4x^2)}}\,dx=\dfrac{2}{(1-2x)\sqrt{4x-4x^2}}\,dx=\dfrac{1}{(1-2x)\sqrt{x-x^2}}\,dx$

Ejercicios:

TIPO I. Por la fórmula de diferenciación de funciones algebraicas que contienen u; obtener:

1) $d(x) = ?$

5) $d(1 - 2x)^2 = ?$

7) $d\left(\sqrt{3 - 2x}\right) = ?$

2) $d\left(\sqrt{x}\right) = ?$

4) $d\left(\sqrt{2x}\right) = ?$

8) $d\left(\dfrac{\sqrt{1 - x^2}}{3}\right) = ?$

3) $d\left(\dfrac{1}{x}\right) = ?$

6) $d\, 3\left(2x^2 - 3\right)^3 = ?$

9) $d\left(\dfrac{3}{2\sqrt{1 - 2x}}\right) = ?$

Tipo II. Por las fórmulas de diferenciación de funciones exponenciales que contienen u; obtener:

1) $d(3^{2x}) = ?$

3) $d\left(e^{2x}\right) = ?$

5) $d\left(\dfrac{2e^{3x}}{3}\right) = ?$

2) $d\left(10^{-\frac{2x}{3}}\right) = ?$

4) $d\left(2e^{\sqrt{x}}\right) = ?$

6) $d(2x)^{3x} = ?$

Tipo III. Por las fórmulas de diferenciación de funciones logarítmicas que contienen u; obtener:

1) $d(\log_{10} 3x) = ?$

3) $d(\ln 2x) = ?$

5) $d\left(\ln \dfrac{2x}{3}\right) = ?$

2) $d\left(2\log_{10} \dfrac{3x}{5}\right) = ?$

4) $d\left(\ln \sqrt{c}\right) = ?$

6) $d\left(\ln(1 - 2x)^2\right) = ?$

Tipo IV. Por las fórmulas de diferenciación de funciones trigonométricas que contienen u; obtener:

1) $d(sen\, 2x) = ?$

3) $d\left(\tan \dfrac{1}{x}\right) = ?$

5) $d\left(\sec(1 - 2x)^2\right) = ?$

2) $d\left(\cos \sqrt{x}\right) = ?$

4) $d\left(\cot x^2\right) = ?$

6) $d\left(2\csc \dfrac{x}{2}\right) = ?$

Tipo V. Por las fórmulas de diferenciación de funciones trigonométricas inversas que contienen u; obtener:

1) $d(arc\, sen\, 3x) = ?$

3) $d(arc \tan 2x) = ?$

4) $d\left(arc \csc \dfrac{3x}{2}\right)$

Tipo VI. Por las fórmulas de diferenciación de funciones hiperbólicas que contienen u; obtener:

1) $d(senh\, 2x) = ?$

3) $d\left(\tanh \sqrt{3x}\right) = ?$

5) $d\left(\sec h \dfrac{1}{2x}\right) = ?$

2) $d(\cosh(2x + 1)) = ?$

4) $d\left(\coth 3e^{2x}\right) = ?$

6) $d(\csc h(\ln 2x)) = ?$

Tipo VII. Por las fórmulas de diferenciación de funciones hiperbólicas inversas que contienen u; obtener:

1) $d(arc\cos h\, 2x) = ?$

2) $d\left(arc\tan h \sqrt{3x}\right) = ?$

3) $d(arc \csc h(1 - x)) = ?$

Clase: 1.5 La antiderivada e integración de funciones elementales.

Guía:
- Familia de funciones.
- Antiderivada de una función.
- Integración indefinida.
- Propiedades de la integral indefinida.

- Integración de funciones elementales:
- Ejemplos.
- Ejercicios.

<u>Familia de funciones:</u> Es un conjunto de funciones que difieren en una constante.

Ejemplo: Las siguientes funciones representan una familia de funciones puesto que difieren en una constante.

$y = x^2$
$y = x^2 + 2$
$y = x^2 - 5$

Observe: que al trazar la recta "L" (perpendicular al eje de las Xs) esta toca a las curvas en los puntos de las curvas donde la pendiente de otras rectas "T" es la misma en todos los puntos que se tocan.

<u>Antiderivada de una función:</u>

De la siguiente familia de funciones observe lo siguiente:
a) A cada función de la familia se llama función primitiva.
b) De cada función primitiva se obtiene su derivada (todas las derivadas son iguales).
c) De cada derivada se obtiene su antiderivada; de donde antiderivada y función primitiva es lo mismo.
d) De cada antiderivada se obtiene su diferencial (todos los diferenciales son iguales).
e) De cada diferencial se infiere su integral que es la función primitiva, sólo que en lugar del número aparece una "c" (constante).

<u>Función primitiva</u>	<u>Derivada</u>	<u>Antiderivada</u>	<u>Diferencial</u>	<u>Integral</u>
$y = x^2$	$\dfrac{dy}{dx} = 2x$	$y = x^2 + c$	$dy = 2x\,dx$	$\int dy = \int 2x\,dx = x^2 + c$
$y = x^2 + 2$	$\dfrac{dy}{dx} = 2x$	$y = x^2 + c$	$dy = 2x\,dx$	$\int dy = \int 2x\,dx = x^2 + c$
$y = x^2 - 5$	$\dfrac{dy}{dx} = 2x$	$y = x^2 + c$	$dy = 2x\,dx$	$\int dy = \int 2x\,dx = x^2 + c$

Conclusión:

Sí $y = f(x) + c$ $\quad \dfrac{dy}{dx} = f'(x) \quad$ $y = f(x) + c \quad$ $dy = f'(x)dx \quad$ $\int dy = \int f'(x)dx = f(x) + c$

De donde: <u>La integración indefinida</u> es el proceso de encontrar la familia de antiderivadas de una función. A partir de aquí y a menos que otra cosa se indique, cuando tratemos las integrales nos estaremos refiriendo a la integración indefinida de funciones.

Para efectos prácticos, haremos los siguientes cambios: La integral $\int f'(x)\,dx = f(x) + c$ la concebiremos de la siguiente forma: $\int f(x)\,dx = F(x) + c$ donde $f(x)$ es la función a integrar y $F(x) + c$ es su resultado.

Notación:

$$\int f(x)\,dx = F(x) + c$$

Donde:

$\int$	Es el signo de integración.
$f(x)\,dx$	Es el integrando.
x	Es la variable de integración.
$F(x)+c$	Es la familia de antiderivadas.
c	Es la constante de integración.

Propiedades de la integral indefinida:

Sí f y g son funciones de una misma variable, continuas e integrables y k es una constante, se cumplen las siguientes propiedades:

1) $\displaystyle\int k\,f(x)\,dx = k\int f(x)\,dx$ Del producto constante y función.

2) $\displaystyle\int \big(f(x) \pm g(x)\big)\,dx = \int f(x)\,dx \pm \int g(x)\,dx$ De la suma y/o diferencia de funciones.

Integración de funciones elementales.

Integración de funciones elementales algebraicas:

Fórmulas de integración de funciones elementales algebraicas: Para el propósito de integración se han considerado únicamente las siguientes funciones algebraicas elementales:

1) $\displaystyle\int 0\,dx = c$ 2) $\displaystyle\int dx = x + c$ 3) $\displaystyle\int x\,dx = \frac{x^2}{2} + c$ 4) $\displaystyle\int \frac{dx}{x} = \ln|x| + c$

Ejemplos:

1) $\displaystyle\int o\,dx = c$

2) $\displaystyle\int 3\,dx = 3x + c$

3) $\displaystyle\int 5x\,dx = 5\int x\,dx = (5)\frac{x^2}{2} + c = \frac{5x^2}{2} + c$

4) $\displaystyle\int \frac{dx}{2x} = \frac{1}{2}\int \frac{dx}{x} = \frac{1}{2}\int \frac{dx}{x} = \left\langle \int \frac{dx}{x} = \ln x + c\right\rangle = \frac{1}{2}\ln x + c$

5) $\displaystyle\int \frac{3x}{2}\,dx = \frac{3}{2}\int x\,dx = \left(\frac{3}{2}\right)\frac{x^2}{2} + c = \frac{3x^2}{4} + c$

6) $\displaystyle\int \frac{2}{3x}\,dx = \frac{2}{3}\int \frac{1}{x}\,dx = \left(\frac{2}{3}\right)\ln x + c = \frac{2}{3}\ln x + c$

7) $\displaystyle\int \frac{2x+5}{3}\,dx = \int \left(\frac{2x}{3} + \frac{5}{3}\right)dx = \frac{2}{3}\int x\,dx + \frac{5}{3}\int dx = \left(\frac{2}{3}\right)\left(\frac{x^2}{2}\right) + \left(\frac{5}{3}\right)x + c = \frac{x^2}{3} + \frac{5x}{3} + c$

8) $\displaystyle\int \frac{2-3x}{x}\,dx = \int \left(\frac{2}{x} - \frac{3x}{x}\right)dx = \int \frac{2}{x}\,dx - \int \frac{3x}{x}\,dx = 2\int \frac{1}{x}\,dx - 3\int dx = 2\ln|x| - 3x + c$

9) $\displaystyle\int \sqrt{x^2 - 4x + 4}\,dx = \int \sqrt{(x-2)^2}\,dx = \int (x-2)\,dx = \int x\,dx - \int 2\,dx = \frac{x^2}{2} - 2x + c$

Integración de funciones elementales exponenciales:

Fórmulas de integración de funciones elementales exponenciales:

1) $\int e^x dx = e^x + c$ 2) $\int a^x dx = \dfrac{a^x}{\ln a} + c$

Ejemplos:

1) $\int 2e^x dx = 2e^x + c$

2) $\int \dfrac{3e^x}{4} dx = \dfrac{3e^x}{4} + c$

3) $\int \dfrac{3^x}{2} dx = \dfrac{3^x}{2\ln 3} + c$

Integración de funciones elementales logarítmicas:

Fórmulas de integración de funciones elementales logarítmicas:

1) $\int \ln x\, dx = x\left(\ln|x| - 1\right) + c$ 2) $\int \log_a x\, dx = x\left(\log_a \dfrac{|x|}{e}\right) + c$

Ejemplos:

1) $\int 3\ln x\, dx = 3x\left(\ln|x| - 1\right) + c$

2) $\int \dfrac{\log_{10} x}{3} dx = \dfrac{x}{3}\left(\log_{10}\dfrac{|x|}{e}\right) + c$

Integración de funciones elementales trigonométricas:

Fórmulas de integración indefinida de funciones elementales trigonométricas:

1) $\int sen\, x\, dx = -\cos x + c$ 4) $\int ctg\, x\, dx = \ln|sen\, x| + c$

2) $\int \cos x\, dx = sen\, x + c$ 5) $\int \sec x\, dx = \ln|\sec x + \tan x| + c$

3) $\int \tan x\, dx = -\ln|\cos x| + c$ 6) $\int \csc x\, dx = \ln|\csc x - \cot x| + c$

Ejemplos:

1) $\int 2\cos x\, dx = 2 sen x + c$

2) $\int \dfrac{2\cot x}{3} dx = \dfrac{2}{3}\ln|sen x| + c$

3) $\int \dfrac{\sec x}{5} dx = \left(\dfrac{1}{5}\right)\int \sec x\, dx = \left(\dfrac{1}{5}\right)\left(\ln|\sec x + \tan x| + c\right) = \dfrac{1}{5}\ln|\sec x + \tan x| + c$

4) $\int (4 sen^2 x + 4\cos^2)\, dx = \int 4(sen^2 x + \cos^2 x) dx = \left\langle \begin{array}{c} identidad\ trigonométrica \\ sen^2 x + \cos^2 x = 1 \end{array} \right\rangle = 4\int dx = 4x + c$

Integración de funciones elementales trigonométricas inversas:

Fórmulas de integración de funciones elementales trigonométricas inversas:

1) $\int arc\,sen\,x\,dx = x\,arc\,senx + \sqrt{1-x^2} + c$

4) $\int arc\cot x\,dx = x\,arc\cot x + \dfrac{1}{2}\ln\left|x^2+1\right| + c$

2) $\int arc\cos x\,dx = x\,arc\cos x - \sqrt{1-x^2} + c$

5) $\int arc\sec x\,dx = x\,arc\sec x - \ln\left|x + \sqrt{x^2-1}\right| + c$

3) $\int arc\tan x\,dx = x\,arc\tan x - \dfrac{1}{2}\ln\left|x^2+1\right| + c$

6) $\int arc\csc x\,dx = x\,arc\csc x + \ln\left|x + \sqrt{x^2-1}\right| + c$

Ejemplos:

1) $\int 2\arccos x\,dx = 2\left(x\arccos x - \sqrt{1-x^2} + c\right) = 2x\arccos x - 2\sqrt{1-x^2} + c$

2) $\int \dfrac{3\,arc\sec x}{5}\,dx = \dfrac{3}{5}\left(x\,arc\sec x - \ln\left|x + \sqrt{x^2-1}\right| + c\right) = \dfrac{3}{5}x\,arc\sec x - \dfrac{3}{5}\ln\left|x + \sqrt{x^2-1}\right| + c$

Integración de funciones elementales hiperbólicas:

Fórmulas de integración de funciones elementales hiperbólicas:

1) $\int senh\,x\,dx = \cosh x + c$

4) $\int \coth x\,dx = \ln\left|senh\,x\right| + c$

2) $\int \cosh x\,dx = senh\,x + c$

5) $\int \sec h\,x\,dx = 2\arctan\left(\tanh\dfrac{x}{2}\right) + c$

3) $\int \tanh x\,dx = \ln\left|\cosh x\right| + c$

6) $\int \csc h x\,dx = \ln\left|\tanh\dfrac{x}{2}\right| + c$

Ejemplos:

1) $\int 2\cosh x\,dx = 2\,senh\,x + c$

2) $\int \dfrac{\tanh x}{3}\,dx = \dfrac{1}{3}\ln(\cosh x) + c$

3) $\int \dfrac{2}{3\csc h x}\,dx = \dfrac{2}{3}\int \dfrac{1}{\csc h x}\,dx = \left\langle \begin{array}{c} identidad\ hiperbólica \\ \dfrac{1}{\csc h x} = senh\,x \end{array} \right\rangle = \dfrac{2}{3}\int senh\,x\,dx = \dfrac{2}{3}\cosh x + c$

Integración de funciones elementales hiperbólicas inversas:

Fórmulas de integración de funciones elementales hiperbólicas inversas:

1) $\int arcsenhx dx = x\,arcsenhx - \sqrt{x^2+1} + c$

4) $\int arc\coth x\,dx = x\,arc\coth x + \dfrac{1}{2}\ln\left|x^2-1\right| + c$

2) $\int arccos hx dx = x\arccos hx - \sqrt{x^2-1} + c$

5) $\int arc\sec hx\,dx = x\,arc\sec hx - \arctan\left(\dfrac{x}{x^2-1}\right) + c$

3) $\int \arctan hx\,dx = x\arctan hx + \dfrac{1}{2}\ln\left|x^2-1\right| + c$

6) $\int arc\csc chx\,dx = x\,arc\csc hx + \ln\left|x + \sqrt{x^2+1}\right| + c$

Ejemplos:

1) $\int 3\,arcsenh x\,dx = 3x\,arcsenh x - 3\sqrt{x^2+1} + c$

2) $\int \dfrac{arc\csc hx}{2}\,dx = \dfrac{1}{2}\int arc\csc h\,x\,dx = \dfrac{1}{2}\left(x\,arc\csc h\,x + \ln\left|\,x+\sqrt{x^2+1}\,\right| + c\right) = \dfrac{x}{2}arc\csc h\,x + \dfrac{1}{2}\ln\left|\,x+\sqrt{x^2+1}\,\right| + c$

Ejercicios:

Tipo I. Por las fórmulas de integración de funciones elementales algebraicas; obtener:

1) $\int dx = ?$
2) $\int 2dx = ?$
3) $\int \dfrac{x}{3}dx = ?$
4) $\int \dfrac{3(5)^x}{10}dx = ?$

Tipo II. Por las fórmulas de integración de funciones elementales exponenciales; obtener:

1) $\int 5e^x dx = ?$
2) $\int \dfrac{3e^x}{5}dx = ?$
3) $\int \dfrac{2^x}{3}dx = ?$
4) $\int \dfrac{x}{3}dx = ?$

Tipo III. Por las fórmulas de integración de funciones elementales logarítmicas; obtener:

1) $\int 5\ln x\,dx = ?$
3) $\int \dfrac{\ln x}{8}dx$
5) $\int \dfrac{3\log_5 x}{10}dx = ?$

2) $\int \dfrac{3\ln x}{5}dx = ?$
4) $\int 2\log_5 x\,dx = ?$
6) $\int \dfrac{\log_5 x}{3}dx = ?$

Tipo IV. Por las fórmulas de integración de funciones elementales trigonométricas; obtener:

1) $\int 5\,sen\,x\,dx = ?$
3) $\int \dfrac{\tan x}{8}dx = ?$
5) $\int \dfrac{3\sec x}{10}dx = ?$

2) $\int \dfrac{3\cos x}{5}dx = ?$
4) $\int 2\cot x\,dx = ?$
6) $\int \dfrac{\csc x}{3}dx = ?$

Tipo V. Por las fórmulas de integración de funciones elementales trigonométricas inversas; obtener:

1) $\int 2\,arc\,sen\,x\,dx = ?$
3) $\int \dfrac{arc\tan x}{10}dx$
5) $\int \dfrac{3\,arc\sec x}{5}dx = ?$

2) $\int \dfrac{3arc\cos x}{5}dx = ?$
4) $\int 2arc\cot x\,dx = ?$
6) $\int \dfrac{arc\csc x}{6}dx = ?$

Tipo VI. Por las fórmulas de integración indefinida de funciones elementales hiperbólicas; obtener:

1) $\int 5\,senh\,x\,dx = ?$
2) $\int \dfrac{\tanh x}{2}dx = ?$
3) $\int \dfrac{3\sec hx}{5}dx = ?$

Tipo VII. Por las fórmulas de integración de funciones elementales hiperbólicas inversas; obtener:

1) $\int \dfrac{3arc\cosh x}{5}dx = ?$
2) $\int 2arc\coth x\,dx = ?$
3) $\int \dfrac{2arc\csc hx}{3}dx = ?$

Clase: 1.6 Integración de funciones algebraicas que contienen x^n.
  Guía:
- Integración de funciones algebraicas que contienen x^n.
- Ejemplos.
- Ejercicios.

<u>**Integración de funciones algebraicas que contienen x^n.**</u>

Fórmula de integración de funciones algebraicas que contienen x^n.

1) $\displaystyle \int x^n dx = \frac{x^{n+1}}{n+1} + c \quad \forall \ (n+1) \neq 0$

<u>Ejemplos:</u>

1) $\displaystyle \int x\,dx = \left\langle \begin{array}{c} \int x^{n+1} dx = \frac{x^{n+1}}{n+1} + c \\ n = 1; \ \ n+1 = 2 \end{array} \right\rangle = \frac{x^2}{2} + c$

2) $\displaystyle \int 3x\,dx = 3\int x\,dx = \left\langle \begin{array}{c} k\int x^n dx = k\frac{x^{n+1}}{n+1} + c \\ k = 3; \ \ n = 1; \ \ n+1 = 2 \end{array} \right\rangle = (3)\frac{x^{(2)}}{(2)} + c = \frac{3x^2}{2} + c$

3) $\displaystyle \int x^2 dx = \left\langle \begin{array}{c} \int x^n dx = \frac{x^{n+1}}{n+1} + c \\ n = 2; \ \ n+1 = 3 \end{array} \right\rangle = \frac{x^{(3)}}{(3)} + c = \frac{x^3}{3} + c$

4) $\displaystyle \int \sqrt{x}\ dx = \int x^{\frac{1}{2}}\ dx = \left\langle \begin{array}{c} \int x^n dx = \frac{x^{n+1}}{x+1} + c \\ n = \frac{1}{2}; \ \ n+1 = \frac{3}{2} \end{array} \right\rangle = \frac{x^{\frac{3}{2}}}{\frac{3}{2}} + c = \frac{2\sqrt{x^3}}{3} + c$

5) $\displaystyle \int \sqrt{2x}\ dx = \sqrt{2}\int \sqrt{x}\ dx = \frac{\sqrt{2}\,x^{\frac{3}{2}}}{\frac{3}{2}} + c = \frac{2\sqrt{2}\sqrt{x^3}}{3} + c = \frac{2\sqrt{2x^3}}{3} + c$

6) $\displaystyle \int \frac{\sqrt{2}}{x^3}\,dx = \sqrt{2}\int x^{-3} dx = \left\langle \begin{array}{c} \int x^n dx = \frac{x^{n+1}}{n+1} + c \\ n = -3; \ \ n+1 = -2 \end{array} \right\rangle = \frac{\sqrt{2}\,x^{-2}}{-2} + c = -\frac{\sqrt{2}}{2x^2} + c = -\frac{1}{x^2\sqrt{2}} + c$

7) $\displaystyle \int \left(3x^2 + 2x\right)dx = \int 3x^2 dx + \int 2x\,dx = \frac{3x^3}{3} + \frac{2x^2}{2} + c = x^3 + x^2 + c$

8) $\int\left(\dfrac{x^2}{3}-\sqrt{x}\right)dx = \int\dfrac{x^2}{3}\,dx - \int\sqrt{x}\,dx = \dfrac{1}{3}\int x^2\,dx - \int x^{\frac{1}{2}}\,dx = \left(\dfrac{1}{3}\right)\left(\dfrac{x^3}{3}\right) - \dfrac{x^{\frac{3}{2}}}{\frac{3}{2}} + c = \dfrac{x^3}{9} - \dfrac{2\sqrt{x^3}}{3} + c$

9) $\int\dfrac{3x+5}{4}\,dx = \int\left(\dfrac{3x}{4}+\dfrac{5}{4}\right)dx = \int\dfrac{3x}{4}\,dx + \int\dfrac{5}{4}\,dx = \dfrac{3}{4}\int x\,dx + \dfrac{5}{4}\int dx = \left(\dfrac{3}{4}\right)\left(\dfrac{x^2}{2}\right) + \left(\dfrac{5}{4}\right)(x) + c = \dfrac{3x^2}{8} + \dfrac{5x}{4} + c$

10) $\int\dfrac{x+1}{\sqrt{x}}\,dx = \int\dfrac{x}{\sqrt{x}} + \int\dfrac{1}{\sqrt{x}}\,dx = \int x^{\frac{1}{2}}\,dx + \int x^{-\frac{1}{2}}\,dx = \dfrac{x^{\frac{3}{2}}}{\frac{3}{2}} + \dfrac{x^{\frac{1}{2}}}{\frac{1}{2}} + c = \dfrac{2\sqrt{x^3}}{3} + 2\sqrt{x} + c$

Ejercicios:

Tipo I. Por la fórmula de integración de funciones algebraicas que contienen x^n; obtener:

1) $\int x^3\,dx = ?$

2) $\int\dfrac{x}{3}\,dx = ?$

3) $\int\dfrac{2x^2}{3}\,dx = ?$

4) $\int\dfrac{1}{\sqrt{x}}\,dx = ?$

5) $\int\dfrac{1}{x^2}\,dx = ?$

6) $\int 2\sqrt{x}\,dx = ?$

7) $\int\dfrac{2}{3x^2}\,dx$

8) $\int\dfrac{3}{2\sqrt{x^5}}\,dx = ?$

9) $\int\dfrac{5}{3\sqrt{2x}}\,dx = ?$

Tipo II. Por la fórmula de integración de funciones algebraicas que contienen x^n; obtener:

1) $\int(2x)^2\,dx = ?$

2) $\int\sqrt{4x}\,dx = ?$

3) $\int\dfrac{2}{\sqrt{2x}}\,dx = ?$

4) $\int\dfrac{2x}{\sqrt{x}}\,dx = ?$

5) $\int\left(\dfrac{3x^3}{5\sqrt{x^5}}\right)dx = ?$

6) $\int\left(\dfrac{7x}{\sqrt[3]{x^4}}\right)dx = ?$

Tipo III. Por la fórmula de integración de funciones algebraicas que contienen x^n ; obtener:

1) $\int(3-x)\,dx = ?$

2) $\int(x+1)^2\,dx = ?$

3) $\int(2x^2-x)\,dx = ?$

4) $\int(1-2\sqrt{x}\,)\,dx = ?$

5) $\int\left(\dfrac{1-2x}{3}\right)dx = ?$

6) $\int\left(\dfrac{3x-x^2}{x}\right)dx = ?$

7) $\int\left(\dfrac{x+1}{\sqrt{x}}\right)dx = ?$

8) $\int\left(\dfrac{a-bx}{\sqrt{x}}\right)dx = ?$

9) $\int\left(\dfrac{2-3x}{\sqrt{2x}}\right)dx = ?$

Clase: 1.7 Integración de funciones que contienen u.

Guía:
- Integración de funciones que contienen u.   - Ejemplos.
- Fórmulas de integración de funciones que contienen u: - Ejercicios.

Integración de funciones que contienen u.

Para toda "u" que sea cualquier función, se cumplen las siguientes fórmulas de integración:

Integración de funciones algebraicas que contienen u.

Fórmulas de integración de funciones algebraicas que contienen u.

1) $\displaystyle\int 0\,du = c$ 2) $\displaystyle\int du = u + c$ 3) $\displaystyle\int u^n\,du = \frac{u^{n+1}}{n+1} + c$ $\forall\,(n+1) \neq 0$ 4) $\displaystyle\int \frac{1}{u}\,du = \ln|u| + c$

Ejemplos:

1) $\displaystyle\int (2+5x)^3\,dx = \left\langle \begin{array}{l} \int u^n\,du = \dfrac{u^{n+1}}{n+1}+c \\ u = (2+5x);\ du = 5dx \\ n = 3;\ \ n+1 = 4 \end{array} \right\rangle = \int (2+5x)^3 \left(\dfrac{5\,dx}{5}\right) = \dfrac{1}{5}\int (2+5x)^3\,(5\,dx)$

$$= \left(\frac{1}{5}\right)\left(\frac{(2+5x)^4}{4}\right) + c = \frac{(2+5x)^4}{20} + c$$

2) $\displaystyle\int \frac{dx}{1-3x} = \left\langle \begin{array}{l} \int \dfrac{du}{u} = \ln|u| + c \\ u = 1-3x;\ du = -3dx \end{array} \right\rangle = \int \frac{1}{1-3x}\left(\frac{-3dx}{-3}\right) = -\frac{1}{3}\int \frac{(-3dx)}{1-3x} = -\frac{1}{3}\ln|1-3x| + c$

3) $\displaystyle\int 2x\,(1-3x^2)^5\,dx = (2)\left(\frac{1}{-6}\right)\int (1-3x^2)^5\,(-6\,dx) = -\frac{1}{3}\left(\frac{(1-3x^2)^6}{6}\right) + c = -\frac{(1-3x^2)^6}{18} + c$

4) $\displaystyle\int \frac{7x^2}{2\sqrt{\dfrac{x^3}{5}+2}}\,dx = \frac{7}{2}\left(\frac{5}{3}\right)\int \left(\frac{x^3}{5}+2\right)^{-\frac{1}{2}}\left(\frac{3x^2}{5}\,dx\right) = \frac{35}{6}\frac{\left(\dfrac{x^3}{5}+2\right)^{\frac{1}{2}}}{\dfrac{1}{2}} + c = \frac{35}{3}\sqrt{\frac{x^3}{5}+2} + c$

5) $\displaystyle\int \frac{\left(3-\dfrac{1}{2x}\right)^5}{4x^2}\,dx = \frac{1}{4}\int \left(3-\frac{1}{2x}\right)^5 \frac{dx}{x^2} = \left\langle \begin{array}{l} u = 1-\dfrac{1}{2x} \\ du = \dfrac{1}{2x^2}\,dx \end{array} \right\rangle = \frac{(2)}{4}\int \left(3-\frac{1}{2x}\right)^5 \frac{1}{(2)x^2}\,dx = \frac{1}{2}\frac{\left(1-\dfrac{1}{2x}\right)^6}{6} + c$

$$= \frac{1}{12}\left(1-\frac{1}{2x}\right)^6 + c$$

6) $\displaystyle \int \frac{3}{2x^2\sqrt{\frac{2}{x}+4}}\,dx = \frac{3}{2}\int \left(\frac{2}{x}+4\right)^{-\frac{1}{2}}\frac{1}{x^2}\,dx = \frac{3}{2(-2)}\int \left(\frac{2}{x}+4\right)^{-\frac{1}{2}}\left(-\frac{(2)}{x^2}\,dx\right) = \left(-\frac{3}{4}\right)\frac{\left(\frac{2}{x}+4\right)^{\frac{1}{2}}}{\frac{1}{2}}+c$

$\displaystyle = -\frac{3}{2}\sqrt{\frac{2}{x}+4}+c$

7) $\displaystyle \int \frac{3x}{2-x}\,dx = \left\langle \frac{3x}{2-x} = -3+\frac{6}{2-x}\right\rangle = \int \left(-3+\frac{6}{2-x}\right)dx = \int -3\,dx + \int \frac{6}{2-x} = -3x-6\ln|2-x|+c$

8) $\displaystyle \int \frac{3x^2-1}{2x+4}\,dx = \frac{1}{2}\int \frac{3x^2-1}{x+2}\,dx = \left\langle \frac{3x^2-1}{x+2} = 3x-6-\frac{11}{x+2}\right\rangle = $

$\displaystyle = \frac{1}{2}\int \left(3x-6+\frac{11}{x+2}\right)dx$

$\displaystyle = \left(\frac{1}{2}\right)\left(\frac{3x^2}{2}-6x+11\ln(x+2)\right)+c$

$\displaystyle = \frac{3x^2}{4}-3x+\frac{11}{2}\ln(x+2)+c$

Integración de funciones exponenciales que contienen u.

Fórmulas de integración de funciones exponenciales que contienen u:

1) $\displaystyle \int e^u\,du = e^u + c$

2) $\displaystyle \int a^u\,du = \frac{a^u}{\ln a}+c$

Ejemplos:

1) $\displaystyle \int \frac{e^{\frac{x}{3}}}{4}\,dx = \frac{1}{4}(3)\int e^{\frac{x}{3}}\left(\frac{1}{3}\,dx\right) = \frac{3}{4}e^{\frac{x}{3}}+c$

2) $\displaystyle \int 3^{2x}\,dx = \left(\frac{1}{2}\right)\int 3^{2x}(2\,dx) = \left(\frac{1}{2}\right)\frac{3^{2x}}{\ln 3}+c = \frac{3^{2x}}{2\ln 3}+c$

3) $\displaystyle \int \frac{5e^{\sqrt{x}}}{3\sqrt{2x}}\,dx = \frac{5}{3\sqrt{2}}\int e^{\sqrt{x}}\frac{1}{\sqrt{x}}\,dx = \frac{5(2)}{3\sqrt{2}}\int e^{\sqrt{x}}\frac{1}{(2)\sqrt{x}}\,dx = \frac{5\sqrt{2}}{3}e^{\sqrt{x}}+c$

Integración de funciones logarítmicas que contienen u.

Fórmulas de integración de funciones logarítmicas que contienen u.

1) $\displaystyle \int \ln u\,du = u\left(\ln|u|-1\right)+c$

2) $\displaystyle \int \log_a u\,du = u\left(\log_a \frac{|u|}{e}\right)+c$

Ejemplos:

1) $\displaystyle \int 3\ln\frac{2x}{5}\,dx = 3\int \ln\frac{2x}{5}\,dx = 3\left(\frac{5}{2}\right)\int \ln\frac{2x}{5}\left(\frac{2}{5}\,dx\right) = \frac{15}{2}\left(\frac{2x}{5}\right)\left(\ln\left|\frac{2x}{5}\right|-1\right)+c = 3x\left(\ln\left|\frac{3x}{5}\right|-1\right)+c$

2) $\displaystyle \int 3x\log_{10}5x^2\,dx = 3\left(\frac{1}{10}\right)\int \log_{10}5x^2(10x\,dx) = \frac{3}{10}5x^2\left(\log_{10}\frac{|5x^2|}{e}\right)+c = \frac{3x^2}{2}\left(\log_{10}\frac{|5x^2|}{e}\right)+c$

3) $\displaystyle\int\frac{2\ln\left(1+\frac{2}{3x}\right)}{5x^2}dx=\frac{2}{5}\int\ln\left(1+\frac{2}{3x}\right)\frac{1}{x_2}dx=\frac{2}{5}\left(-\frac{3}{2}\right)\int\ln\left(1+\frac{2}{3x}\right)\left(-\frac{2}{3x^2}\right)dx=-\frac{3}{5}\left(1+\frac{2}{3x}\right)\left(\ln\left|1+\frac{2}{3x}\right|-1\right)+c$

Integración de funciones trigonométricas que contienen u.

Fórmulas de integración de funciones trigonométricas que contienen u.

1) $\displaystyle\int sen\,u\,du=-\cos u+c$

2) $\displaystyle\int\cos u\,du=sen\,u+c$

3) $\displaystyle\int\tan u\,du=-\ln|\cos u|+c$

4) $\displaystyle\int\cot u\,du=\ln|sen\,u|+c$

5) $\displaystyle\int\sec u\,du=\ln|\sec u+\tan u|+c$

6) $\displaystyle\int\csc u\,du=\ln|\csc u-\cot u|+c$

7) $\displaystyle\int\sec u\tan u\,du=\sec u+c$

8) $\displaystyle\int\csc u\cot u\,du=-\csc u+c$

9) $\displaystyle\int\sec^2 u\,du=\tan u+c$

10) $\displaystyle\int\csc^2 u\,du=-\cot u+c$

11) $\displaystyle\int\sec^3 u\,du=\frac{1}{2}\sec u\tan u+\frac{1}{2}\ln|\sec u+\tan u|+c$

Ejemplos:

1) $\displaystyle\int\cos2x\,dx=\left\langle\begin{array}{l}\int\cos2u\,du=sen\,u+c\\u=2x;\quad du=2\,dx\end{array}\right\rangle=\frac{1}{2}\int\cos2x\,(2\,dx)=\frac{1}{2}sen\,2x+c$

2) $\displaystyle\int2\sec^2\frac{3x}{4}dx=2\int\sec^2\frac{3x}{4}dx=\left\langle\begin{array}{l}k\int\sec^2 u\,du=k\,tg\,u+c\\u=\frac{3x}{4};\quad du=\frac{3dx}{4}\end{array}\right\rangle=2\left(\frac{4}{3}\right)\int\sec^2\frac{3x}{4}\left(\frac{3dx}{4}\right)=\frac{8}{3}tg\frac{3x}{4}+c$

3) $\displaystyle\int\frac{3dx}{2\cos^2 5x}=\frac{3}{2}\int\frac{dx}{\cos^2 5x}=\left\langle\frac{1}{\cos u}=\sec u\right\rangle=\frac{3}{2}\int\sec^2 5x\,dx=\frac{3}{2}\left(\frac{1}{5}\right)\int\sec^2 5x\,(5dx)=\frac{3}{10}tg\,5x+c$

4) $\displaystyle\int\cos^3 3x\,sen3x\,dx=\left\langle\begin{array}{l}Integral\ tipo\\\int u^n du=\frac{u^{n+1}}{n+1}+c\end{array}\right\rangle=\langle Estrategia\rangle=\int(\cos3x)^3 sen3x\,dx=\left\langle\begin{array}{l}u=\cos3x\\n=3;\quad n+1=4\\du=-3sen3x\,dx\end{array}\right\rangle$

$\displaystyle=\left(-\frac{1}{3}\right)\int(\cos3x)^3(-3sen3x\,dx)=\left(-\frac{1}{3}\right)\left(\frac{(\cos3x)^4}{4}\right)+c=-\frac{\cos^4 3x}{12}+c$

5) $\displaystyle\int\frac{3dx}{1-sen2x}=\langle Estrategia\rangle=3\int\frac{1}{1-sen2x}\left(\frac{1+sen2x}{1+sen2x}\right)dx=3\int\frac{1+sen2x}{1-sen^2 2x}dx=3\int\frac{1+sen2x}{\cos^2 2x}dx$

$\displaystyle=3\int\frac{1}{\cos^2 2x}dx+3\int\frac{sen2x}{\cos^2 2x}dx=3\int\sec^2 2x\,dx+3\int\frac{sen2x}{\cos2x}\frac{1}{\cos2x}dx$

$\displaystyle=3\int\sec^2 2x\,dx+3\int tg2x\sec2x\,dx=\frac{3}{(2)}\int\sec^2 2x\,(2dx)+\frac{3}{(2)}\int tg2x\sec2x\,(2dx)=\frac{3}{2}tg2x+\frac{3}{2}\sec2x+c$

Integración de funciones trigonométricas inversas que contienen u.

Fórmulas de integración de funciones trigonométricas inversas que contienen u.

1) $\int arc\,sen\,u\,du = u\,arc\,sen\,u + \sqrt{1-u^2} + c$ 4) $\int arc\,\cot u\,du = u\,arc\,\cot u + \dfrac{1}{2}\ln\left|u^2+1\right| + c$

2) $\int arc\,\cos u\,du = u\,arc\,\cos u - \sqrt{1-u^2} + c$ 5) $\int arc\,\sec u\,du = u\,arc\,\sec u - \ln\left|u + \sqrt{u^2-1}\right| + c$

3) $\int \arctan u\,du = u\,\arctan u - \dfrac{1}{2}\ln\left|u^2+1\right| + c$ 6) $\int arc\,\csc u\,du = u\,arc\,\csc u + \ln\left|u + \sqrt{u^2-1}\right| + c$

Ejemplos:

1) $\int \dfrac{2\arccos(\,1-3x)}{7}\,dx = \dfrac{2}{7}\left(\dfrac{1}{-3}\right)\int \arccos(\,1-3x)(-3dx) = -\dfrac{2}{21}\left((1-3x)\arccos(\,1-3x) - \sqrt{1-(1-3x)^2}\right) + c$

$= -\dfrac{2(1-3x)}{21}\arccos(\,1-3x) + \dfrac{2}{21}\sqrt{1-(1-6x+9x^2)} + c = -\dfrac{2(1-3x)}{21}\arccos(\,1-3x) + \dfrac{2}{21}\sqrt{-9x^2+6x} + c$

2) $\int \dfrac{4arc\,\csc(-2x)}{5}\,dx = \dfrac{4}{5}\left(\dfrac{1}{-2}\right)\int arc\,\csc(-2x)(-2\,dx)$

$= -\dfrac{2}{5}\left((-2x)\,arc\,\csc(-2x) + \ln\left|(-2x) + \sqrt{(-2x)^2-1}\right| + c\right) = \dfrac{4}{5}arc\,\csc(-2x) - \dfrac{2}{5}\ln\left|-2x + \sqrt{4x^2-1}\right| + c$

Integración de funciones hiperbólicas que contienen u.

Fórmulas de integración de funciones hiperbólicas que contienen u.

1) $\int senh\,u\,du = \cosh u + c$ 7) $\int \sec h^2 u\,du = \tanh u + c$

2) $\int \cosh u\,du = senh\,u + c$ 8) $\int \csc h^2 u\,du = -\coth u + c$

3) $\int \tanh u\,du = \ln\left|\cosh u\right| + c$ 9) $\int \sec h\,u\,\tanh u\,du = -\sec h\,u + c$

4) $\int \coth u\,du = \ln\left|senh\,u\right| + c$ 10) $\int \csc h\,u\,\coth u\,du = -\csc h\,u + c$

5) $\int \sec h\,u\,du = 2\arctan\left(\tanh\dfrac{u}{2}\right) + c$

6) $\int \csc h\,u\,du = \ln\left|\tanh\dfrac{u}{2}\right| + c$

Ejemplos:

1) $\int 2\cosh 2x\,dx = 2\left(\dfrac{1}{2}\right)\int\cosh 2x\,(2dx) = senh\,2x + c$

2) $\int \dfrac{\sec h\,3x\,\tanh 3x}{5}\,dx = \left(\dfrac{1}{5}\right)\left(\dfrac{1}{3}\right)\int \sec h\,3x\,\tanh 3x\,(3dx) = -\dfrac{1}{15}\sec h\,3x + c$

Integración de funciones hiperbólicas inversas que contienen u.

Fórmulas de integración de funciones hiperbólicas inversas que contienen u.

1) $\int arcsenh\, u\, du = u\, arcsenh\, u - \sqrt{u^2+1} + c$

4) $\int arc\coth u\, du = u\, arc\coth u + \dfrac{1}{2}\ln\left|u^2-1\right| + c$

2) $\int arccosh\, u\, du = u\, arccosh\, u - \sqrt{u^2-1} + c$

5) $\int arc\sec hu\, du = u\, arc\sec hu - \arctan\left(\dfrac{u}{u^2-1}\right) + c$

3) $\int \arctan hu\, du = u\arctan hu + \dfrac{1}{2}\ln\left|u^2-1\right| + c$

6) $\int arc\csc\ hu\, du = u\, arc\csc\ hu + \ln\left|u+\sqrt{u^2+1}\right| + c$

Ejemplos:

1) $\int 3arcsenh\, 2x\, dx = (3)\left(\dfrac{1}{2}\right)\int arcsenh\, 2x\, (2dx) = \dfrac{3}{2}(2x)\,arcsenh\,(2x) - \dfrac{3}{2}\sqrt{(2x)^2+1} + c$

$= 3x\, arcsenh\, 2x - \dfrac{3}{2}\sqrt{4x^2+1} + c$

2) $\int \dfrac{arc\csc h\dfrac{x}{3}}{2}dx = \left(\dfrac{1}{2}\right)(3)\int arc\csc h\dfrac{x}{3}\left(\dfrac{dx}{3}\right) = \dfrac{3}{2}\left(\dfrac{x}{3}arc\csc h\dfrac{x}{3} + \ln\left|\dfrac{x}{3} + \sqrt{\left(\dfrac{x}{3}\right)^2+1}\right| + c\right)$

$= \dfrac{x}{2}arc\csc h\dfrac{x}{3} + \dfrac{3}{2}\ln\left|\dfrac{x}{3} + \sqrt{\dfrac{x^2}{9}+1}\right| + c = \dfrac{x}{2}arc\csc h\dfrac{x}{3} + \dfrac{3}{2}\ln\left|\dfrac{x}{3} + \dfrac{1}{3}\sqrt{x^2+9}\right| + c$

Ejercicios:

Tipo I. Por las fórmulas de integración de funciones algebraicas que contienen u; obtener:

1) $\int dx = ?$

2) $\int x\, dx = ?$

3) $\int x^3\, dx = ?$

4) $\int \dfrac{dx}{x} = ?$

5) $\int \sqrt{2x}\ dx = ?$

6) $\int (1+x)^3\, dx = ?$

7) $\int (1-2x)^2\, dx = ?$

8) $\int \sqrt{3-2x}\ dx = ?$

9) $\int\left(\dfrac{\sqrt{1-2x}}{3}\right)dx = ?$

10) $\int\left(\dfrac{3\sqrt{1-x}}{2}\right)dx = ?$

11) $\int \dfrac{a(a-bx)^2}{b}dx$

12) $\int\left(\dfrac{3}{2\sqrt{1-x}}\right)dx = ?$

13) $\int\left(\dfrac{3x}{2\sqrt{2x}}\right)dx = ?$

14) $\int \dfrac{-3}{\sqrt{2x+3}}dx = ?$

15) $\int \dfrac{dx}{x+1} = ?$

16) $\int x\left(3-4x^2\right)^2 dx = ?$

17) $\int x^2(x^3-1)^4\, dx = ?$

18) $\int 5x(1-x^2)^7\, dx = ?$

19) $\int \dfrac{4x}{\sqrt{1+x^2}}dx = ?$

20) $\int 5x\sqrt{1+x^2}\ dx = ?$

21) $\int (1+3t)t^2\, dt = ?$

22) $\int u^3\sqrt{u^4+2}\ du$

23) $\int \dfrac{x^2}{(x^3-1)^2}dx$

24) $\int \dfrac{3ax}{b^2+c^2x^2}dx$

25) $\int x\sqrt{a^2+b^2x^2}\ dx$

Tipo II. Por las fórmulas de integración de funciones exponenciales que contienen u; obtener:

1) $\int e^{2x}dx = ?$

2) $\int \frac{2e^{-5x}}{3}dx = ?$

3) $\int e^{(1-2x)}dx = ?$

4) $\int \frac{2x}{3}e^{3x^2}dx = ?$

5) $\int 4x^2 e^{2x^3}dx = ?$

6) $\int 2x e^{(1-2x^2)}dx = ?$

7) $\int 3^{(4x)}dx = ?$

8) $\int 2^{(1-2x)}dx = ?$

9) $\int 3^{2x^2} 2x\,dx = ?$

Tipo III. Por las fórmulas de integración de funciones logarítmicas que contienen u; obtener:

1) $\int \ln 5x\,dx = ?$

2) $\int \ln(1-2x)\,dx = ?$

3) $\int \frac{\ln \frac{2}{x}}{5x^2}dx = ?$

4) $\int \log_{10} 4x\,dx = ?$

5) $\int \log_{10}(2x+8)\,dx = ?$

6) $\int 3e^{2x}\log_{10}e^{2x}\,dx = ?$

Tipo IV. Por las fórmulas de integración de funciones trigonométricas que contienen u; obtener:

1) $\int sen\,2x\,dx = ?$

2) $\int 2\cos 3x\,dx = ?$

3) $\int \tan bx\,dx = ?$

4) $\int \frac{2\sec x}{3}dx = ?$

5) $\int \csc^2(a-bx)\,dx = ?$

6) $\int (\sec t -1)^2\,dt = ?$

7) $\int \frac{dx}{Sen^2 x} = ?$

8) $\int x(sen\,4x^2)^2\,dx = ?$

9) $\int \frac{1}{1-sen^2 x}dx = ?$

10) $\int \frac{dx}{1+\cos x} = ?$

11) $\int sen\,x\cos x\,dx = ?$

12) $\int \cos 2t\,sen\,2t\,dt = ?$

13) $\int sen^3 x\cos x\,dx = ?$

14) $\int sen\,3x\cos^4 3x\,dx = ?$

15) $\int \frac{\cos ax}{\sqrt{b+sen\,ax}}dx = ?$

16) $\int \frac{sen\,x}{1-\cos x}dx = ?$

17) $\int \frac{sen\,2\theta}{\sqrt{\cos 2\theta}}d\theta = ?$

18) $\int \frac{sen\,2x}{\sec^5 2x}dx = ?$

Tipo V. Por las fórmulas de integración de funciones trigonométricas inversas que contienen u; obtener:

1) $\int arc\,sen\,2x\,dx = ?$

2) $\int \frac{arc\cos\frac{1}{3x}}{5x^2}dx = ?$

3) $\int arc\tan(-3x)\,dx = ?$

4) $\int arc\cot u(1-2x)\,dx = ?$

5) $\int \frac{2x\,arc\sec 3x^2}{5}dx = ?$

6) $\int \frac{arc\csc(\ln 2x)}{3x}dx = ?$

Tipo VI. Por las fórmulas de integración de funciones hiperbólicas que contienen u; obtener:

1) $\int 5\,senh\,5x\,dx = ?$

2) $\int \frac{\tanh 2x}{2}dx = ?$

3) $\int \frac{3\sec h\,3x}{5}dx = ?$

Tipo VII. Por las fórmulas de integración de funciones hiperbólicas inversas que contienen u; obtener:

1) $\int \frac{3arc\cosh 5x}{5}dx = ?$

2) $\int 2arc\coth\frac{x}{3}dx = ?$

3) $\int \frac{arc\csc h\,3x}{2}dx = ?$

Evaluación tipo: Unidad 1. EXAMEN DE CÁLCULO INTEGRAL			Fecha:	
			Hora:	
			Oportunidad: 123	No. de lista:
Apellido paterno Apellido materno Nombre(s)			Unidad: 1. Tema: La integral indefinida	
Calificaciones:			Elab:	Clave: Evaluación Tipo
Examen	Participaciones	Tareas	Examen sorpresa	Otras	Calificación final

1) En la celda "RC" (Respuesta correcta) escriba con tinta la clave correspondiente a la solución correcta del problema.
2) En el reverso de la hoja resuelva únicamente los problemas que contienen en la celda "RC" las siglas (SRD).
3) En caso de que asigne la clave correcta en celdas con siglas (SRD) sin haber resuelto el problema adecuadamente, se restaran por cada celda 20 puntos del total de la calificación.
4) Para tener derecho a puntos extras, deberá obtener como mínimo el 40% del examen aprobado.
5) Iniciada la evaluación no se permite el uso de celulares, internet, ni intercambiar información ó material.
6) Cualquier operación, actitud ó intento de fraude será sancionada con la no aprobación del examen.

					RC
1) $d\left(\dfrac{\sqrt{2x}}{2}\right)$	$-\dfrac{1}{2\sqrt{2x}}dx$	$\dfrac{1}{2\sqrt{2x}}dx$	$Ninguna$	$\dfrac{1}{4\sqrt{2x}}dx$	RC
	Clave: 10SWA	Clave: 10YRJ	Clave: 10NMX	Clave: 10MCV	
2) $d\left(\dfrac{5+x}{2x}\right)$	$Ninguna$	$\dfrac{5}{2x^2}dx$	$\left(-\dfrac{5}{2x^2}+\dfrac{1}{2}\right)dx$	$-\dfrac{5}{2x^2}dx$	RC
	Clave: 1BNGH	Clave: 1YURT	Clave: 1NHYK	Clave: 1LPIO	
3) $d\left(2e^{-\frac{x}{2}}\right)$	$-e^{-\frac{x}{2}}dx$	$e^{-\frac{x}{2}}dx$	$-2e^{-\frac{x}{2}}dx$	$Ninguna$	RC
	Clave: 2MHNS	Clave: 2RTFH	Clave: 2PLUY	Clave: 2BNDP	
4) $d\left(arc\,sen\,3x\right)$	$\dfrac{1}{\sqrt{1-9x^2}}dx$	$Ninguna$	$\dfrac{3}{\sqrt{1-3x^2}}dx$	$\dfrac{3}{\sqrt{1-9x^2}}dx$	RC
	Clave: 3NMHO	Clave: 3BNML	Clave: 3CVBR	Clave: 3RTQE	
5) $\int\left(\dfrac{2x+5}{2}\right)^4 dx$	$\dfrac{(2x+5)^5}{32}+c$	$\dfrac{(2x+5)^5}{160}+c$	$Ninguna$	$\dfrac{(2x+5)^2}{2}+c$	RC
	Clave: 4ASDI	Clave: 4TRES	Clave: 4LKUP	Clave: 4KHMU	
6) $\int\left(\sqrt{\dfrac{x}{4}+3}\right)dx$	$Ninguna$	$\dfrac{1}{4}\sqrt{\left(\dfrac{x}{4}+3\right)^3}+c$	$\dfrac{3}{2}\sqrt{\left(\dfrac{x}{4}+3\right)^3}+c$	$\dfrac{8}{3}\sqrt{\left(\dfrac{x}{4}+3\right)^3}+c$	RC (SRD)
	Clave: 5ASDQ	Clave: 5OPUH	Clave: 5TREH	Clave: 5LKMA	
7) $\int\left(\dfrac{3x\sqrt{2x^2}}{5}\right)dx$	$\dfrac{\sqrt{(2x^2)^3}}{10}+c$	$\dfrac{\sqrt{8x^6}}{5}+c$	$\dfrac{\sqrt{(2x^2)^3}}{5}+c$	$Ninguna$	RC
	Clave: 6NHGN	Clave: 6NMGP	Clave: 6PLOH	Clave: 6RTEY	
8) $\int\left(\dfrac{\ln\frac{2}{3x}}{2x^2}\right)dx$	$\dfrac{3\ln\left(\left|\frac{2}{3x}\right|-1\right)}{2x}+c$	$Ninguna$	$-\dfrac{\ln\left(\left|\frac{2}{3x}\right|-1\right)}{4x}+c$	$-\dfrac{\ln\left(\left|\frac{2}{3x}\right|-1\right)}{2x}+c$	RC
	Clave: 7MNBH	Clave: 7HYRA	Clave: 7POUL	Clave: 7TRET	
9) $\int\dfrac{\cos^3 2x\,sen\,2x}{2}dx$	$Ninguna$	$-\dfrac{1}{16}sen^4 2x+c$	$-\dfrac{1}{16}\cos^4 2x+c$	$\dfrac{1}{8}\cos^4 2x+c$	RC
	Clave: 8UHKP	Clave: 8RGMH	Clave: 8BEQO	Clave: 8LMNV	
10) $\int\left(\dfrac{arcsen\sqrt{x}}{2\sqrt{x}}\right)dx$	$\frac{1}{2}\sqrt{x}arcsen\sqrt{x}$ $+\frac{1}{2}\sqrt{1-x}+c$	$\sqrt{x}arcsen\sqrt{x}$ $+\sqrt{1-x}+c$	$\sqrt{x}arcsen\sqrt{x}$ $+\sqrt{1-\sqrt{x}}+c$	$Ninguna$	RC (SRD)
	Clave: 9TUTR	Clave: 9PLOS	Clave: 9WQPE	Clave: 9PLTH	

Formulario de diferenciales de funciones que contienen xⁿ y u: Unidad 1.

Propiedades:	1) $d\left(k\,f(x)\right)=k\,d\left(f(x)\right)$ 2) $d\left(f(x)\pm g(x)\right)=d\left(f(x)\right)\pm d\left(g(x)\right)$

Fórmula de diferenciación de funciones que contienen xⁿ   1) $d\left(x^n\right)=nx^{n-1}dx$

Fórmulas de diferenciación de funciones que contienen u:

Algebraicas:

1) $d\left(u^n\right)=nu^{n-1}du$ 2) $d\left(u\right)=du$ 3) $d\left(|u|\right)=\dfrac{u}{|u|}du$ 4) $d\left(\sqrt{u}\right)=\dfrac{1}{2\sqrt{u}}du$ 5) $d\left(\dfrac{1}{u}\right)=-\dfrac{1}{u^2}du$

Exponenciales:

1) $d\left(e^u\right)=e^u\,du$ $\forall e\approx 2.71828....$

2) $d\left(a^u\right)=a^u\ln a\,du$

3) $d\left(u^v\right)=u^v\ln u\,dv+vu^{v-1}du$

Logarítmicas:

1) $d\left(\ln u\right)=\dfrac{1}{u}du$ $\forall a>0\neq 1$

2) $d\left(\log_a u\right)=\dfrac{1}{u\ln a}du$

Trigonométricas:

1) $d\left(sen\,u\right)=\cos u\,du$

2) $d\left(\cos u\right)=-sen\,u\,du$

3) $d\left(\tan u\right)=\sec^2 udu$

4) $d\left(\cot u\right)=-\csc^2 u\,du$

5) $d\left(\sec u\right)=\tan u\sec u\,du$

6) $d\left(\csc u\right)=-\cot u\csc u\,du$

Trigonométricas inversas:

1) $d\left(arc\,senu\right)=\dfrac{1}{\sqrt{1-u^2}}du$

2) $d\left(arc\,\cos u\right)=-\dfrac{1}{\sqrt{1-u^2}}du$

3) $d\left(arc\,\tan u\right)=\dfrac{1}{1+u^2}du$

4) $d\left(arc\,\cot u\right)=-\dfrac{1}{1+u^2}du$

5) $d\left(arc\,\sec u\right)=\dfrac{1}{u\sqrt{u^2-1}}du$

6) $d\left(arc\,\csc u\right)=-\dfrac{1}{u\sqrt{u^2-1}}du$

Hiperbólicas:

1) $d\left(senh\,u\right)=\cosh u\,du$

2) $d\left(\cosh u\right)=senh\,u\,du$

3) $d\left(\tanh u\right)=\sec h^2u\,du$

4) $d\left(\coth u\right)=-\csc h^2u\,du$

5) $d\left(\sec hu\right)=-\tanh u\sec hu\,du$

6) $d\left(\csc hu\right)=-\coth u\csc hu\,du$

Hiperbólicas inversas:

1) $d\left(arcsenh\,u\right)=\dfrac{1}{\sqrt{u^2+1}}du$

2) $d\left(arc\cos hu\right)=\dfrac{1}{\sqrt{u^2-1}}du$ $\forall u>1$

3) $d\left(arc\tan hu\right)=\dfrac{1}{1-u^2}du$ $\forall |u|<1$

4) $d\left(arc\,\coth u\right)=\dfrac{1}{1-u^2}du$ $\forall |u|>1$

5) $d\left(arc\,\sec hu\right)=-\dfrac{1}{u\sqrt{1-u^2}}du$ $\forall\,0<u<1$

6) $d\left(arc\,\csc hu\right)=-\dfrac{1}{|u|\sqrt{1+u^2}}du$ $\forall u\neq 0$

Formulario de integración indefinida de funciones que contienen xⁿ y u: Unidad 1.

Propiedades:

1) $\int k\, f(x)\, dx = k \int f(x)\, dx$ 2) $\int \left(f(x) \pm g(x) \right) dx = \int f(x)\, dx \pm \int g(x)\, dx$

Fórmula de integración de funciones algebraicas que contienen xⁿ: 1) $\int x^n dx = \dfrac{x^{n+1}}{n+1} + c$

Fórmulas de integración de funciones que contienen u:

Algebraicas:

1) $\int 0\, du = c$ 2) $\int du = u + c$ 3) $\int u^n du = \dfrac{u^{n+1}}{n+1} + c$ 4) $\int \dfrac{du}{u} = \ln |u| + c$

Exponenciales:

1) $\int e^u du = e^u + c$ 2) $\int a^u du = \dfrac{a^u}{\ln a} + c$

Logarítmicas:

1) $\int \ln u\, du = u \left(\ln |u| - 1 \right) + c$ 2) $\int \log_a u\, du = u \left(\log_a \dfrac{|u|}{e} \right) + c$

Trigonométricas:

1) $\int sen\, u\, du = -\cos u + c$

2) $\int \cos u\, du = sen\, u + c$

3) $\int tg\, u\, du = -\ln |\cos u| + c$

4) $\int ctg\, u\, du = \ln |sen\, u| + c$

5) $\int \sec u\, du = \ln |\sec u + \tan u| + c$

6) $\int \csc u\, du = \ln |\csc u - ctg\, u| + c$

7) $\int \tan u \sec u\, du = \sec u + c$

8) $\int \cot u \csc u\, du = -\csc u + c$

9) $\int \sec^2 u\, du = \tan u + c$

10) $\int \csc^2 u\, du = -\cot u + c$

11) $\int \sec^3 u\, du = \dfrac{1}{2} \sec u \tan u + \dfrac{1}{2} \ln |\sec u + \tan u| + c$

Trigonométricas inversas:

1) $\int arc\, sen\, u\, du = u\, arc\, sen\, u + \sqrt{1 - u^2} + c$

2) $\int arc \cos u\, du = u\, arc \cos u - \sqrt{1 - u^2} + c$

3) $\int \arctan u\, du = u \arctan u - \dfrac{1}{2} \ln |u^2 + 1| + c$

4) $\int arc \cot u\, du = u\, arc \cot u + \dfrac{1}{2} \ln |u^2 + 1| + c$

5) $\int arc \sec u\, du = u\, arc \sec u - \ln \left| u + \sqrt{u^2 - 1} \right| + c$

6) $\int arc \csc u\, du = u\, arc \csc u + \ln \left| u + \sqrt{u^2 - 1} \right| + c$

Hiperbólicas:

1) $\int senh\, u\, dx = \cosh u + c$

2) $\int \cosh u\, dx = senh\, u + c$

3) $\int \tanh u\, du = \ln |\cosh u| + c$

4) $\int \coth u\, du = \ln |senh\, u| + c$

5) $\int \sec h\, u\, du = 2 \arctan \left(\tanh \dfrac{u}{2} \right) + c$

6) $\int \csc h\, u\, du = \ln \left| \tanh \dfrac{u}{2} \right| + c$

7) $\int \sec h^2 u\, du = \tanh u + c$

8) $\int \csc h^2 u\, du = -\coth u + c$

9) $\int \sec h\, u \tanh u\, du = -\sec h\, u + c$

10) $\int \csc h\, u \coth u\, du = -\csc h\, u + c$

Hiperbólicas inversas:

1) $\int arcsenh\, u\, du = u\, arcsenh\, u - \sqrt{u^2 + 1} + c$

2) $\int arccosh\, u\, du = u\, arccosh\, u - \sqrt{u^2 - 1} + c$

3) $\int \arctan h\, u\, du = u \arctan h\, u + \dfrac{1}{2} \ln |u^2 - 1| + c$

4) $\int arc \coth u\, du = u\, arc \coth u + \dfrac{1}{2} \ln |u^2 - 1| + c$

5) $\int arc \sec h\, u\, du = u\, arc \sec h\, u - \arctan \left(\dfrac{u}{u^2 - 1} \right) + c$

6) $\int arc \csc h\, u\, du = u\, arc \csc h\, u + \ln \left| u + \sqrt{u^2 + 1} \right| + c$

El valor mas escaso de la naturaleza humana es la lealtad, ¡ Es ahí donde se encuentra lo interesante de las matemáticas !.

José Santos Valdez Pérez

UNIDAD 2. TÉCNICAS DE INTEGRACIÓN.

Clases:

2.1   Técnica de integración por uso de tablas de fórmulas que contienen las formas $u^2 \pm a^2$.
2.2   Técnica de integración por cambio de variable.
2.3   Técnica de integración por partes.
2.4   Técnica de integración del seno y coseno de m y n potencia.
2.5   Técnica de integración de la tangente y secante de m y n potencia.
2.6   Técnica de integración de la cotangente y cosecante de m y n potencia.
2.7   Técnica de integración por sustitución trigonométrica.
2.8   Técnica de integración de fracciones parciales.
2.9   Técnica de integración por series de potencia.
2.10 Técnica de integración por series de Maclaurin y de Taylor.

- Evaluaciones tipo.
- Formulario de técnicas de integración.

Clase: 2.1 Técnica de integración por uso de tablas de fórmulas que contienen las formas $u^2 \pm a^2$.
　Guía:
- Técnica de integración por uso de tablas de fórmulas que contienen las formas $u^2 \pm a^2$.
- Tabla: Fórmulas de integración que contienen las formas $u^2 \pm a^2$ 　$\forall$ 　$a > 0$.
- Ejemplos.
- Ejercicios.

Técnica de integración por uso de tablas de fórmulas que contienen las formas $u^2 \pm a^2$:

Introducción.

Con el propósito de hacer más ágil la integración, existen tablas que contienen cientos y quizá miles de fórmulas. A continuación en la tabla respectiva hemos seleccionado sólo diez de ellas y forman parte de una muestra representativa que contienen en su estructura la característica común $u^2 \pm a^2$ y la finalidad es el aprendizaje en la identificación y aplicación de estas fórmulas a problemas concretos útil para el ejercicio de la aplicación de la técnica y que servirá como base para la integración de problemas similares.

Tabla: Fórmulas de integración que contienen las formas: 　$u^2 \pm a^2$ 　$\forall$ 　$a > 0$

1) $\displaystyle \int \frac{du}{u^2 + a^2} = \frac{1}{a}\arctan\frac{u}{a} + c$
　　　　6) $\displaystyle \int \frac{du}{\sqrt{a^2 - u^2}} = arcsen\frac{u}{a} + c$

2) $\displaystyle \int \frac{du}{u^2 - a^2} = \frac{1}{2a}\ln\left|\frac{u-a}{u+a}\right| + c$
　　　7) $\displaystyle \int \frac{du}{u\sqrt{u^2 + a^2}} = -\frac{1}{a}\ln\left|\frac{a + \sqrt{u^2 + a^2}}{u}\right| + c$

3) $\displaystyle \int \frac{du}{a^2 - u^2} = \frac{1}{2a}\ln\left|\frac{u+a}{u-a}\right| + c$
　　　8) $\displaystyle \int \sqrt{u^2 + a^2}\, du = \frac{u}{2}\sqrt{u^2 + a^2} + \frac{a^2}{2}\ln\left|u + \sqrt{u^2 + a^2}\right| + c$

4) $\displaystyle \int \frac{du}{\sqrt{u^2 + a^2}} = \ln\left|u + \sqrt{u^2 + a^2}\right| + c$
　　9) $\displaystyle \int \sqrt{u^2 - a^2}\, du = \frac{u}{2}\sqrt{u^2 - a^2} - \frac{a^2}{2}\ln\left|u + \sqrt{u^2 - a^2}\right| + c$

5) $\displaystyle \int \frac{du}{\sqrt{u^2 - a^2}} = \ln\left|u + \sqrt{u^2 - a^2}\right| + c$
　10) $\displaystyle \int \sqrt{a^2 - u^2}\, du = \frac{u}{2}\sqrt{a^2 - u^2} + \frac{a^2}{2}arcsen\frac{u}{a} + c$

Método:

1) Identifique el problema que se plantea con alguna de las fórmulas de la tabla.

2) Identifique u^2 y obtenga u y du.

3) Identifique a^2 y obtenga a.

4) Sustituya el valor de du (y u de ser necesario) en una nueva integral y haga el ajuste correspondiente.

5) Integre aplicando la fórmula seleccionada.

Ejemplos:

1) $\displaystyle \int \frac{5dx}{4x^2+9} = 5\int \frac{dx}{4x^2+9} = \left\langle \begin{array}{l} \displaystyle \int \frac{du}{u^2+a^2} = \frac{1}{a}arc\tan\frac{u}{a}+c \\ u^2 = 4x^2 \therefore u = 2x; \quad du = 2dx \\ a^2 = 9 \therefore \ a = 3 \end{array} \right\rangle = 5\left(\frac{1}{2}\right)\int \frac{(2dx)}{4x^2+9} = \frac{5}{2}\left(\frac{1}{3}\arctan\frac{2x}{3}+c\right)$

$\displaystyle \qquad\qquad\qquad\qquad\qquad\qquad\qquad\qquad\qquad\qquad\qquad\qquad\qquad\qquad = \frac{5}{6}\arctan\frac{2x}{3}+c$

2) $\displaystyle \int \frac{dx}{1-2x^2} = \left\langle \begin{array}{l} \displaystyle \int \frac{du}{a^2-u^2} = \frac{1}{2a}\ln\left|\frac{u+a}{u-a}\right|+c \\ a^2 = 1 \therefore a = 1 \\ u^2 = 2x^2; u = \sqrt{2}\,x; \quad du = \sqrt{2}\,dx \end{array} \right\rangle = \frac{1}{\sqrt{2}}\int\frac{(\sqrt{2}\,dx)}{1-2x^2} = \frac{1}{\sqrt{2}}\left(\frac{1}{2(1)}\ln\left|\frac{\sqrt{2}\,x+1}{\sqrt{2}\,x-1}\right|+c\right)$

$\displaystyle \qquad\qquad\qquad\qquad\qquad\qquad\qquad\qquad\qquad\qquad\qquad\qquad\qquad\qquad = \frac{1}{2\sqrt{2}}\ln\left|\frac{\sqrt{2}\,x+1}{\sqrt{2}\,x-1}\right|+c$

3) $\displaystyle \int \frac{3dx}{2\sqrt{x^2-5}} = \frac{3}{2}\int\frac{dx}{\sqrt{x^2-5}} = \left\langle \begin{array}{l} \displaystyle \int \frac{du}{\sqrt{u^2-a^2}} = \ln\left|u+\sqrt{u^2-a^2}\right|+c \\ u^2 = x^2; \quad u = x; \quad du = dx \\ a^2 = 5; \quad a = \sqrt{5} \end{array} \right\rangle = \frac{3}{2}\int\frac{(dx)}{\sqrt{x^2-5}}$

$\displaystyle \qquad\qquad\qquad\qquad\qquad\qquad\qquad\qquad\qquad\qquad\qquad\qquad\qquad\qquad = \frac{3}{2}\ln\left|x+\sqrt{x^2-5}\right|+c$

4) $\displaystyle \int \frac{dx}{4x\sqrt{2x^2+4}} = \left\langle \begin{array}{l} \displaystyle \int \frac{1}{u\sqrt{u^2+a^2}}du = -\frac{1}{a}\ln\left|\frac{a+\sqrt{u^2+a^2}}{u}\right|+c \\ u^2 = 2x^2; \quad u = x\sqrt{2}; \quad du = \sqrt{2}\,dx \\ a^2 = 4; \quad a = 2 \end{array} \right\rangle = \frac{1}{4}\frac{(\sqrt{2})}{(\sqrt{2})}\int\frac{1}{(x\sqrt{2})\sqrt{2x^2+4}}\left(\sqrt{2}\,dx\right)$

$\displaystyle \qquad\qquad\qquad\qquad\qquad\qquad\qquad\qquad\qquad\qquad\qquad\qquad\qquad\qquad = \frac{1}{4}\left(-\frac{1}{2}\ln\left|\frac{2+\sqrt{2x^2+4}}{x\sqrt{2}}\right|+c\right)$

$\displaystyle \qquad\qquad\qquad\qquad\qquad\qquad\qquad\qquad\qquad\qquad\qquad\qquad\qquad\qquad = -\frac{1}{8}\ln\left|\frac{2+\sqrt{2x^2+4}}{x\sqrt{2}}\right|+c$

5) $\displaystyle \int \sqrt{16-\frac{3x^2}{5}}\,dx = \left\langle \begin{array}{l} \text{Integral tipo}: \displaystyle\int\sqrt{a^2-u^2}\,du \\ a^2 = 16; \quad a = 4 \\ u^2 = \frac{3x^2}{5}; \quad u = x\sqrt{\frac{3}{5}} \\ du = \sqrt{\frac{3}{5}}\,dx \end{array} \right\rangle = \sqrt{\frac{5}{3}}\int\sqrt{16-\frac{3x^2}{5}}\left(\sqrt{\frac{3}{5}}\,dx\right)$

$\displaystyle \qquad\qquad\qquad\qquad\qquad\qquad\qquad\qquad\qquad\qquad\qquad = \sqrt{\frac{5}{3}}\left(\frac{x\sqrt{\frac{3}{5}}}{2}\sqrt{16-\frac{3x^2}{5}}+\frac{16}{2}arcsen\frac{x\sqrt{\frac{3}{5}}}{4}+c\right)$

$\displaystyle \qquad\qquad\qquad\qquad\qquad\qquad\qquad\qquad\qquad\qquad\qquad = \frac{x}{2}\sqrt{16-\frac{3x^2}{5}}+8\sqrt{\frac{5}{3}}\,arcsen\frac{x}{4}\sqrt{\frac{3}{5}}+c$

6) $\displaystyle\int \frac{3dx}{\sqrt{x^2-2x+5}}\,dx = \left\langle \begin{array}{c} x^2-2x+5 = (x-1)^2 + ? \\ = x^2-2x+1+4 \\ = (x-1)^2+4 \end{array} \right\rangle = 3\int \frac{dx}{\sqrt{(x-1)^2+4}} \left\langle \begin{array}{c} Integral\ \ tipo : \displaystyle\int \frac{1}{\sqrt{u^2+a^2}}\,du \\ u^2 = (x-1)^2;\quad u = x-1 \\ du = dx;\quad a^2 = 4;\quad a = 2 \end{array} \right\rangle$

$$= 3\left(\ln\left| (x-1) + \sqrt{(x-1)^2+4} \right| + c \right) = 3\ln\left| x-1 + \sqrt{x^2-2x+1} \right| + c$$

7) $\displaystyle\int \frac{5dx}{2x^2-8x+1}\,dx = \left\langle \begin{array}{c} 2x^2-8x+1 = 2\left(x^2-4x+\frac{1}{2}\right) \\ = 2(x-2)^2 \pm ? \\ = 2(x^2-4x+4)-7 \\ = (x-2)^2-7 \end{array} \right\rangle = 5\int \frac{dx}{(x-2)^2-7} \left\langle \begin{array}{c} Integral\ \ tipo : \displaystyle\int \frac{1}{u^2-a^2}\,du \\ u^2 = (x-2)^2;\quad u = x-2 \\ du = dx;\quad a^2 = 7;\quad a = \sqrt{7} \end{array} \right\rangle$

$$= 5\left(\frac{1}{2(\sqrt{7})} \ln\left| \frac{(x-2)-(\sqrt{7})}{(x-2)+(\sqrt{7})} \right| + c \right) = \frac{5}{2\sqrt{7}} \ln\left| \frac{x-2-\sqrt{7}}{x-2+\sqrt{7}} \right| + c$$

Ejercicios:

Tipo I. Integrar por tabla de fórmulas de integración que contienen las formas $a^2 \pm u^2$, las siguientes funciones:

1) $\displaystyle\int \frac{3dx}{4x^2+3}$

2) $\displaystyle\int \frac{dx}{4x^2-3}$

3) $\displaystyle\int \frac{dx}{4-9x^2}$

4) $\displaystyle\int \frac{2dx}{3x^2-8}$

5) $\displaystyle\int \frac{2dx}{\sqrt{2x^2-16}}$

6) $\displaystyle\int \frac{dx}{\sqrt{16-9x^2}}$

7) $\displaystyle\int \frac{3dx}{x\sqrt{4x^2-4}}$

8) $\displaystyle\int \sqrt{x^2+2x+5}\ dx$

9) $\displaystyle\int \sqrt{2x^2-4}\ dx$

Clase: 2.2 Técnica de integración por cambio de variable.

Guía:
- Técnica de integración por cambio de variable.
- Método de integración por cambio de variable.
- Ejemplos.
- Ejercicios.

Técnica de integración por cambio de variable:

Sí tenemos $\int f(x)dx$ y asignamos a u una parte de $f(x)$ $\quad \therefore \quad \int f(x)dx = \int f(u)du$

De otra forma: Sí $\int f(g(x)g'(x))dx = F(g(x)) + c$ y sí $u = g(x)$ y $du = g'(x)dx$

$\therefore \int f(g(x)g'(x))dx = \int f(u)du = F(u) + c$

Método de integración por cambio de variable:

1) Obtener: u; x; y dx.
   a) A una parte de la función darle el valor de u.
   b) A partir de u obtener x.
   c) A partir de x obtener dx.

2) Hacer cambio de variable.
   Nota: todo el resultado debe de estar en términos de u.

3) Integrar.

4) Sustituir u por su valor original.
   Nota: Todo el resultado debe de estar en términos de x.

Ejemplos:

1) $\int 3x(x^2 + 1)^4 \, dx = \left\langle \begin{array}{c} \Rightarrow Por\ la\ fórmula \\ de\ funciones\ que \\ contienen\ "u" \\[2mm] \Rightarrow Por\ cambio \\ de\ variable \end{array} \right\rangle = \left\langle \begin{array}{c} x^2 + 1 = u \\ x = \sqrt{u-1} \\ dx = \dfrac{du}{2\sqrt{u-1}} \end{array} \right\rangle$

$= 3\left(\dfrac{1}{2}\right)\int (x^2+1)^4 (2xdx) = \dfrac{3}{10}(x^2+1)^5 + c$

$= 3\int \sqrt{u-1}(u)^4 \dfrac{du}{2\sqrt{u-1}} = \dfrac{3}{2}\int u^4 du$

$= \dfrac{3}{10}u^5 + c = \dfrac{3}{10}(x^2+1)^5 + c$

2) $\displaystyle\int \frac{3x}{2\sqrt{4x-1}}\,dx = \left| \begin{array}{l} 4x-1=u \\ x=\dfrac{u+1}{4} \\ dx=\dfrac{du}{4} \end{array} \right| = \dfrac{3}{2}\int \dfrac{\frac{u+1}{4}}{\sqrt{u}}\,\dfrac{du}{4} = \dfrac{3}{32}\int \dfrac{u+1}{\sqrt{u}}\,du = \dfrac{3}{32}\int \sqrt{u}\,du + \dfrac{3}{32}\int u^{-\frac{1}{2}}\,du$

$\qquad\qquad\qquad = \dfrac{1}{16}\sqrt{(u)^3} + \dfrac{3}{16}\sqrt{u} + c = \dfrac{1}{16}\sqrt{(4x-1)^3} + \dfrac{3}{16}\sqrt{4x-1} + c$

3) $\displaystyle\int 5x(1-2x)^5\,dx = \left| \begin{array}{ll} u=1-2x; & du=-2dx \\ x=\dfrac{1-u}{2}; & dx=\dfrac{du}{-2} \end{array} \right| = \int 5\left(\dfrac{1-u}{2}\right)u^5\left(\dfrac{du}{-2}\right) = -\dfrac{5}{4}\int \big((1-u)u^5\,du$

$\qquad = -\dfrac{5}{4}\int\big(u^5-u^6\big)du = -\dfrac{5u^6}{4(6)} + \dfrac{5u^7}{4(7)} + c = -\dfrac{5(1-2x)^6}{24} + \dfrac{5(1-2x)^7}{28} + c$

4) $\displaystyle\int x\sqrt{2x-1}\,dx = \left| \begin{array}{ll} u=2x-1; & du=2dx \\ x=\dfrac{u+1}{2}; & dx=\dfrac{du}{2} \end{array} \right| = \int\left(\dfrac{u+1}{2}\right)\sqrt{u}\left(\dfrac{du}{2}\right) = \dfrac{1}{4}\int\big((u+1)\sqrt{u}\,du$

$\qquad = \dfrac{1}{4}\int\left(u^{\frac{3}{2}}+u^{\frac{1}{2}}\right)du = \dfrac{1}{4}\dfrac{u^{\frac{5}{2}}}{\frac{5}{2}} + \dfrac{1}{4}\dfrac{u^{\frac{3}{2}}}{\frac{3}{2}} + c = \dfrac{\sqrt{u^5}}{10} + \dfrac{\sqrt{u^3}}{6} + c = \dfrac{\sqrt{(2x-1)^5}}{10} + \dfrac{\sqrt{(2x-1)^3}}{6} + c$

Ejercicios:

Tipo I. Por la técnica de integración por cambio de variable; integrar las siguientes funciones:

1) $\displaystyle\int (x^2+1)^4\,3x\,dx$ 3) $\displaystyle\int 3x\sqrt{5x+1}\,dx$ 5) $\displaystyle\int 2x\,(2-5x)^7\,dx$

2) $\displaystyle\int x\sqrt{x^2-1}\,dx$ 4) $\displaystyle\int \frac{x}{\sqrt{2x-1}}\,dx$ 6) $\displaystyle\int \frac{2x}{5\sqrt{3-4x}}\,dx$

Clase: 2.3 Técnica de integración por partes.
  Guía:
- Técnica de integración indefinida por partes.
- Requisitos para poder integrar por partes.
- Recomendaciones.
- Aplicaciones.
- Método de integración por partes.
- Ejemplos.
- Ejercicios.

Técnica de integración por partes:

Sean:
- u, v funciones de la misma variable independiente.

Sí $d(uv) = udv + vdu$ es el diferencial del producto uv.

∴ $udv = d(uv) - vdu$

Sí $\int udv = \int d(uv) - \int vdu$ ∴ $\int udv = uv - \int vdu$ Llamada fórmula de integración por partes.

Y por paráfrasis matemática: $\int v\,du = v\,u - \int u\,dv$

Requisitos para poder integrar por partes:

1) Siempre dx debe ser una parte de dv.

2) Siempre debe ser posible integrar dv.

Recomendaciones:

1) Si no hay producto $u\,dv$ entonces formarlo haciendo $dv = dx.$.

2) Elegir como dv a la función que tenga apariencia más complicada.

Aplicaciones:

Se aplica en algunas integrales que contienen productos de funciones, como:

1) Algebraicas y algebraicas.
2) Algebraicas y trigonométricas.
3) Algebraicas y logarítmicas.
4) Algebraicas y exponenciales.
5) Trigonométricas inversas.

Método de integración por partes:

1) Seleccione u y dv.

2) A partir de "u" obtener du.

3) A partir de dv obtener $v = \int dv$.

4) Sustituir $u, v,$ y du en la fórmula de integración por partes.

5) Nuevamente integre; el proceso puede ser reiterativo.

Ejemplos:

1) $\int x \sqrt{x} \, dx = \left\langle \begin{array}{l} \Rightarrow Por \ la \ fórmula \\ que \ contiene \ x^n \\[2mm] \Rightarrow Por \ integración \\ por \ partes \end{array} \right\rangle$

$= \int x^{3/2} dx = \dfrac{2}{5} \sqrt{x^5} + c$

$= \left\langle \begin{array}{l} \int u\,dv = uv - \int v\,du \\[2mm] u = x; \ dv = \sqrt{x}\,dx; \ du = dx \\[2mm] v = \int dv = \int \sqrt{x}\,dx = \dfrac{2}{3}\sqrt{x^3} \end{array} \right\rangle = (x)\left(\dfrac{2}{3}\right)\sqrt{x^3} - \int \dfrac{2}{3}\sqrt{x^3}\,dx$

$= \dfrac{2}{3}\sqrt{x^5} - \dfrac{4}{15}\sqrt{x^5} + c = \dfrac{2}{5}\sqrt{x^5} + c$

2) $\int 2x \cos x \, dx = \left\langle \begin{array}{l} \int u\,dv = uv - \int v\,du \\[2mm] u = 2x; \quad dv = \cos x \, dx \\[2mm] v = \int dv = \int \cos x \, dx = sen\,x + c \\[2mm] du = 2dx \end{array} \right\rangle = (2x)(sen\,x) - \int (sen\,x)(2dx)$

$= 2x\,sen\,x - 2\int sen\,x\,dx = 2x\,sen\,x - 2(-\cos x + c) = 2x\,sen\,x + 2\cos x + c$

3) $\int 2x \ln 3x \, dx = \left\langle \begin{array}{l} \int u\,dv = uv - \int v\,du \\[2mm] u = 2x; \quad du = 2dx \\[2mm] v = \int dv = \int \ln 3x \, dx = x\ln(|3x| - 1) + c \\[2mm] se \ sugiere \ cambio \ en \ orden \ de \ funciones \end{array} \right\rangle = \int \ln 3x \, 2x \, dx$

$= \left\langle \begin{array}{l} u = \ln 3x; \quad du = \frac{1}{x}dx \\[2mm] v = \int 2x\,dx = x^2 + c \end{array} \right\rangle = (\ln 3x)(x^2) - \int (x^2)\left(\dfrac{1}{x}dx\right) = x^2 \ln 3x - \int x\,dx = x^2 \ln 3x - \dfrac{x^2}{2} + c$

4) $\int xe^{2x} dx = \left\langle \begin{array}{l} \int u\,dv = uv - \int v\,du \\[2mm] u = x; \quad dv = e^{2x}dx \\[2mm] v = \int dv = \int e^{2x}dx = \dfrac{1}{2}e^{2x} + c \\[2mm] du = dx \end{array} \right\rangle = (x)\left(\dfrac{1}{2}e^{2x}\right) - \int \left(\dfrac{1}{2}e^{2x}\right)dx = \dfrac{1}{2}xe^{2x} - \dfrac{1}{4}e^{2x} + c$

5) Por la técnica de integración por partes, integrar: $\int arcsen\, 2x\, dx$

$$\int arcsen\ 2x\ dx = \left\langle \begin{array}{l} estrategia\ :\\ tome\ a\ dx\ como\\ una\ función \end{array}\right\rangle = \left\langle \begin{array}{l} \int u\, dv = uv - \int v\, du\\[4pt] u = arcsen\ 2x;\quad du = \dfrac{2}{\sqrt{1-4x^2}}dx\\[4pt] v = \int dv = \int dx = x + c \end{array}\right\rangle$$

$$= \left(arcsen\ 2x\right)(x) - \int (x)\left(\frac{2}{\sqrt{1-4x^2}}dx\right) = x\, arcsen\ 2x - 2\left(\frac{1}{-8}\right)\int(1-4x)^{-\frac{1}{2}}(-8x\,dx)$$

$$= x\, arcsen\ 2x + \frac{1}{4}\left(\frac{(1-4x^2)^{\frac{1}{2}}}{\frac{1}{2}} + c\right) = x\, arcsen\ 2x + \frac{1}{2}\sqrt{1-4x^2} + c$$

6) $\int 3e^x sen\, 2x\, dx = \left\langle \begin{array}{l} \int udv = uv - \int vdu\\ u = 3e^x;\quad du = 3e^x dx\\ v = \int dv = \int sen\, 2x\, dx = -\frac{1}{2}\cos 2x + c \end{array}\right\rangle \begin{array}{l} = \left(3e^x\right)\left(-\dfrac{1}{2}\cos 2x\right) - \int\left(-\dfrac{1}{2}\cos 2x\right)\left(3e^x dx\right)\\[6pt] = -\dfrac{3}{2}e^x \cos 2x + \dfrac{3}{2}\int e^x \cos 2x\, dx \end{array}$

$$= -\frac{3}{2}e^x \cos 2x + \left\langle \int \frac{3}{2}e^x \cos 2x dx = \begin{array}{l} u = \frac{3}{2}e^x;\quad du = \frac{3}{2}e^x dx\\ v = \int \cos 2x dx = \frac{1}{2}sen\, 2x + c \end{array}\right\rangle = \left(\frac{3}{2}e^x\right)\left(\frac{1}{2}sen\, 2x\right) - \int\left(\frac{1}{2}sen\, 2x\right)\left(\frac{3}{2}e^x dx\right)$$

$$= -\frac{3}{2}e^x \cos 2x + \frac{3}{4}e^x sen\, 2x - \frac{3}{4}\int e^x sen\, 2x dx = \left\langle \begin{array}{l} Sí\ \int 3e^x sen\, 2x = -\dfrac{3}{2}e^x\cos 2x + \dfrac{3}{4}e^x sen\, 2x - \dfrac{3}{4}\int e^x sen\, 2x dx\\[6pt] \therefore\ 3\int e^x sen\, 2x dx + \dfrac{3}{4}\int e^x sen\, 2x dx = -\dfrac{3}{2}e^x\cos 2x + \dfrac{3}{4}e^x sen\, 2x\\[6pt] \therefore\ \dfrac{15}{4}\int e^x sen\, 2x dx = -\dfrac{3}{2}e^x \cos 2x + \dfrac{3}{4}e^x sen\, 2x \end{array}\right\rangle$$

$$= \left\langle \begin{array}{l} Sí\ \dfrac{15}{4}\int e^x sen\, 2x dx = -\dfrac{3}{2}e^x \cos 2x + \dfrac{3}{4}e^x sen\, 2x\\[6pt] \therefore\ \int 3e^x sen\, 2x dx = \dfrac{4}{5}\left(-\dfrac{3}{2}e_x \cos 2x + \dfrac{3}{4}e^x sen\, 2x\right) \end{array}\right\rangle = -\frac{6}{5}e^x \cos 2x + \frac{3}{5}e^x sen\, 2x + c$$

Ejercicios:

Tipo I. Por la técnica de integración por partes; integrar las siguientes funciones

1) $\int x\cos x\, dx$

2) $\int \dfrac{2x}{3}sen\, 5x\, dx$

3) $\int 3x\ln 2x\, dx$

4) $\int 2x\ln(1-x)\, dx$

5) $\int x\, e^{ax}\, dx$

6) $\int 2x e^{x/3}\, dx$

7) $\int 2x^2 e^{3x}\, dx$

8) $\int 3x\cos 2x\, dx$

9) $\int arc\, sen\, x\, dx$

10) $\int 4\, arc\cos 2x\, dx$

11) $\int arc\, tg\, 2x\, dx$

12) $\int \dfrac{2}{3}arc\, tg\, \dfrac{x}{4}\, dx$

Clase: 2.4 Técnica de integración del seno y coseno de m y n potencia.

Guía:
- Análisis de la "Tabla: Técnica de integración del seno y coseno de m y n potencia".
- Método de integración del seno y coseno de m y n potencia.
- Tabla: Técnica de integración del seno y coseno de m y n potencia.
- Ejemplos.
- Ejercicios.

Análisis de la tabla: Método de integración del seno y coseno de m y n potencia.

Al observar la tabla "Método de integración del seno y coseno de m y n potencia"; que a continuación se presenta obtenemos lo siguiente:

Resultado del análisis:

1) Existen 3 tipos de integrales.
2) Cada forma de integral presenta casos que se caracterizan por las potencias de las funciones.
3) Para cada forma y caso se dan las recomendaciones de sustituir, aplicar y/ó desarrollar.

TIPO		RECOMENDACION
FORMA	CASOS Para: m y n ε Z^+	SUSTITUIR, APLICAR Y/Ó DESARROLLAR
I. $\int sen^m u\, du$		
II. $\int \cos^n u\, du$		
III. $\int sen^m u \cos^n u\, du$		

Método de integración del seno y coseno de m y n potencia:

1) Identifique la integral del problema planteado con la forma y caso de la integral de la tabla.
2) Sustituya, aplique y/ó desarrolle las recomendaciones.

Notas:

a) Es posible, que en un mismo problema después de aplicar las recomendaciones de la forma identificada, el resultado nos lleve a otra integral, donde de nuevo tengamos que repetir el método.

b) Cuando se agotan las recomendaciones dadas, y el resultado es una nueva integral, se supone que ésta integral, ya es del dominio de quien aplica el método.

c) Si dos ó mas casos son aplicables a una integral, entonces use el caso de la función de menor potencia.

d) Cuando en una recomendación resultan sumas y/ó restas, primero se hacen las operaciones de suma y/ó resta y se separan las integrales antes de seguir adelante.

e) En un grupo de integrales se recomienda "no integrar hasta que todas las integrales sean directamente solucionables".

Tabla: Método de integración del seno y coseno de m y n potencia.

TIPO		RECOMENDACION
FORMA	CASOS Para: m y $n \; \varepsilon \; Z^{+}$	SUSTITUIR, APLICAR Y/Ó DESARROLLAR
I. $\displaystyle\int sen^{m} u \, du$	1) Sí $m=1$	Aplicar: $\displaystyle\int sen \, u \, du = -\cos u + c$
	2) Sí $m=2$	Sustituir: $sen^{2} u = \dfrac{1}{2} - \dfrac{1}{2} \cos 2u$
	3) Sí $m>2$	Desarrollar: $1a.$ $sen^{m} u = sen^{m-2} u \, sen^{2} u$ Sustituir: $2a.$ $sen^{2} u = (1 - \cos^{2} u)$
II. $\displaystyle\int \cos^{n} u \, du$	1) Sí $n=1$	Aplicar: $\displaystyle\int \cos u \, du = sen \, u + c$
	2) Sí $n=2$	Sustituir: $\cos^{2} u = \dfrac{1}{2} + \dfrac{1}{2} \cos 2u$
	3) Sí $n>2$	Desarrollar: $1a.$ $\cos^{n} u = \cos^{n-2} u \cos^{2} u$ Sustituir: $2a.$ $\cos^{2} u = (1 - sen^{2} u)$
III. $\displaystyle\int sen^{m} u \cos^{n} u \, du$	1) Sí m y/o $n=1$	Aplicar: $\displaystyle\int u^{n} du = \dfrac{u^{n+1}}{n+1} + c$
	2) Sí $m = impar > 1$ y $n > 1$	Desarrollar: $1a.$ $sen^{m} u = sen^{m-1} u \, sen \, u$ Sustituir: $2a.$ $sen^{2} u = 1 - \cos^{2} u$
	3) Sí $n = impar > 1$ y $m > 1$	Desarrollar: $1a.$ $\cos^{n} u = \cos^{n-1} u \cos u$ Sustituir: $2a.$ $\cos^{2} u = 1 - sen^{2} u$
	4) Sí m y $n = par$ y $m = n$	Desarrollar: $1a.$ $sen^{m} u \cos^{n} u = (sen \, u \cos u)^{m \, o \, n}$ Sustituir: $2a.$ $sen \, u \cos u = \dfrac{1}{2} sen \, 2u$
	5) Sí m y $n = par$ y $m > n$	Desarrollar: $1a.$ $sen^{m} u \cos^{n} u = (sen \, u \cos u)^{n} \, sen^{m-n} u$ Sustituir: $2a.$ $sen \, u \cos u = \dfrac{1}{2} sen \, 2u$ Sustituir: $3a.$ $sen^{2} u = \dfrac{1}{2} - \dfrac{1}{2} \cos 2u$
	6) Sí m y $n = par$ y $m < n$	Desarrollar: $1a.$ $sen^{m} u \cos^{n} u = (sen \, u \cos u)^{m} \cos^{n-m} u$ Sustituir: $2a.$ $sen \, u \cos u = \dfrac{1}{2} sen \, 2u$ Sustituir: $3a.$ $\cos^{2} u = \dfrac{1}{2} + \dfrac{1}{2} \cos 2u$

Ejemplos:

1) $\displaystyle \int sen\,2x\,dx = \left\langle \begin{array}{l} forma\ I;\ caso\,1 \\ Aplicar:\ \int sen\,u\,du = -\cos u + c \end{array} \right\rangle = \frac{1}{(2)}\int sen\,2x\,(2dx) = -\frac{1}{2}\cos 2x + c$

2) $\displaystyle \int 3\cos^2 5x\,dx = \left\langle \begin{array}{l} forma\ II;\ \ caso\,2 \\ recomendac\,ión: \\ \cos^2 u = \frac{1}{2}+\frac{1}{2}\cos 2u \end{array} \right\rangle = 3\int\left(\frac{1}{2}+\frac{1}{2}\cos 10x\right)dx = \frac{3}{2}\int dx + \frac{3}{2}\int\cos 10x\,dx = \frac{3x}{2}+\frac{3}{20}sen\,10x + c$

3) $\displaystyle \int \cos^3 2x\,dx = \left\langle \begin{array}{l} forma\ II;\ \ caso\,3 \\ 1a.\,recomendac\,ión: \\ \cos^m u = \cos^{m-2} u\cos^2 u \end{array} \right\rangle = \int(\cos 2x\cos^2 2x)dx = \left\langle \begin{array}{l} 2a.\,recomendac\,ión \\ \cos^2 u = 1 - sen^2 u \end{array} \right\rangle = \int(\cos 2x)(1 - sen^2 2x)dx$

$\displaystyle = \int\cos 2x\,dx - \int sen^2 2x\cos 2x\,dx = \left\langle \begin{array}{l} \int sen^2 2x\cos 2x\,dx \\ forma\ III;\ \ caso\,1 \end{array} \right\rangle = \int\cos 2x\,dx - \int(sen\,2x)^2\cos 2x\,dx = \frac{1}{2}sen\,2x - \frac{1}{6}sen^3 2x + c$

4) $\displaystyle \int \frac{sen^3\frac{x}{2}}{5}\,dx = \left\langle \begin{array}{l} forma\ I;\ \ caso\,3 \\ 1a.\,recomendac\,ión: \\ sen^m u = sen^{m-2}u\,sen^2 u \end{array} \right\rangle = \frac{1}{5}\int\left(sen\frac{x}{2}sen^2\frac{x}{2}\right)dx = \left\langle \begin{array}{l} 2a.\,recomendac\,ión \\ sen^2 u = 1 - \cos^2 u \end{array} \right\rangle = \frac{1}{5}\int\left(sen\frac{x}{2}\right)\left(1 - \cos^2\frac{x}{2}\right)dx$

$\displaystyle = \frac{1}{5}\int sen\frac{x}{2}\,dx - \frac{1}{5}\int\cos^2\frac{x}{2}sen\frac{x}{2}\,dx = \left\langle \begin{array}{l} \int\cos^2\frac{x}{2}sen\frac{x}{2}\,dx \\ forma\ III;\ \ caso\,1 \end{array} \right\rangle = \frac{1}{5}\int sen\frac{x}{2}\,dx - \frac{1}{5}\int\left(\cos\frac{x}{2}\right)^2 sen\frac{x}{2}\,dx = -\frac{2}{5}\cos\frac{x}{2}+\frac{2}{15}\cos^3\frac{x}{2}+c$

5) $\displaystyle \int\cos^4 2x\,dx = \int\cos^2 2x\cos^2 2x\,dx = \int\cos^2 2x(1 - sen^2 2x)dx = \int\cos^2 2x\,dx - \int\cos^2 2x\,sen^2 2x\,dx$

$\displaystyle = \int\left(\frac{1}{2}+\frac{1}{2}\cos 4x\right)dx - \int(\cos 2x\,sen\,2x)^2\,dx = \frac{1}{2}\int dx + \frac{1}{2}\int\cos 4x\,dx - \int\left(\frac{1}{2}sen\,8x\right)^2 dx$

$\displaystyle = \frac{1}{2}\int dx + \frac{1}{2}\int\cos 4x\,dx - \frac{1}{4}\int sen^2 8x\,dx = \frac{1}{2}\int dx + \frac{1}{2}\int\cos 4x\,dx - \frac{1}{4}\int\left(\frac{1}{2}-\frac{1}{2}\cos 16x\right)dx$

$\displaystyle = \frac{1}{2}\int dx + \frac{1}{2}\int\cos 4x\,dx - \frac{1}{8}\int dx + \frac{1}{8}\int\cos 16x\,dx = \frac{x}{2}+\frac{1}{8}sen\,4x - \frac{x}{8}+\frac{1}{128}sen\,16x + c$

6) $\displaystyle \int sen^4 x\cos^2 x\,dx = \int(sen\,x\cos x)^2 sen^2 x\,dx = \int\left(\frac{1}{2}sen\,2x\right)^2 sen^2 x\,dx = \frac{1}{4}\int sen^2 2x\left(\frac{1}{2}-\frac{1}{2}\cos 2x\right)dx$

$\displaystyle = \frac{1}{8}\int sen^2 2x\,dx - \frac{1}{8}\int sen^2 2x\cos 2x\,dx = \frac{1}{8}\int\left(\frac{1}{2}-\frac{1}{2}\cos 4x\right)dx - \frac{1}{8}\int(sen\,2x)^2\cos 2x\,dx$

$\displaystyle = \frac{1}{16}\int dx - \frac{1}{16}\int\cos 4x\,dx - \frac{1}{8}\int(sen\,2x)^2\cos 2x\,dx = \frac{x}{16}-\frac{1}{64}sen\,4x - \frac{1}{48}sen^3 2x + c$

Ejercicios:

Tipo I. Por la técnica de integración del seno y coseno de m y n potencia, integrar las siguientes funciones:

1) $\displaystyle \int sen\,2x\,dx = ?$

2) $\displaystyle \int 3\,sen^2 2x\,dx = ?$

3) $\displaystyle \int 3\cos 2x\,dx = ?$

4) $\displaystyle \int \frac{1}{2}\cos^2\frac{x}{3}\,dx = ?$

5) $\displaystyle \int sen^5 x\cos x\,dx = ?$

6) $\displaystyle \int \frac{1}{2}sen^3 x\cos^4 x\,dx = ?$

7) $\displaystyle \int sen^2 x\cos^5 x\,dx = ?$

8) $\displaystyle \int sen^2 2x\cos^2 2x\,dx = ?$

9) $\displaystyle \int sen^4 x\cos^2 x\,dx = ?$

10) $\displaystyle \int 3\,sen^2 x\cos^4 x\,dx = ?$

11) $\displaystyle \int sen^3 x\,dx = ?$

12) $\displaystyle \int 3\cos^4 2x\,dx = ?$

Clase: 2.5 Técnica de integración de la tangente y secante de m y n potencia.
Guía:
- Análisis de la "Tabla: Técnica de integración de la tangente y secante de m y n potencia".
- Método de integración de la tangente y secante de m y n potencia.
- Tabla: Técnica de integración de la tangente y secante de m y n potencia.
- Ejemplos.
- Ejercicios.

Análisis de la tabla: Técnica de integración de la tangente y secante de m y n potencia.

Al observar la tabla "Técnica de integración de la tangente y secante de m y n potencia"; que a continuación se presenta obtenemos lo siguiente:

Resultado del análisis:

1) Existen 3 tipos de integrales.
2) Cada forma de integral presenta casos que se caracterizan por las potencias de las funciones.
3) Para cada forma y caso se dan las recomendaciones de sustituir, aplicar y/ó desarrollar.

TIPO		RECOMENDACION
FORMA	CASOS **Para:** m y n ε **Z**$^+$	**SUSTITUIR, APLICAR Y/Ó DESARROLLAR**
I. $\int tg^m u\, du$		
II. $\int \sec^n u\, du$		
III. $\int tg^m u \sec^n u\, du$		

Método de integración de la tangente y secante de m y n potencia:

1) Identifique la integral del problema planteado con la forma y caso de la integral de la tabla.
2) Sustituya, aplique y/ó desarrolle las recomendaciones.

Notas:

a) Es posible, que en un mismo problema después de aplicar las recomendaciones de la forma identificada, el resultado nos lleve a otra integral, donde de nuevo tengamos que repetir el método.

b) Cuando se agotan las recomendaciones dadas, y el resultado es una nueva integral, se supone que ésta integral, ya es del dominio de quien aplica el método.

c) Si dos ó mas casos son aplicables a una integral, entonces use el caso de la función de menor potencia.

d) Cuando en una recomendación resultan sumas y/ó restas, primero se hacen las operaciones de suma y/ó resta y se separan las integrales antes de seguir adelante.

e) En un grupo de integrales se recomienda "no integrar hasta que todas las integrales sean directamente solucionables".

Tabla: Técnica de integración de la tangente y secante de m y n potencia.

TIPO		RECOMENDACIÓN
FORMA	CASOS Para: m y n ε Z^+	SUSTITUIR, APLICAR Y/Ó DESARROLLAR
I. $\int \tan^m u\, du$	1) Sí $m = 1$	Aplicar: $\int \tan u\, du = \ln\left\lvert \sec u \right\rvert + c$ ó $\int \tan u\, du = -\ln\left\lvert \cos u \right\rvert + c$
	2) Sí $m = 2$	Sustituir: $\tan^2 u = \sec^2 u - 1$
	3) Sí $m > 2$	Desarrollar: $1a.\quad \tan^m u = \tan^{m-2} u \tan^2 u$ Sustituir: $2a.\quad \tan^2 u = \sec^2 u - 1$ Aplicar: $3a.\quad \int u^n du = \dfrac{u^{n+1}}{n+1} + c$
II. $\int \sec^n u\, du$	1) Sí $n = 1$	Aplicar: $\int \sec u\, du = \ln\left\lvert \tan u + \sec u \right\rvert + c$
	2) Sí $n = 2$	Aplicar: $\int \sec^2 u\, du = \tan u + c$
	3) Sí $n = 3$	Aplicar: $\int \sec^3 u\, du = \dfrac{1}{2}\tan u \sec u + \dfrac{1}{2}\ln\left\lvert \tan u + \sec u \right\rvert + c$
	4) Sí $n = par > 2$	Desarrollar: $1a.\quad \sec^n u = \sec^{n-2} u \sec^2 u$ Sustituir: $2a.\quad \sec^{n-2} u = (\tan^2 u + 1)^{\frac{n-2}{2}}$
	5) Sí $n = impar > 3$	Aplicar: Técnica de integración por partes.
III. $\int \tan^m u \sec^n u\, du$	1) Sí $m = 1$ y $n = 1$	Aplicar: $\int \tan u \sec u\, du = \sec u + c$
	2) Sí $n = 2$	Aplicar: $\int u^n du = \dfrac{u^{n+1}}{n+1} + c$
	3) Sí $n = par > 2$	Desarrollar: $1a.\quad \sec^n u = \sec^{n-2} u \sec^2 u$ Sustituir: $2a.\quad \sec^{n-2} u = (\tan^2 u + 1)^{\frac{n-2}{2}}$
	4) Sí $m = impar > 1$	Desarrollar: $1a.\quad \tan^m u \sec^n u = \tan^{m-1} u \sec^{n-1} u \tan u \sec u$ Sustituir: $2a.\quad \tan^2 u = \sec^2 u - 1$ Aplicar: $3a.\quad \int u^n du = \dfrac{u^{n+1}}{n+1} + c$
	5) Sí $m => 2$ y $n = impar > 1$	Aplicar: Técnica de integración por partes

Ejemplos:

1) $\displaystyle\int \tan 2x\, dx = \left\langle \begin{array}{l} \textit{forma I; caso 1} \\[4pt] Aplicar: \int \tan u\, du = \ln|\sec u| + c \\[4pt] \acute{o} \ \int \tan u\, du = -\ln|\cos u| + c \end{array} \right\rangle = \dfrac{1}{(2)}\int \tan 2x\,(2dx) = \dfrac{1}{2}\ln|\sec 2x| + c$

2) $\displaystyle\int 2\tan^2 \dfrac{x}{3}\, dx = \left\langle \begin{array}{l} \textit{forma I; caso 2} \\[4pt] recomendac\,i\acute{o}n: \\[4pt] \tan^2 u = \sec^2 u - 1 \end{array} \right\rangle = 2\int\left(\sec^2\dfrac{x}{3} - 1\right)dx = 2\int\sec^2\dfrac{x}{3}\,dx - 2\int dx = 6\tan\dfrac{x}{3} - 2x + c$

3) $\displaystyle\int \dfrac{5\sec^3}{4} 2x\, dx = \left\langle \begin{array}{l} \textit{forma II; caso 3} \\[4pt] 1a.\ recomendac\ i\acute{o}n;\ aplicar: \\[4pt] \int\sec^3 u = \dfrac{1}{2}\tan u\sec u + \dfrac{1}{2}\ln|\tan u + \sec u| + c \end{array} \right\rangle \begin{array}{l} = \dfrac{5}{8}\left(\dfrac{1}{2}\tan 2x\sec 2x + \dfrac{1}{2}\ln|\tan 2x + \sec 2x| + c\right) \\[8pt] = \dfrac{5}{16}\tan g 2x\sec 2x + \dfrac{5}{16}\ln|\tan 2x + \sec 2x| + c \end{array}$

4) $\displaystyle\int 3\tan^4 2x\sec^2 2x\, dx = \left\langle \begin{array}{l} 1a.\ recomendac\ i\acute{o}n \\[4pt] \int u^n du = \dfrac{u^{n+1}}{n+1} + c \end{array} \right\rangle = 3\int(\tan 2x)^4\sec^2 2x\, dx = \dfrac{3}{10}\tan^5 2x + c$

5) $\displaystyle\int 2\tan^5 x\sec^3 x\, dx = \left\langle \begin{array}{l} 1a.\ recomendac\ i\acute{o}n \\[4pt] \tan^m u\sec^n u = \tan^{m-1}\sec^{n-1}u\tan u\sec u \end{array} \right\rangle = 2\int\tan^4 x\sec^2 x\tan x\sec x\, dx$

$= \left\langle \begin{array}{l} 2a.\ recomendac\ i\acute{o}n \\[4pt] \tan^2 u = \sec^2 u - 1 \therefore \tan^4 u = (\sec^2 u - 1)^2 \end{array} \right\rangle \begin{array}{l} = 2\int(\sec^2 x - 1)^2\sec^2 x\tan x\sec x\, dx \\[6pt] = 2\int(\sec^4 x - 2\sec^2 x + 1)\sec^2 x\tan x\sec x\, dx \end{array}$

$= 2\int\sec^6 x\tan x\sec x\, dx - 4\int\sec^4 x\tan x\sec x\, dx + 2\int\sec^2 x\tan x\sec x\, dx = \left\langle \begin{array}{l} 3a.\ recomendac\ i\acute{o}n \\[4pt] \int u^n du = \dfrac{u^{n+1}}{n+1} + c \end{array} \right\rangle$

$= 2\int(\sec x)^6\tan x\sec x\, dx - 4\int(\sec x)^4\tan x\sec x\, dx + 2\int(\sec x)^2\tan x\sec x\, dx$

$= \dfrac{2\sec^7 x}{7} - \dfrac{4\sec^5 x}{5} + \dfrac{2\sec^3 x}{3} + c$

Ejercicios:

Tipo I. Por la técnica de integración de la tangente y secante de $"m"\ y\ "n"$ potencia, integrar las
siguientes funciones:

1) $\displaystyle\int tg\, 2x\, dx = ?$

2) $\displaystyle\int 3tg^2 2x\, dx = ?$

3) $\displaystyle\int 3tg^3 2x\, dx = ?$

4) $\displaystyle\int 4\sec\, 2x\, dx = ?$

5) $\displaystyle\int \sec^2 2x\, dx = ?$

6) $\displaystyle\int \sec^3 2x\, dx = ?$

7) $\displaystyle\int 3\sec^4 2x\, dx = ?$

8) $\displaystyle\int 4tg\, 2x\,\sec 2x\, dx = ?$

9) $\displaystyle\int tg^5 2x\,\sec^4 2x\, dx = ?$

10) $\displaystyle\int tg^3 2x\,\sec^4 2x\, dx = ?$

Clase: 2.6 Técnica de integración de la cotangente y cosecante de m y n potencia.
Guía:
- Análisis de la "Tabla: Técnica de integración de la cotangente y cosecante de m y n potencia".
- Método de integración de la cotangente y cosecante de m y n potencia.
- Tabla: Técnica de integración de la cotangente y cosecante de m y n potencia.
- Ejemplos.
- Ejercicios.

Análisis de la tabla: Técnica de integración de la cotangente y cosecante de m y n potencia.

Al observar la tabla "Técnica de integración de la cotangente y cosecante de m y n potencia"; que a continuación se presenta obtenemos lo siguiente:

Resultado del análisis:

1) Existen 3 tipos de integrales.
2) Cada forma de integral presenta casos que se caracterizan por las potencias de las funciones.
3) Para cada forma y caso se dan las recomendaciones de sustituir, aplicar y/ó desarrollar.

TIPO		RECOMENDACION
FORMA	CASOS Para: m y n ε **Z**⁺	SUSTITUIR, APLICAR Y/Ó DESARROLLAR
I. $\int ctg^m u\, du$		
II. $\int csc^n u\, du$		
III. $\int ctg^m u\, csc^n u\, du$		

Método de integración de la cotangente y cosecante de m y n potencia:

1) Identifique la integral del problema planteado con la forma y caso de la integral de la tabla.
2) Sustituya, aplique y/ó desarrolle las recomendaciones.

Notas:

a) Es posible, que en un mismo problema después de aplicar las recomendaciones de la forma identificada, el resultado nos lleve a otra integral, donde de nuevo tengamos que repetir el método.

b) Cuando se agotan las recomendaciones dadas, y el resultado es una nueva integral, se supone que ésta integral, ya es del dominio de quien aplica el método.

c) Si dos ó mas casos son aplicables a una integral, entonces use el caso de la función de menor potencia.

d) Cuando en una recomendación resultan sumas y/ó restas, primero se hacen las operaciones de suma y/ó resta y se separan las integrales antes de seguir adelante.

e) En un grupo de integrales se recomienda "no integrar hasta que todas las integrales sean directamente solucionables".

Tabla: Método de integración de la cotangente y cosecante de m y n potencia:

TIPO		RECOMENDACIÓN
FORMA	CASOS Para: m y n ε Z^+	SUSTITUIR, APLICAR Y/Ó DESARROLLAR
I. $\int \cot^m u\, du$	1) Sí $m=1$	Aplicar: $\int \cot u\, du = \ln\lvert sen\, u \rvert + c$
	2) Sí $m=2$	Sustituir: $\cot^2 u = \csc^2 u - 1$
	3) Sí $m>2$	Desarrollar: $1a.\quad \cot^m u = \cot^{m-2} u \cot^2 u$ Sustituir: $2a.\quad \cot^2 u = \csc^2 u - 1$ Aplicar: $3a.\quad \int u^n\, du = \dfrac{u^{n+1}}{n+1} + c$
II. $\int \csc^n u\, du$	1) Sí $n=1$	Aplicar: $\int \csc u\, du = \ln\lvert \csc u - \cot u \rvert + c$
	2) Sí $n=2$	Aplicar: $\int \csc^2 u\, du = -\cot u + c$
	3) Sí $n = impar > 1$	Aplicar: Técnica de integración por partes.
	4) Sí $n = par > 2$	Desarrollar: $1a.\quad \csc^n u = \csc^{n-2} u \csc^2 u$ Sustituir: $2a.\quad \csc^{n-2} u = (\cot^2 u + 1)^{\frac{n-2}{2}}$
III. $\int \cot^m u\ \csc^n u\, du$	1) Sí $m=1$ y $n=1$	Aplicar: $\int \cot u \csc u\, du = -\csc u + c$
	2) Sí $n=2$	Aplicar: $\int u^n\, du = \dfrac{u^{n+1}}{n+1} + c$
	3) Sí $n = par > 2$	Desarrollar: $1a.\quad \csc^n u = \csc^{n-2} u \csc^2 u$ Sustituir: $2a.\quad \csc^{n-2} u = (\cot^2 u + 1)^{\frac{n-2}{2}}$
	4) Sí $m = impar > 1$	Desarrollar: $1a.\ \cot^m u \csc^n u = \cot^{m-1} u \csc^{n-1} u \cot u \csc u$ Sustituir: $2a.\quad \cot^2 u = \csc^2 u - 1$ Aplicar: $\int u^n\, du = \dfrac{u^{n+1}}{n+1} + c$
	5) $m = par > 2$ y/o $n = impar > 1$	Aplicar: Técnica de integración por partes

Ejemplos:

1) $\displaystyle \int \cot 2x\, dx = \left\langle \begin{array}{l} \textit{forma I; caso} 1 \\ \textit{Aplicar}: \int \cot u\, du = \ln|senu| + c \\ \acute{o} \int \tan u\, du = -\ln|\cos u| + c \end{array} \right\rangle = \frac{1}{(2)} \int \cot 2x\, (2dx) = \frac{1}{2} \ln|sen 2x| + c$

2) $\displaystyle \int 3\cot^2 \frac{x}{2}\, dx = \left\langle \begin{array}{l} \textit{forma I; caso} 2 \\ \textit{recomendación}: \\ \cot^2 u = \csc^2 u - 1 \end{array} \right\rangle = 3\int \left(\csc^2 \frac{x}{2} - 1 \right) dx = 3\int \csc^2 \frac{x}{2}\, dx - 3\int dx = -6\cot \frac{x}{2} - 3x + c$

3) $\displaystyle \int \frac{\csc^4 x}{3}\, dx = \left\langle \begin{array}{l} \textit{forma II; caso} 4 \\ \textit{1a. recomendación} \\ \csc^2 u = \csc^{n-2} u \csc^2 u \end{array} \right\rangle = \frac{1}{3}\int \csc^2 x \csc^2 x\, dx = \left\langle \begin{array}{l} \textit{2a. recomendación} \\ \csc^{n-2} u = \left(\cot^2 u + 1 \right)^{\frac{n-2}{2}} \end{array} \right\rangle$

$= \frac{1}{3}\int \left(\cot^2 x + 1 \right) \csc^2 x\, dx = \frac{1}{3}\int \cot^2 x \csc^2 x\, dx + \frac{1}{3}\int \csc^2 x\, dx$

$\displaystyle = \frac{1}{3}\int (\cot x)^2 \csc^2 x\, dx + \frac{1}{3}\int \csc^2 x\, dx = -\frac{1}{9}\cot^3 x - \frac{1}{3}\cot x + c$

4) $\displaystyle \int \cot^5 x \csc^3 x\, dx = \left\langle \begin{array}{l} \textit{forma III; caso} 4 \\ \textit{1a. recomendación}: \\ \cot^m u \csc^n u = \cot^{m-1} u \csc^{n-1} u \cot u \csc u \end{array} \right\rangle = \begin{array}{l} = \int \cot^4 x \csc^2 x \cot x \csc x\, dx \\ \left\langle \begin{array}{l} \textit{2a. recomendación} \\ \cot^2 u = \csc^2 u - 1 \\ \therefore \cot^4 u = \left(\csc^2 u - 1 \right)^2 \end{array} \right\rangle \end{array}$

$\displaystyle = \int \left(\csc^2 x - 1 \right)^2 \csc^2 x \cot x \csc x\, dx = \int \left(\csc^4 x - 2\csc^2 x + 1 \right) \csc^2 x \cot x \csc x\, dx$

$\displaystyle = \int \csc^6 x \cot x \csc x\, dx - 2\int \csc^4 x \cot x \csc x\, dx + \int \csc^2 x \cot x \csc x\, dx = -\frac{\csc^7 x}{7} + \frac{2\csc^5 x}{5} - \frac{\csc^3 x}{3} + c$

Ejercicios:

Tipo I. Por la técnica de integración de la cotangente y cosecante m y n potencia, integrar las siguientes funciones:

1) $\displaystyle \int \frac{1}{2}\cot \frac{x}{3}\, dx = ?$

2) $\displaystyle \int \cot^4 x\, dx = ?$

3) $\displaystyle \int \frac{1}{2}\cot^3 x\, dx = ?$

4) $\displaystyle \int \csc 3x\, dx = ?$

5) $\displaystyle \int \csc^2 3x\, dx = ?$

6) $\displaystyle \int 3\csc^4 2x\, dx = ?$

7) $\displaystyle \int \cot 2x \csc 2x\, dx = ?$

8) $\displaystyle \int \cot^3 2x \csc^2 2x\, dx = ?$

9) $\displaystyle \int \cot^3 2x \csc^4 2x\, dx = ?$

Clase: 2.7 Técnica de integración por sustitución trigonométrica.
Guía:
- Método de integración por sustitución trigonométrica.
- Ejemplos.
- Ejercicios.

Método de integración por sustitución trigonométrica:

Sea una integral que contenga alguna de las siguientes formas:

$$\sqrt{u^2 + a^2} \; ; \quad \sqrt{u^2 - a^2} \; ; \quad \sqrt{a^2 - u^2}$$

1) Haga cambio de variable (todo debe de quedar en términos de "u" y de "a").

2) Haga sustitución trigonométrica, cambiando los términos de la integral en la siguiente forma:

a) Sí se tiene: $\sqrt{u^2 + a^2}$ sustituir: du por $a\sec^2 z\, dz$; $\sqrt{u^2 + a^2}$ por $a\sec z$ y u por $a\tan z$

b) Sí se tiene: $\sqrt{u^2 - a^2}$ sustituir: du por $a\sec z \tan z\, dz$; $\sqrt{u^2 - a^2}$ por $a\tan z$ y u por $a\sec z$

c) Sí se tiene: $\sqrt{a^2 - u^2}$ sustituir: du por $a\cos z\, dz$; $\sqrt{a^2 - u^2}$ por $a\cos z$ y u por $a\,sen\, z$

3) Integrar la función.

4) Haga sustitución triangular, cambiando las funciones trigonométrica del resultado de la integral por las funciones trigonométrica que se obtengan del triángulo que se muestra:

a)   Sí se tiene
$$\sqrt{u^2 + a^2}$$
sustituir las funciones trigonométricas (del resultado de la integral) por las funciones trigonométrica que se obtengan del triángulo que se muestra:

$$z = arc \tan \frac{u}{a}$$

b)   Sí se tiene
$$\sqrt{u^2 - a^2}$$
sustituir las funciones trigonométricas (del resultado de la integral) por las funciones trigonométrica que se obtengan del triángulo que se muestra:

$$z = arc \sec \frac{u}{a}$$

c)   Sí se tiene
$$\sqrt{a^2 - u^2}$$
sustituir las funciones trigonométricas (del resultado de la integral) por las funciones trigonométrica que se obtengan del triángulo que se muestra:

$$z = arc \,sen\, \frac{u}{a}$$

5) Restituir la variable original.

Ejemplos:

$$\text{1)} \quad \int \frac{3}{\sqrt{4x^2+1}}\,dx = \left\langle \begin{array}{l} \text{Paso 1} \\ u^2=4x^2; \quad u=2x; \quad a^2=1; \quad a=1 \\ du=2dx; \quad dx=\dfrac{du}{2} \end{array} \right\rangle = 3\int \frac{1}{\sqrt{u^2+a^2}}\left(\frac{du}{2}\right) = \frac{3}{2}\int \frac{1}{\sqrt{u^2+a^2}}\,du$$

$$= \left\langle \begin{array}{l} \text{Paso 2} \\ \text{sustituir} \\ du \ por \ a\sec^2 z\,dz \\ \sqrt{u^2+a^2} \ por \ a\sec z \end{array} \right\rangle = \frac{3}{2}\int \frac{1}{a\sec z}\left(a\sec^2 z\,dz\right) = \overset{\text{Paso 3}}{\frac{3}{2}\int \sec z\,dz} = \frac{3}{2}\ln\left| \sec z + \tan z \right| + c$$

Paso 4   El triángulo es:

$$= \left\langle \begin{array}{l} como \ se \ tiene \\ \sqrt{u^2+a^2} \end{array} \right.$$

$$\sec z = \frac{\sqrt{u^2+a^2}}{a}$$

$$\tan z = \frac{u}{a} \quad \Big\rangle$$

$$= \frac{3}{2}\ln\left| \frac{\sqrt{u^2+a^2}}{a} + \frac{u}{a} \right| + c = \frac{3}{2}\ln\left| \frac{\sqrt{u^2+a^2}+u}{a} \right| + c = \left\langle como \ \ln\frac{x}{y} = \ln x - \ln y \right\rangle = \frac{3}{2}\ln\left| u + \sqrt{u^2+a^2} \right| - \ln|a| + c$$

$$= \left\langle como \ (-\ln|c|+c) = c \right\rangle = \frac{3}{2}\ln\left| u + \sqrt{u^2+a^2} \right| + c = \left\langle Paso \ 5 \right\rangle = \frac{3}{2}\ln\left| 2x + \sqrt{4x^2+1} \right| + c$$

$$\text{2)} \quad \int \frac{5}{2\left(9x^2+1\right)^2}\,dx = \left\langle \begin{array}{l} \text{Paso 1} \\ u^2=9x^2; \quad u=3x; \quad a^2=1 \\ a=1 \quad du=3dx; \quad dx=\dfrac{du}{3} \end{array} \right\rangle = \frac{5}{2}\int \frac{1}{\left(\sqrt{u^2+a^2}\right)^4}\left(\frac{du}{3}\right) = \frac{5}{6}\int \frac{1}{\left(\sqrt{u^2+a^2}\right)^4}\,du$$

Paso 2   Paso 3

$$= \frac{5}{6}\int \frac{1}{\left(a\sec\right)^4}\left(a\sec^2 z\,dz\right) = \frac{5}{6a^3}\int \frac{1}{\sec^2 z}\,dz = \frac{5}{6a^3}\int \cos^2 z\,dz$$

$$= \left\langle \begin{array}{l} \text{sustituir} \\ du \ por \ a\sec^2 z\,dz \\ \sqrt{u^2+a^2} \ por \ a\sec z \end{array} \right\rangle = \frac{5}{6a^3}\int \left(\frac{1}{2}+\frac{1}{2}\cos 2z\right)dz = \frac{5}{12a^3}\int dz + \frac{5}{12a^3}\int \cos 2z\,dz$$

$$= \frac{5}{12a^3}z + \frac{5}{24a^3}\,sen\,2z + c$$

Paso 4   El triángulo es: $sen\,2z = 2\,senz\,\cos z$ (identidad trigonométrica)

$$= \left\langle \begin{array}{l} como \ se \ tiene \\ \sqrt{u^2+a^2} \end{array} \right.$$

$$sen\,2z = 2\frac{u}{\sqrt{u^2+a^2}}\frac{a}{\sqrt{u^2+a^2}} \quad \Big\rangle$$

$$= \frac{5}{12a^3}\left(\arctan\frac{u}{a}\right) + \frac{5}{24a^3}\left(2\frac{u}{\sqrt{u^2+a^2}}\frac{a}{\sqrt{u^2+a^2}}\right) + c = \frac{5}{12a^3}\left(\arctan\frac{u}{a}\right) + \frac{5u}{12a^2\left(u^2+a^2\right)} + c$$

$$= \left\langle Paso \ 5 \right\rangle = \frac{5}{12(1)^3}\arctan\left(\frac{3x}{1}\right) + \frac{5(3x)}{12(1)^2\left(9x^2+1\right)} + c = \frac{5}{12}\arctan 3x + \frac{5x}{4\left(9x^2+1\right)} + c$$

3) $\displaystyle \int \frac{2x^3}{\sqrt{x^2-5}}\,dx = \left\langle \begin{array}{l} Paso\ 1 \\ u^2 = x^2;\ u = x;\ du = dx;\ dx = du \\ a^2 = 5;\quad a = \sqrt{5} \end{array} \right\rangle = 2\int \frac{u^3}{\sqrt{u^2-a^2}}\,du = \left\langle \begin{array}{l} Paso\ 2 \\ sustituir \\ du\ por\ a\sec z\tan z\,dz \\ \sqrt{u^2-a^2} = a\tan z \\ u = a\sec z \end{array} \right\rangle$

$= 2\int \dfrac{(a\sec z)^3}{(a\tan z)}(a\sec z\tan z\,dz) = 2a^3\int \sec^4 z\,dz = \langle Paso\ 3\rangle = 2a^3\int \sec^2 z\sec^2 z\,dx$

$= 2a^3\int (\tan^2 z + 1)\sec^2 z\,dz = 2a^3\int (\tan z)^2 \sec^2 z\,dz + 2a^2\int \sec^2 z\,dz = \dfrac{2a^3}{3}\tan^3 z + \tan z + c$

$= \left\langle \begin{array}{l} Paso\ 4 \\ como\ se\ tiene \\ \sqrt{u^2-a^2} \end{array} \right.$ El triángulo es:

$\tan z = \dfrac{\sqrt{u^2-a^2}}{a} \left. \begin{array}{l} \\ \\ \end{array} \right\rangle = \dfrac{2a^3}{3}\left(\dfrac{\sqrt{u^2-a^2}}{a}\right)^3 + \left(\dfrac{\sqrt{u^2-a^2}}{a}\right) + c$

$= \dfrac{2}{3}\sqrt{(u^2-a^2)^3} + \dfrac{1}{a}\sqrt{u^2-a^2} + c$

$= \langle Paso\ 5\rangle = \dfrac{2}{3}\sqrt{(x^2-5)^3} + \dfrac{1}{\sqrt{5}}\sqrt{x^2-5} + c$

4) $\displaystyle \int \frac{1}{(4x^2-2)^{\frac{3}{2}}}\,dx = \left\langle \begin{array}{l} Paso\ 1 \\ u^2 = 4x^2;\ u = 2x;\quad a^2 = 2;\ a = \sqrt{2} \\ du = 2dx;\quad dx = \dfrac{du}{2} \end{array} \right\rangle = \int \dfrac{1}{(\sqrt{u^2-a^2})^3}\left(\dfrac{du}{2}\right) = \dfrac{1}{2}\int \dfrac{1}{(\sqrt{u^2-a^2})^3}\,du$

$.Paso\ 2$

$= \left\langle \begin{array}{l} sustituir \\ du\ por\ a\sec z\tan z\,dz \\ \sqrt{u^2-a^2}\ por\ a\tan z \end{array} \right\rangle = \dfrac{1}{2}\int \dfrac{1}{(a\tan z)^3}(a\sec z\tan z\,dz) = \dfrac{1}{2a^2}\int \dfrac{1}{\tan^2 z}\sec z\,dz = \dfrac{1}{2a^2}\int ctg^2 z\sec z\,dz$

$Paso\ 3$

$= \dfrac{1}{2a^2}\int \dfrac{\cos^2 z}{sen^2 z}\dfrac{1}{\cos z}\,dz = \dfrac{1}{2a^2}\int (sen z)^{-2}\cos z\,dz = -\dfrac{1}{2a^2\,sen z} + c$

$= \left\langle \begin{array}{l} Paso\ 4 \\ como\ se\ tiene \\ \sqrt{u^2-a^2} \end{array} \right.$ El triángulo es:

$sen z = \dfrac{\sqrt{u^2-a^2}}{u} \left. \begin{array}{l} \\ \\ \end{array} \right\rangle$

$= -\dfrac{1}{2a^2\left(\dfrac{\sqrt{u^2-a^2}}{u}\right)} + c = -\dfrac{u}{2a^2\sqrt{u^2-a^2}} + c = \langle paso\ 5\rangle = -\dfrac{(2x)}{2(2)(\sqrt{4x^2-2})} + c = -\dfrac{x}{2\sqrt{4x^2-2}} + c$

5) $\displaystyle\int \frac{5}{3\left(2-9x^2\right)^{\frac{3}{2}}}\,dx = \left\langle \begin{array}{l} \textit{Paso 1} \\ u^2=9x^2;\, u=3x;\quad a^2=2;\, a=\sqrt{2} \\ du=3dx;\quad dx=\dfrac{du}{3} \end{array}\right\rangle = \frac{5}{3}\int\frac{1}{\left(\sqrt{a^2-u^2}\right)^3}\left(\frac{du}{3}\right) = \frac{5}{9}\int\frac{1}{\left(\sqrt{a^2-u^2}\right)^3}\,du$

$$= \left\langle \begin{array}{l} .\textit{Paso 2} \\ \textit{sustituir} \\ du \ por\ a\cos z dz \\ \sqrt{a^2-u^2}\ por\ a\cos z \end{array}\right\rangle = \frac{5}{9}\int\frac{1}{\left(a\cos z\right)^3}\left(a\cos z\,dz\right) = \frac{5}{9a^2}\int\frac{1}{\cos^2 z}\,dz = \frac{5}{9a^2}\int\sec^2 z\,dz = \frac{5}{9a^2}\tan z + c$$

Paso 4   El triángulo es:

$$= \left\langle \begin{array}{l} \textit{como se tiene} \\ \sqrt{a^2-u^2} \end{array}\right.$$

$\tan z = \dfrac{u}{\sqrt{a^2-u^2}} \Bigg\rangle = \dfrac{5}{9a^2}\left(\dfrac{u}{\sqrt{a^2-u^2}}\right)+c$

$= \dfrac{5u}{9a^2\sqrt{a^2-u^2}}+c$

$= \langle paso\ 5\rangle = \dfrac{5(3x)}{9(2)\left(\sqrt{2-9x^2}\right)}+c = \dfrac{5x}{6\sqrt{2-9x^2}}+c$

5) $\displaystyle\int \frac{4x^3}{\sqrt{1-x^2}}\,dx = \left\langle\begin{array}{l}\textit{Paso 1} \\ u^2=x^2;\quad u=x;\quad a^2=1;\quad a=1 \\ du=dx;\quad dx=du \end{array}\right\rangle = 4\int\frac{u^3}{\sqrt{a^2-u^2}}\left(du\right) = 4\int\frac{u^3}{\sqrt{a^2-u^2}}\,du$

$$= \left\langle\begin{array}{l} \textit{Paso 2} \\ \textit{sustituir} \\ du\ por\ a\cos z\,dz \\ \sqrt{a^2-u^2}\ por\ a\cos z \\ u=a\,sen z \end{array}\right\rangle \begin{array}{l} = 4\int\dfrac{\left(asenz\right)^3}{a\cos z}\left(a\cos z\,dz\right) = 4a^3\int sen^3 z\,dz = 4a^3\int sen^2 z\,senz\,dz \\[2mm] = 4a^3\int\left(1-\cos^2 z\right)senz\,dz = 4a^3\int senz\,dz - 4a^3\int\left(\cos z\right)^2 senz\,dz \\[2mm] = -4a^3\cos z + \dfrac{4a^3}{3}\cos^3 z + c \end{array}$$

Paso 4   El triángulo es:

$$= \left\langle\begin{array}{l}\textit{como se tiene} \\ \sqrt{a^2-u^2}\end{array}\right.$$

$\cos z = \dfrac{\sqrt{a^2-u^2}}{a} \Bigg\rangle = -4a^3\left(\dfrac{\sqrt{a^2-u^2}}{a}\right)+\dfrac{4a^3}{3}\left(\dfrac{u}{a}\right)^3+c$

$sen z = \dfrac{u}{a} \Bigg\rangle = -4a^2\sqrt{a^2-u^2}+\dfrac{4}{3}u^3+c$

$= \langle paso\ 5\rangle = -4(1)^2\left(\sqrt{1-x^2}\right)+\dfrac{4}{3}\left(x^3\right)+c = 4\sqrt{1-x^2}+\dfrac{4}{3}x^3+c$

Ejercicios:

Tipo I. Por la técnica de integración por sustitución trigonométrica; integrar las siguientes funciones:

1) $\displaystyle\int\frac{2}{\sqrt{x^2+1}}\,dx$

2) $\displaystyle\int\frac{4}{3x\sqrt{4x^2+5}}\,dx$

3) $\displaystyle\int\frac{dx}{\left(4x^2+3\right)^{\frac{3}{2}}}$

4) $\displaystyle\int\frac{2}{x^3\sqrt{x^2-9}}\,dx$

5) $\displaystyle\int\frac{5x^3}{2\sqrt{2-9x^2}}\,dx$

6) $\displaystyle\int\frac{\sqrt{9-x^2}}{5x^2}\,dx$

Clase: 2.8 Técnica de integración de fracciones parciales.
  Guía:
- Método de integración de fracciones parciales.
- Ejemplos.
- Ejercicios.

<u>Método de integración de fracciones parciales:</u>

Sí $\int \dfrac{p(x)}{g(x)} dx$ es una fracción parcial donde $p(x) < g(x)$ en grado   y $g(x)$ sea factorizable

      Entonces:

1) Factorice el denominador: $\begin{aligned} g(x) &= f_1 \cdot f_2 \cdot f_3 \cdots \quad \acute{o} \\ g(x) &= f^n \end{aligned}$

2) Identifique los tipos de factores y sustituya la fracción parcial por la integral como se indica:

  a) Sí $\int \dfrac{p(x)}{g(x)} dx = \int \dfrac{p(x)}{f_1 \cdot f_2 \cdot f_3 \cdots} dx \quad \therefore \quad \int \dfrac{p(x)}{f_1 \cdot f_2 \cdot f_3 \cdots} dx = \int \left(\dfrac{A}{f_1} + \dfrac{B}{f_2} + \dfrac{C}{f_3} + \cdots \right) dx$

  b) Sí $\int \dfrac{p(x)}{g(x)} dx = \int \dfrac{p(x)}{f^n} dx \quad\quad\quad \therefore \quad \int \dfrac{p(x)}{f^n} dx = \int \left(\dfrac{A}{f} + \dfrac{B}{f^2} + \dfrac{C}{f^3} + \cdots \right) dx$

3) Separe la fracción parcial y obtenga los valores de $A; \; B; \; C; \cdots$ y compruebe la igualdad si lo desea.

    Ejemplo: Para $p(x) = ax + b$;   y $g(x)$ con dos factores:

  a) Sí $\dfrac{ax+b}{f_1 \cdot f_2} = \dfrac{A}{f_1} + \dfrac{B}{f_2}$;

      $\Rightarrow$ $ax + b = A(f_2) + B(f_1) = x(A+B) + A + B$

         $\therefore \;\; a = A + B$

           $b = A + B$ $De\,donde: \;\; A = ?$

                                  $B = ?$

  b) Sí $\dfrac{ax+b}{f^2} = \dfrac{A}{f^1} + \dfrac{B}{f^2}$

      $\Rightarrow$ $ax + b = A(f^1) + B = x(cA) + A + B$

         $\therefore \;\; a = cA$

           $b = A + B$ $De\,donde: \;\; A = ?$

                                  $B = ?$

4) Sustituya los valores de $A; \; B; \; C; \cdots$ en la integral.

5) Integre.

Ejemplos:

1) $\displaystyle\int\frac{2x-3}{x^2+x}\,dx=\left\langle\begin{array}{l}Paso\,1):\\ x^2+x=x(x+1)\end{array}\right\rangle=\int\frac{2x-3}{x(x+1)}\,dx=\left\langle\begin{array}{l}Paso\,2);\;\;Identificación:\\[4pt]g(x)=f_1\cdot f_2\\ f_1=x;\quad f_2=x+1\\ Sustituir:\\[4pt]\displaystyle\int\frac{p(x)}{g(x)}\,dx\;por\;\;\int\left(\frac{A}{f_1}+\frac{B}{f_2}\right)\end{array}\right\rangle=\int\left(\frac{A}{x}+\frac{B}{x+1}\right)dx$

$=\left\langle\begin{array}{l}Paso\,3):\\[4pt]\dfrac{2x-3}{x(x+1)}=\dfrac{A}{x}+\dfrac{B}{x+1}\\[6pt]\therefore 2x-3=A(x+1)+B(x)\\ \qquad=Ax+A+Bx\\[4pt]\therefore 2x=Ax+Bx\rightarrow 2=A+B\\[4pt]\therefore -3=A\;\;\rightarrow A=-3\\[4pt]\therefore 2=(-3)+B\rightarrow B=5\end{array}\right\rangle\times\left\langle\begin{array}{l}Comprobación:\\[4pt]\dfrac{2x-3}{x(x+1)}=\dfrac{-3}{x}+\dfrac{5}{x+1}\\[6pt]=\dfrac{(-3)(x+1)+5(x)}{x(x+1)}\\[6pt]=\dfrac{-3x-3+5x}{x(x+1)}\\[6pt]=\dfrac{2x-3}{x(x+1)}\end{array}\right\rangle\left\langle\begin{array}{l}Paso\,4):\\ sustituya\;valores\\ de\;"A"\;y\;de\;"B"\end{array}\right\rangle$

$=\int\left(\frac{-3}{x}+\frac{5}{x+1}\right)dx=\left\langle\begin{array}{l}Paso\,5):\\ Integre\end{array}\right\rangle=-3\int\frac{dx}{x}+5\int\frac{dx}{x+1}=-3\ln|x|+5\ln|x+1|+c$

2) $\displaystyle\int\frac{1}{2x^2+4x}\,dx=\left\langle\begin{array}{l}Paso\,1):\\ 2x^2+4x=\\ 2x(x+2)\end{array}\right\rangle=\int\frac{1}{2x(x+2)}\,dx=\left\langle\begin{array}{l}Paso\,2)\;Identificación:\\[4pt]g(x)=f_1\cdot f_2\\ f_1=2x;\quad f_2=x+2\\ Sustitir:\;\displaystyle\int\frac{p(x)}{g(x)}\,dx\;por\\[4pt]\displaystyle\int\left(\frac{A}{f_1}+\frac{B}{f_2}\right)dx\end{array}\right\rangle=\int\left(\frac{A}{2x}+\frac{B}{x+2}\right)dx$

$=\left\langle\begin{array}{l}Paso\,3):\\[4pt]\dfrac{1}{2x(x+2)}=\dfrac{A}{2x}+\dfrac{B}{x+2}\\[6pt]\therefore 1=A(x+2)+B(2x)\\ \qquad=Ax+2A+2Bx=x(A+2B)+2A\\[4pt]\therefore 0=x(A+2B)\rightarrow 0=A+2B\rightarrow A=-2B\\[4pt]\therefore 1=2A\rightarrow A=\dfrac{1}{2}\\[6pt]\therefore B=\dfrac{A}{-2}=\dfrac{1/2}{-2}=-\dfrac{1}{4}\end{array}\right\rangle\times\left\langle\begin{array}{l}Demostracón:\\[4pt]\dfrac{1}{2x(x+2)}=\dfrac{1/2}{2x}+\dfrac{-1/4}{x+2}\\[6pt]=\dfrac{\left(\frac{1}{2}\right)(x+2)-\left(\frac{1}{4}\right)2x}{2x(x+2)}\\[6pt]=\dfrac{4x+8-4x}{(8)2x(x+2)}\\[6pt]=\dfrac{1}{2x(x+2)}\end{array}\right\rangle\left\langle\begin{array}{l}Paso\,4):\\ sustituya\,valores\\ de\;"A"\;y\;de\;"B"\end{array}\right\rangle$

$$= \int \left(\frac{\frac{1}{2}}{2x} + \frac{-\frac{1}{4}}{x+2} \right) dx = \left\langle \begin{array}{l} Paso\,5): \\ Integre \end{array} \right\rangle = \frac{1}{4} \int \frac{dx}{x} - \frac{1}{4} \int \frac{dx}{x+2} = \frac{1}{4} \ln|x| - \frac{1}{4} \ln|x+2| + c$$

3) $\displaystyle \int \frac{x-5}{x^2-1}\,dx = \left\langle \begin{array}{l} Paso\,1): \\ x^2-1= \\ (x+1)(x-1) \end{array} \right\rangle = \int \frac{x-5}{(x+1)(x-1)}\,dx = \left\langle \begin{array}{l} Paso\,2)\ Identificación: \\ g(x)=f_1 \cdot f_2 \\ f_1 = x+1;\quad f_2 = x-1 \\ Sustitir: \int \frac{p(x)}{g(x)}\,dx\ por\ \int \left(\frac{A}{f_1} + \frac{B}{f_2} \right) dx \end{array} \right\rangle$

$$= \int \left(\frac{A}{x+1} + \frac{B}{x-1} \right) dx = \left\langle \begin{array}{l} Paso\,3): \\[4pt] \dfrac{x-5}{(x+1)(x-1)} = \dfrac{A}{x+1} + \dfrac{B}{x-1} \\[4pt] \therefore\ x-5 = A(x-1) + B(x+1) \\ \quad = Ax - A + Bx + B \\ \therefore\ x = x(A+B) \rightarrow 1 = A+B \\ \therefore\ -5 = -A + B \\ \quad\ \ 1 = A + B \\ \quad -5 = -A + B \\ \rightarrow\ -4 = 2B \rightarrow B = -2 \\ \quad\ \ 1 = A - 2 \rightarrow A = 3 \end{array} \right\rangle$$

$$\left\langle \begin{array}{l} Demostración: \\[4pt] \dfrac{x-5}{(x+1)(x-1)} = \dfrac{3}{x+1} + \dfrac{-2}{x-1} \\[6pt] = \dfrac{(3)(x-1) - 2(x+1)}{(x+1)(x-1)} \\[6pt] = \dfrac{3x - 3 - 2x - 2}{(x+1)(x-1)} \\[6pt] = \dfrac{x-5}{(x+1)(x-1)} \end{array} \right\rangle$$

$$= \left\langle \begin{array}{l} Paso\,4): \\ sustituya\ valores \\ de\ "A"\ y\ de\ "B" \end{array} \right\rangle = \int \left(\frac{3}{x+1} + \frac{-2}{x-1} \right) dx = \left\langle \begin{array}{l} Paso\,5): \\ Integre \end{array} \right\rangle \begin{array}{l} = 3 \int \dfrac{dx}{x+1} - 2 \int \dfrac{dx}{x-1} \\[6pt] = 3\ln|x+1| - 2\ln|x-1| + c \end{array}$$

4) $\displaystyle \int \frac{1-3x}{4x^2-4x+1}\,dx = \left\langle \begin{array}{l} Paso\,1): \\ 4x^2 - 4x + 1 \\ = (2x-1)^2 \end{array} \right\rangle = \int \frac{1-3x}{(2x-1)^2}\,dx = \left\langle \begin{array}{l} Paso\,2): \\ Identificación: g(x) = f^2 \\ f = 2x-1;\quad f^2 = (2x-1)^2 \\ Sustitir: \\ \int \frac{p(x)}{g(x)}\,dx\ por\ \int \left(\frac{A}{f} + \frac{B}{f^2} \right) dx \end{array} \right\rangle$

$$= \int \left(\frac{A}{2x-1} + \frac{B}{(2x-1)^2} \right) dx = \left\langle \begin{array}{l} Paso\,3): \dfrac{1-3x}{(2x-1)^2} \\[2mm] = \dfrac{A}{2x-1} + \dfrac{B}{(2x-1)^2} \\[2mm] \therefore 1-3x = A(2x-1) + B \\[1mm] = 2Ax - A + B \\[1mm] \therefore -3x = x(2A) \rightarrow -3 = 2A \\[2mm] \rightarrow A = -\dfrac{3}{2} \\[2mm] \therefore 1 = -A + B \\[2mm] \rightarrow B = -\dfrac{1}{2} \end{array} \right\rangle$$

$$\left\langle \begin{array}{l} Demostra\acute{c}on: \\[2mm] \dfrac{1-3x}{(2x-1)^2} = \dfrac{-\frac{3}{2}}{2x-1} + \dfrac{-\frac{1}{2}}{(2x-1)^2} \\[3mm] = \dfrac{\left(-\frac{3}{2}\right)(2x-1)^2 + \left(-\frac{1}{2}\right)(2x-1)}{(2x-1)(2x-1)^2} \\[4mm] = \dfrac{\left(-\frac{3}{2}\right)(2x-1) - \frac{1}{2}}{(2x-1)^2} = \dfrac{-6(2x-1)-2}{4(2x-1)} \\[4mm] = \dfrac{-12x+6-2}{4(2x-1)^2} = \dfrac{1-3x}{(2x-1)^2} \end{array} \right\rangle$$

$$= \left\langle \begin{array}{l} Paso\,4) \\ Sustituya\ valores \\ de\ "A"\ y\ de\ "B" \end{array} \right\rangle = \int \left(\frac{-\frac{3}{2}}{(2x-1)} + \frac{-\frac{1}{2}}{(2x-1)^2} \right) dx = \left\langle \begin{array}{l} Paso\,5): \\ Integre \end{array} \right\rangle \begin{array}{l} = -\dfrac{3}{2} \int \dfrac{dx}{2x-1} - \dfrac{1}{2} \int \dfrac{dx}{(2x-1)^2} \\[3mm] = -\dfrac{3}{2} \int \dfrac{dx}{2x-1} - \dfrac{1}{2} \int (2x-1)^{-2} dx \end{array}$$

$$= -\frac{3}{2}\left(\frac{1}{2}\right)\int \frac{2dx}{2x-1} - \frac{1}{2}\left(\frac{1}{2}\right)\int (2x-1)^{-2}(2dx) = -\frac{3}{4}\ln|2x-1| - \frac{1}{4}\left(\frac{(2x-1)^{-1}}{-1}\right) + c = -\frac{3}{4}\ln|2x-1| + \frac{1}{8x-4} + c$$

Ejercicios:

Tipo I. Por la técnica de integración de fracciones parciales; integrar las siguientes funciones:

1) $\displaystyle \int \frac{x-1}{x^2+3x}\,dx$

2) $\displaystyle \int \frac{2x}{x^2-4}\,dx$

3) $\displaystyle \int \frac{x+5}{x^2-2x+1}\,dx$

4) $\displaystyle \int \frac{x-5}{(x-4)^2}\,dx$

5) $\displaystyle \int \frac{x+2}{x^3-x}\,dx$

6) $\displaystyle \int \frac{8-2x}{4x^3-2x}\,dx$

7) $\displaystyle \int \frac{x+2}{4x^2-4x+1}\,dx$

8) $\displaystyle \int \frac{2x+3}{x^3+x^2-2x}\,dx$

9) $\displaystyle \int \frac{x+1}{\sqrt{4x^4-8x^3+4x^2}}\,dx$

Clase: 2.9 Técnica de integración por series de potencias.
　Guía:
- Fundamentos.
- Método de integración por series de potencias.

- Ejemplos.
- Ejercicios.

Fundamentos:　　Sí　$y = \dfrac{1}{1-x}$　y　$\dfrac{1}{1-x} = 1 + x + x^2 + x^3 + \cdots$　$\forall\,(-1,1)$

$$\therefore\quad \int \frac{1}{1-x}\,dx = \int \left(1 + x + x^2 + x^3 + \cdots\right)dx \quad \forall\,(-1,1)$$

Mas adelante en la unidad 5 trataremos este tema con más profundidad.

<u>Método de integración por series de potencia:</u>

1) Acople la función a integrar en el modelo $\frac{1}{1-x}$.

2) Identifique el nuevo valor de "x" de la función a integrar.

3) Sustituya el nuevo valor de "x" en la serie: $1 + x + x^2 + x^3 + \cdots$　hasta 4 términos no nulos

4) Integre.

<u>Ejemplos:</u>

　　　　　　　　　Paso 1)　　　　*Paso* 2)　　　　　　*Paso* 3)

1)　$\displaystyle\int \frac{2}{1-2x}\,dx = 2\int \frac{1}{1-2x}\,dx = \left\langle \begin{array}{l} el\ nuevo\ valor \\ de\ "x"\ es\ "2x" \end{array} \right\rangle \begin{array}{l} = 2\int\left(1 + (2x) + (2x)^2 + (2x)^3 + \cdots\right)dx \\ = 2\int\left(1 + 2x + 4x^2 + 8x^3 + \cdots\right)dx \end{array}$

$$= \langle Paso\ 4)\rangle = c + 2\left(x + x^2 + \frac{4x^3}{3} + 2x^4 + \cdots\right) = c + 2x + 2x^2 + \frac{8x^3}{3} + 4x + \cdots$$

2)　$\displaystyle\int \frac{10}{1+3x^3}\,dx = 10\int \frac{1}{1-(-3x^3)}\,dx = 10\int\left(1 + (-3x^3) + (-3x^3)^2 + (-3x^3)^3 + \cdots\right)dx$

$$= 10\int\left(1 - 3x^3 + 9x^6 - 27x^9 \pm \cdots\right)dx = c + 10\left(x - \frac{3x^4}{4} + \frac{9x^7}{7} - \frac{27x^{10}}{10} + \cdots\right)$$

$$= c + 10x - \frac{15x^4}{2} + \frac{90x^7}{7} - 27x^{10} \pm \cdots$$

3)　$\displaystyle\int \frac{x^3}{2-x}\,dx = \frac{1}{2}\int x^3\left(\frac{1}{1-\frac{x}{2}}\right)dx = \frac{1}{2}\int x^3\left(1 + \frac{x}{2} + \left(\frac{x}{2}\right)^2 + \left(\frac{x}{2}\right)^3 + \cdots\right)dx$

$$= \frac{1}{2}\int\left(x^3 + \frac{x^4}{2} + \frac{x^5}{4} + \frac{x^6}{8} + \cdots\right)dx = c + \frac{x^4}{8} + \frac{x^5}{10} + \frac{x^6}{24} + \frac{x^7}{56} + \cdots$$

<u>Ejercicios:</u>

Tipo I. Integrar por serie de potencia las siguientes funciones:

1)　$\displaystyle\int \frac{3}{1+2x}\,dx$　　　　2)　$\displaystyle\int \frac{2}{1-x^2}\,dx$　　　　3)　$\displaystyle\int \frac{2}{3-x^3}\,dx$　　　　4)　$\displaystyle\int \frac{2x^3}{3+x}\,dx$

Clase: 2.10 Técnica de integración por series de Maclaurin y series de Taylor.

Guía:
- Fundamentos.
- Método de integración por series de Maclaurin y series de Taylor.

- Ejemplos.
- Ejercicios.

Fundamentos:

$$Sí \quad y = f(x) \quad y \quad f(x) = \frac{f(0)}{0!} + \frac{f'(0)x}{1!} + \frac{f''(0)x^2}{2!} + \frac{f'''(0)x^3}{3!} + \cdots \quad \text{llamada serie de Maclaurin.}$$

Y si la serie es integrable entonces:
$$\int f(x)\,dx = \int \left(\frac{f(0)}{0!} + \frac{f'(0)x}{1!} + \frac{f''(0)}{2!} + \frac{f'''(0)}{3!} + \cdots \right) dx$$

$$Sí \quad y = f(x) \quad y \quad f(x) = \frac{f(c)}{0!} + \frac{f'(c)(x-c)}{1!} + \frac{f''(c)(x-c)^2}{2!} + \frac{f'''(c)(x-c)^3}{3!} + \cdots \text{llamada serie de Taylor.}$$

Y si la serie es integrable, entonces:
$$\int f(x)\,dx = \int_a^b \left(\frac{f(c)}{0!} + \frac{f'(c)(x-c)}{1!} + \frac{f''(c)(x-c)^2}{2!} + \frac{f'''(c)(x-c)^3}{3!} + \cdots \right) dx$$

Método de integración por series de Maclaurin y series de Taylor:

1. Identifique la función elemental de la función a evaluar.
2. Obtenga la representación de la función elemental en serie de Maclaurin ó de la serie de Taylor de la siguiente forma:
   2.1. Obtenga los primeros cuatro términos no nulos de la función elemental.

   Sí $f(0)$ es definido evalúe: $f(0);\quad f'(0);\quad f''(0);\quad f'''(0)$

   Sí $f(0)$ es indefinido busque el valor $"c"$ y evalúe: $f(c);\quad f'(c);\quad f''(c);\quad f'''(c)$

   ($"c"$ es el número fácil de evaluar que hace que $f(c) = R$)

   2.1 Forme la serie: Para la serie de Maclaurin: $\dfrac{f(0)}{0!} + \dfrac{f'(0)x}{1!} + \dfrac{f''(0)x^2}{2!} + \dfrac{f'''(0)x^3}{3!} + \cdots$

   Para la serie de Taylor: $\dfrac{f(c)}{0!} + \dfrac{f'(c)(x-c)}{1!} + \dfrac{f''(c)(x-c)^2}{2!} + \dfrac{f'''(c)(x-c)^3}{3!} + \cdots$

3. Identifique el nuevo valor de $"x"$ en la función a integrar.
4. Sustituya el nuevo valor de $"x"$ en la serie de la integral
5. Integre.

Ejemplo 1) Resolver la integral $\int e^{\sqrt{x}}\,dx$

$$\int e^{\sqrt{x}}\,dx = \left\langle \begin{array}{l} Paso\ 1) \\ la\ función\ elemental \\ de\ y = e^{\sqrt{x}}\ es\ y = e^x \end{array} \right\rangle = \left\langle \begin{array}{l} Paso\ 2) \\ f(0) = e^{(0)} = 1 \quad f'(0) = \left(e^x\right)_{x=0} = e^{(0)} = 1 \\ f''(0) = \left(e^x\right)_{x=0} = e^{(0)} = 1 \quad f'''(0) = \left(e^0\right)_{x=0} = e^{(0)} = 1 \\ \therefore la\ serie\ de\ Maclaurin\ es \\ \frac{1}{0!} + \frac{1x}{1!} + \frac{1x^2}{2!} + \frac{1x^3}{3!} = 1 + x + \frac{x^2}{2!} + \frac{x^3}{3!} \end{array} \right\rangle = \left\langle \begin{array}{l} Paso\ 3) \\ el\ nuevo\ valor \\ de\ "x"\ es\ \sqrt{x} \end{array} \right\rangle$$

$$Paso\ 4) \qquad\qquad\qquad\qquad\qquad\qquad\qquad\qquad Paso\ 5)$$

$$= \int \left(1 + \sqrt{x} + \frac{(\sqrt{x})^2}{2!} + \frac{(\sqrt{x})^3}{3!} + \cdots \right) dx = \int \left(1 + \sqrt{x} + \frac{x}{2!} + \frac{(\sqrt{x})^3}{3!} + \cdots \right) dx = c + x + \frac{2\sqrt{x^3}}{3} + \frac{2x^2}{(2)(2!)} + \frac{2\sqrt{x^5}}{(5)(3!)} + \cdots$$

Ejemplo 2) Resolver la integral $\int \ln \sqrt{x}\, dx$

$$\int \ln \sqrt{x}\, dx = \left\langle \begin{array}{l} \textit{Paso 1)} \\ \textit{la funciónón elemental} \\ \textit{de } y = \ln \sqrt{x} \textit{ es } y = \ln x \end{array} \right\rangle = $$

Paso 2)

$f(0) = \ln(0) = inefinido \therefore c = 1 \quad f(1) = \ln(1) = 0$

$f'(1) = \left(\tfrac{1}{x}\right)_{x=1} = 1 \quad f''(1) = \left(-\tfrac{1}{x^2}\right)_{x=1} = -\tfrac{1}{(1)^2} = -1$

$f'''(1) = \left(\tfrac{2}{x^3}\right)_{x=1} = \tfrac{2}{(1)^3} = 2 \quad f^4(1) = \left(-\tfrac{6}{x^4}\right)_{x=1} = -\tfrac{6}{(1)^4} = -6$

$\therefore$ la serie de Taylor es:

$$\frac{1(x-1)}{1!} + \frac{-1(x-1)^2}{2!} + \frac{2(x-1)^3}{3!} + \frac{-6(x-1)^4}{4!} + \cdots$$

$$= (x-1) - \frac{(x-1)^2}{2!} + \frac{2(x-1)^3}{3!} - \frac{6(x-1)^4}{4!} \pm \cdots$$

$$= \left\langle \begin{array}{l} \textit{Paso 3)} \\ \textit{el nuevo valor} \\ \textit{de "x" es } \sqrt{x} \end{array} \right\rangle \overset{\textit{Paso 4}}{=} \int \left((\sqrt{x}-1) - \frac{(\sqrt{x}-1)^2}{2!} + \frac{2(\sqrt{x}-1)^3}{3!} - \frac{6(\sqrt{x}-1)^4}{4!} \pm \cdots \right) dx$$

$$= \int \left(\sqrt{x} - 1 - \frac{x - 2\sqrt{x} + 1}{2!} + \frac{2(x\sqrt{x} - 3x + 3\sqrt{x} - 1)}{3!} - \frac{x^2 - 4x\sqrt{x} + 6x - 4\sqrt{x} + 1}{4!} \pm \cdots \right) dx$$

$$= c + \frac{2\sqrt{x^3}}{3} - x - \frac{x^2}{2(2!)} + \frac{4\sqrt{x^3}}{3(2!)} - x + \frac{4\sqrt{x^5}}{5(3!)} - \frac{6x^2}{2(3!)} + \frac{12\sqrt{x^3}}{3(3!)} - \frac{2x}{3!} - \frac{x^3}{3(4!)} + \frac{8\sqrt{x^5}}{5(4!)} - \frac{6x^2}{2(4!)} + \frac{8\sqrt{x^3}}{3(4!)} \mp \cdots$$

Ejemplo 3) Integrar la función: $\int \cos x^2\, dx$

$$\int \cos x^2\, dx = \left\langle \begin{array}{l} \textit{Paso 1)} \\ \textit{la función elemental} \\ \textit{de } y = \cos x^2 \textit{ es } y = \cos x \end{array} \right\rangle = $$

Paso 2)

$f(0) = \cos(0) = 1 \quad f'(0) = \left(-senx\right)_{x=0} = -sen(0) = 0$

$f''(0) = \left(-\cos x\right)_{x=0} = -\cos(0) = -1$

$f'''(0) = \left(senx\right)_{x=0} = sen(0) = 0$

$f^4(0) = \left(\cos x\right)_{x=0} = \cos(0) = 1$

$f^5(0) = \left(-senx\right)_{x=0} = -sen(0) = 0$

$f^6(0) = \left(-\cos x\right)_{x=0} = -\cos(0) = -1$

$\therefore$ la serie de Maclaurin es

$$\frac{1}{0!} + \frac{(0)x}{1!} + \frac{-1x^2}{2!} + \frac{(0)x^3}{3!} + \frac{(1)x^4}{4!} - \frac{(0)x^5}{5!} + \frac{(-1)x^6}{6!} + \cdots$$

$$= 1 - \frac{x^2}{2!} + \frac{x^4}{4!} - \frac{x^6}{6!} \pm \cdots$$

$$= \left\langle \begin{array}{l} \textit{Paso 3)} \\ \textit{el nuevo valor} \\ \textit{de "x" es "} x^2 \textit{"} \end{array} \right\rangle = \langle \textit{Paso 4)} \rangle = \int \left(1 - \frac{(x^2)^2}{2!} + \frac{(x^2)^4}{4!} - \frac{(x^2)^6}{6!} \pm \cdots \right) dx = \int \left(1 - \frac{x^4}{2!} + \frac{x^8}{4!} - \frac{x^{12}}{6!} \pm \cdots \right) dx$$

$$= \langle \textit{Paso 5)} \rangle = c + x - \frac{x^5}{(5)(2!)} + \frac{x^9}{(9)(4!)} - \frac{x^{13}}{(13)(6!)} \pm \cdots$$

Ejercicios:

Tipo I. Integrar por series de Maclaurin ó series de Taylor las siguientes funciones:

1) $\int \frac{1}{2x}\, dx$

2) $\int e^{2x}\, dx$

3) $\int \ln 2x\, dx$

4) $\int \cos \sqrt{x}\, dx$

5) $\int sen\, x^2\, dx$

6) $\int arctag \sqrt{x}\, dx$

Evaluaciones tipo: Unidad 2.

	Cálculo Integral	E X A M E N Unidad: 2	Número de lista:
			Clave: Evaluación tipo 1
1)	$\int \dfrac{5dx}{9x^2+2}\,dx$	Técnica: Uso de tablas de fórmulas.	Valor: 30 puntos.
2)	$\int \cos^5 \dfrac{x}{2}\,dx$	Técnica: Integración del seno y coseno de "m" y "n" potencia.	Valor: 30 puntos.
3)	$\int \dfrac{x-2}{x^2-5x}\,dx$	Técnica: Integración de fracciones parciales.	Valor: 40 puntos.

	Cálculo Integral	E X A M E N Unidad: 2	Número de lista:
			Clave: Evaluación tipo 2
1)	$\int \dfrac{xdx}{\sqrt{2x-1}} = ?$	Técnica: Integración por cambio de variable.	Valor: 30 puntos.
2)	$\int sen^4 2x\,dx = ?$	Técnica: Integración del seno y coseno de "m" y "n" potencia.	Valor: 40 puntos.
3)	$\int \dfrac{5}{2-x^3}\,dx$	Técnica: Integración por series de potencia.	Valor: 30 puntos.

	Cálculo Integral	E X A M E N Unidad: 2	Número de lista:
			Clave: Evaluación tipo 3
1)	$\int sen^3 2x \cos^7 2x\,dx$	Técnica: Integración del seno y coseno de "m" y "n" potencia.	Valor: 30 puntos.
2)	$\int \dfrac{2dx}{(x^2+4)^{3/2}}$	Técnica: Integración por sustitución trigonométrica.	Valor: 40 puntos.
3)	$\int 3\cos \sqrt{x}\,dx$	Técnica: Integración por series de Maclaurin.	Valor: 30 puntos.

	Cálculo Integral	E X A M E N Unidad: 2	Número de lista:
			Clave: Evaluación tipo 4
1)	$\int 2x \ln x\,dx = ?$	Técnica: de integración por partes.	Valor: 30 puntos.
2)	$\int ctg^5 2x\,dx = ?$	Técnica: Integración de la cotangente y cosecante de "m" y "n" potencia.	Valor: 30 puntos.
3)	$\int \dfrac{x+2}{2x^2+x}\,dx = ?$	Técnica: Integración de fracciones parciales.	Valor: 40 puntos.

Formulario de técnicas de integración: Unidad 2.

1. Fórmulas de integración de funciones que contienen las formas: $u^2 \pm a^2 \quad \forall \quad a > 0$

1) $\displaystyle\int \frac{du}{u^2 + a^2} = \frac{1}{a} arc \tan \frac{u}{a} + c$

6) $\displaystyle\int \frac{du}{\sqrt{a^2 - u^2}} = arcsen \frac{u}{a} + c$

2) $\displaystyle\int \frac{du}{u^2 - a^2} = \frac{1}{2a} \ln \left| \frac{u-a}{u+a} \right| + c$

7) $\displaystyle\int \frac{du}{u\sqrt{u^2 + a^2}} = -\frac{1}{a} \ln \left| \frac{a + \sqrt{u^2 + a^2}}{u} \right| + c$

3) $\displaystyle\int \frac{du}{a^2 - u^2} = \frac{1}{2a} \ln \left| \frac{u+a}{u-a} \right| + c$

8) $\displaystyle\int \sqrt{u^2 + a^2}\, du = \frac{u}{2}\sqrt{u^2 + a^2} + \frac{a^2}{2} \ln \left| u + \sqrt{u^2 + a^2} \right| + c$

4) $\displaystyle\int \frac{du}{\sqrt{u^2 + a^2}} = \ln \left| u + \sqrt{u^2 + a^2} \right| + c$

9) $\displaystyle\int \sqrt{u^2 - a^2}\, du = \frac{u}{2}\sqrt{u^2 - a^2} - \frac{a^2}{2} \ln \left| u + \sqrt{u^2 - a^2} \right| + c$

5) $\displaystyle\int \frac{du}{\sqrt{u^2 - a^2}} = \ln \left| u + \sqrt{u^2 - a^2} \right| + c$

10) $\displaystyle\int \sqrt{a^2 - u^2}\, du = \frac{u}{2}\sqrt{a^2 - u^2} + \frac{a^2}{2} arcsen \frac{u}{a} + c$

2. Técnica de integración por cambio de variable: $\displaystyle\int f(g(x)g'(x))dx = \int f(u)du = F(u) + c$

3. Técnica de integración por partes: $\displaystyle\int u\, dv = uv - \int v\, du$

Forman parte de este contenido las siguientes tablas:

4. Método de integración del seno y coseno de m y n potencia.
5. Método de integración de la tangente y secante de m y n potencia.
6. Método de integración de la cotangente y cosecante de m y n potencia.
7. Método de integración por sustitución trigonométrica.
8. Método de integración de fracciones parciales.
9. Método de integración por series de potencia.
10. Método de integración por series de Maclaurin y series de Taylor.

Las Grandes Naciones, se formaron por hombres que tuvieron buenos principios y a los cuales fueron fieles toda su vida.

José Santos Valdez Pérez

UNIDAD 3. LA INTEGRAL DEFINIDA.

Clases:

Clase: 3.1 La integral definida.

Guía:
- Definición de la integral definida.
- Propiedades de la integral definida.
- Teorema fundamental del cálculo integral.

- Interpretación del resultado de la integral definida.
- Ejemplos.
- Ejercicios.

___

Definición de la integral definida:

Sean:

- R^2 un plano rectangular
- $[a,b]$ un intervalo cerrado en el eje de las "X".
- f la gráfica de una función $y = f(x)$ continua $\in [a, b]$
- A el área limitada por las gráficas cuyas ecuaciones son:

    $y = f(x)$; $y = 0$ ó el eje X; $x = a$; y $x = b$.

- $n = 1, 2, 3, \cdots n$ las particiones del intervalo $[a, b]$ de tal

    forma que $x_0 = a$; $x_0 < x_1 < x_2 < \cdots < x_n$; y $x_n = b$

- $\Delta x_i = x_i - x_{i-1}$ un iésimo subintervalo de $[a,b]$

- c_i un iésimo punto en Δx_i - $f(c_i)$ la imagen de c_i y   - $f(c_i)\Delta x_i$ la iésima área de A.

$\therefore \displaystyle\sum_{i=1}^{n} f(c_i)\Delta x_i$ Es el área " A " aproximada bajo la gráfica en el intervalo $[a,b]$; llamada **Suma de Riemann.**

$Sí \quad \Delta x_i \to 0 \; \therefore \; n \to \alpha \quad y \quad A = \displaystyle\lim_{\Delta x \to 0} \sum_{n=1}^{\alpha} f(c_i)\Delta x_i = \int_a^b f(x)\,dx \quad$ es el área exacta bajo la curva $\in [a,b]$

Más adelante veremos que esta integral también es aplicable para muchos casos en la solución de problemas de las ciencias. También es recomendable señalar, que durante el proceso de estructuración de fórmulas en problemas específicos generalmente es repetitivo; y como nuestro propósito en hacer del cálculo integral una ciencia más amigable entenderemos esta integral de la forma siguiente:

Sí $\displaystyle\int_a^b f(x)\,dx$ __es la integral definida__ entonces definiremos a:

$$b - a = \int_a^b dx \quad \text{como el intervalo de cálculo y a:} \quad f(x) \quad \text{como la función.}$$

Propiedades de la integral definida:

Sí f y g son funciones continuas e integrables $\in [a,b]$ y $k \in$ constante;   se cumplen las siguientes propiedades:

1) $\displaystyle\int_a^b f(x)\,dx = 0 \iff a = b$ Del intervalo cero.

2) $\displaystyle\int_a^b f(x)\,dx = -\int_b^a f(x)\,dx$ Del cambio de intervalos.

3) $\displaystyle\int_a^b k\,f(x)\,dx = k\int_a^b f(x)\,dx$ Del producto constante y función.

4) $\displaystyle\int_a^c f(x)\,dx = \int_a^b f(x)\,dx + \int_b^c f(x)\,dx \quad \forall\, a < b < c$ De la suma de intervalos.

5) $\displaystyle\int_a^b \big(f(x) \pm g(x)\big)\,dx = \int_a^b f(x)\,dx \pm \int_a^b g(x)\,dx$ De la suma y/o diferencia de funciones.

Teorema fundamental del cálculo integral:

El teorema fundamental del cálculo integral; sirve para evaluar la integral definida y afirma que:

$$\int_a^b f(x)dx = F(b) - F(a) \quad \forall \; F' = f(x)$$

Interpretación del resultado de la integral definida:

Retomando la definición, hemos afirmado que el valor de la integral definida de una función es el valor del área bajo la curva, entendida ésta de signo positivo; sin embargo, es necesario reafirmar que uno de los objetivos esenciales de esta unidad es el desarrollo de las habilidades de cálculo sin limitar la creatividad del proceso pedagógico que se cumple al implementar problemas creados en el instante, aunque éstos no nos den resultados con signo positivos e incluso estos resultados sean falsos.

Desde luego en la Unidad 6 durante la aplicación del cálculo integral en el análisis de áreas, haremos una evaluación precisa de las mismas; por lo pronto se recomienda dar por inferencia la interpretación del resultado de la integral de la forma siguiente:

Resultado	Posibilidades	Ejemplo	Gráfica
Resultado con signo (+)	1ª. El área limitada de la gráfica de la función en su intervalo dado se sitúa en la parte positiva del eje de las "Y".	$\int_{-1}^{1}(x^2+1)\,dx$	$y = x^2 + 1$
	2ª. El área limitada de la gráfica de la función en su intervalo dado se sitúa en las partes positiva y negativa del eje de las "Y"; pero el área de la parte positiva es mayor que el área de la parte negativa.	$\int_{-1}^{2} x\,dx$	$y = x$
Resultado cero	1ª. Los límites superior e inferior del intervalo son iguales.	$\int_{3}^{3} 2\,dx$	$y = 2$
	2ª. El área limitada de la gráfica de la función en su intervalo dado, se sitúa en las partes positiva y negativa del eje de las "Y"; y además ambas áreas de las partes positiva y negativa son iguales.	$\int_{-\pi}^{\pi} sen\,x\,dx$	

Resultado con signo (-)	1ª. El área limitada de la gráfica de la función en su intervalo dado se sitúa en la parte negativa del eje de las "Y".	$\int_0^4 -\sqrt{x}\,dx$	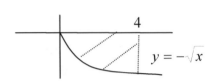
	2ª. El área limitada de la gráfica de la función en su intervalo dado se sitúa en las partes positiva y negativa del eje de las "Y"; pero el área de la parte positiva es menor que el área de la parte negativa.	$\int_{-2}^1 x\,dx$	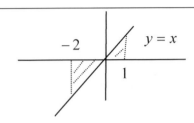
Resultado indefinido	1ª. Al menos uno de los límites superior e inferior es indefinido.	$\int_{-2}^3 \sqrt{x}\,dx$	
Resultado falso	1ª. Existe al menos un punto de discontinuidad en la gráfica dentro del intervalo.	$\int_{-1}^1 \frac{1}{x^2}\,dx$	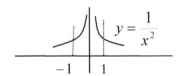

Ejercicios:

Tipo I. Dada una integral y su intervalo:
   a) Hacer el bosquejo de la gráfica con su intervalo.
   b) Predecir el resultado (signo (+); ó signo (-); ó valor 0; ó Indefinido; ó resultado falso).

1) $\int_{-1}^1 \left(1 - x^2\right) dx$

2) $\int_0^{2\pi} sen\,x\,dx$

3) $\int_{-\frac{\pi}{2}}^2 \cos x\,dx$

4) $\int_0^4 \left(1 - \sqrt{x}\right) dx$

5) $\int_{-1}^0 \frac{1}{\sqrt{x}}\,dx$

6) $\int_{-1}^1 \frac{1}{x}\,dx$

Clase: 3.2 Teoremas de cálculo integral.
 Guía:
- Tarea: Teoremas de cálculo integral.

TAREA: TEOREMAS DE CÁLCULO INTEGRAL.

Título: Teoremas de Cálculo Integral.

Fecha de entrega: La que el Maestro indique.

Participación: Por equipos (máximo 3 alumnos).

Material: Hojas blancas tamaño carta; impresas en un solo lado; engrapadas.

Elaboración: En computadora: Un teorema por hoja; más hoja de presentación; más hoja de bibliografía que hacen un total de 5 hojas, que se entregarán engrapadas más el CD con identificación (Primer apellido de los integrantes del equipo, título de la tarea y hora de clase).

Formato:
- Nombre del teorema.   grapa
- Lo que el teorema afirma.
- Trazar gráficas cuando se requieran.
- Para las ecuaciones usar editor de fórmulas.
- Un ejemplo de aplicación.

Evaluación:
- Tarea obligatoria para tener derecho a examen de la unidad.
- De 0 a 20 puntos extras en la unidad; más reconsideración al final del curso.
- El equipo que presente la mejor tarea excenta la unidad con 80.

Valoración:
NA = No acredita la unidad;

$T_0 = 0 \; puntos.$

$T_1 = 5 \; puntos.$

$T_2 = 10 \; puntos.$

$T_3 = 15 \; puntos.$

$T_4 = 20 \; puntos$ y reconsideración al final del Curso.

Hoja de presentación:
Información mínima requerida; (vea formato); se permite hoja de color.

I

NOMBRE DE LA INSTITUCIÒN EDUCATIVA
Cálculo Integral

Tarea: Teoremas de Cálculo Integral.

- Teorema de existencia para integrales definidas.
- Teorema fundamental del cálculo integral.
- Teorema del valor medio para integrales.

Libre a tu imaginación

Alumno: _____
              A. paterno   A. materno   Nombre (s) Nl
Alumno: _____
              A. paterno   A. materno   Nombre (s) Nl

Maestro:_____Hora de clase_____

Clase: 3.3 Integración definida de funciones elementales.

Guía:

- Integración definida de funciones elementales:
  . Algebraicas.
  . Exponenciales.
  . Logarítmicas.
  . Trigonométricas.
  . Trigonométricas inversas.
  . Hiperbólicas.
  . Hiperbólicas inversas.

- Ejemplos.
- Ejercicios.

<u>Integración definida de funciones elementales algebraicas:</u>

Las funciones elementales algebraicas de interés a considerar son:

Función	Nombre	Dominio	Recorrido	Gráfica
$y = 0$	Constante cero	$(-\alpha, \alpha)$	$(0, 0)$	
$y = 1$	Constante uno	$(-\alpha, \alpha)$	$(1, 1)$	
$y = k$	Constante	$(-\alpha, \alpha)$	(k, k)	
$y = x$	Identidad	$(-\alpha, \alpha)$	$(-\alpha, \alpha)$	
$y = \dfrac{1}{x}$	Racional	$(-\alpha, 0) \cup (0, \alpha)$	$(-\alpha, 0) \cup (0, \alpha)$	

Fórmulas de integración definida de funciones elementales algebraicas:

1) $\displaystyle\int_a^b 0\,dx = 0$

2) $\displaystyle\int_a^b dx = x\ \Big]_a^b$

3) $\displaystyle\int_a^b k\,dx = kx\ \Big]_a^b$

4) $\displaystyle\int_a^b x\,dx = \dfrac{x^2}{2}\ \Bigg]_a^b$

5) $\displaystyle\int_a^b \dfrac{1}{x}\,dx = \ln|x|\ \Big]_a^b$

Ejemplos:

1) $\displaystyle\int_0^5 2\,dx = \left\langle \begin{array}{c} \displaystyle\int_a^b k\,f(x)\,dx = k\int_a^b f(x)\,dx \\ k=2; \quad f(x)=1 \end{array} \right\rangle = 2\int_a^b dx = \left\langle \begin{array}{c} \displaystyle\int_a^b dx = x\big]_a^b \\ a=0; \quad b=5 \end{array} \right\rangle = 2(x)\ \big]_0^5 = 2(5)-2(0) = 10$

2) $\displaystyle\int_1^3 (2x)\,dx = \left\langle \begin{array}{c} \displaystyle\int_a^b kx\,dx = k\frac{x^2}{2}\bigg]_a^b \\ k=2 \\ a=1; \quad b=3 \end{array} \right\rangle = 2\frac{x^2}{2}\bigg]_1^3 = x^2\ \bigg]_1^3 = (3)^2 - (1)^2 = 9-1 = 8$

3) $\displaystyle\int_1^3 \frac{1}{3x}\,dx = \left\langle \begin{array}{c} \displaystyle\int_a^b k\,f(x)\,dx = k\int_a^b f(x)\,dx \\ k=\frac{1}{3}; \quad f(x)=\frac{1}{x} \end{array} \right\rangle = \frac{1}{3}\int_1^3 \frac{1}{x}\,dx = \left\langle \begin{array}{c} \displaystyle\int_a^b \frac{1}{x}\,dx = \ln|x|\ \big]_a^b \\ a=1; \quad b=3 \end{array} \right\rangle$

$\displaystyle = \frac{1}{3}\ln|x|\ \bigg]_1^3 = \left(\frac{1}{3}\ln|3|\right) - \left(\frac{1}{3}\ln|1|\right) \approx 0.3662 - 0 \approx 0.3662$

Integración definida de funciones elementales exponenciales:

Funciones elementales exponenciales:

Función	Nombre	Dominio	Recorrido	Gráfica representativa
$y = e^x$	De base "e"	$(-\alpha, \alpha)$	$(0, \alpha)$	$y = e^x$
$y = a^x \quad \forall\, a \in R^+$	De base "a"	$(-\alpha, \alpha)$	$(0, \alpha)$	

Fórmulas de integración definida de funciones elementales exponenciales:

1) $\displaystyle\int_a^b e^x\,dx = e^x\ \big]_a^b$

2) $\displaystyle\int_a^b a^x\,dx = \frac{a^x}{\ln a}\bigg]_a^b$

Ejemplos:

1) $\displaystyle\int_{-1}^0 2e^x\,dx = (2)\int_{-1}^0 e^x\,(dx) = 2e^x\ \big]_{-1}^0 = \left(2e^{(0)}\right) - \left(2e^{(-1)}\right) \approx 2 - 0.7357 \approx 1.2643$

2) $\displaystyle\int_0^1 \frac{3e^x}{4}\,dx = \frac{3e^x}{4}\bigg]_0^1 = \left(\frac{3e^{(1)}}{4}\right) - \left(\frac{3e^{(0)}}{4}\right) = \frac{3e-3}{4} \approx 1.2887$

3) $\displaystyle\int_0^2 \frac{3^x}{2}\,dx = \left(\frac{1}{2}\right)\int_0^2 3^x\,dx = \frac{3^x}{2\ln 3}\bigg]_0^2 = \left(\frac{3^{(2)}}{2\ln 3}\right) - \left(\frac{3^{(0)}}{2\ln 3}\right) = \frac{9-1}{2\ln 3} \approx 3.6409$

Integración definida de funciones elementales logarítmicas:

Funciones elementales logarítmicas:

Función	Nombre	Dominio	Recorrido	Gráfica representativa
$y = \ln x$	De base "e"	$(0, \alpha)$	$(-\alpha, \alpha)$	$y = \ln x$
$y = \log_a x \;\forall\, a \in R^+$	De base "a"	$(0, \alpha)$	$(-\alpha, \alpha)$	

Fórmulas de integración definida de funciones elementales logarítmicas:

$$1)\quad \int_a^b \ln x\,dx = x\big(\ln|x| - 1\big)\Big]_a^b \qquad\qquad 2)\quad \int_a^b \log_a x\,dx = x\left(\log_a \frac{|x|}{e}\right)\Bigg]_a^b$$

Ejemplos:

$$1)\quad \int_1^2 \ln x\,dx = 3x\big(\ln|x| - 1\big)\Big]_1^2 = \big(3(2)\big(\ln|2| - 1\big)\big) - \big(3(1)\big(\ln|1| - 1\big)\big) \approx \big(6(-0.3068)\big) - \big(3(-1)\big) \approx 1.1592$$

$$2)\quad \int_2^4 \frac{\log_{10} x}{3}\,dx = \frac{x}{3}\left(\log_{10}\frac{|x|}{e}\right)\Bigg]_2^4 = \left(\frac{(4)}{3}\left(\log_{10}\frac{|(4)|}{e}\right)\right) - \left(\frac{(2)}{3}\left(\log_{10}\frac{|2|}{e}\right)\right) = \frac{4}{3}\left(\log_{10}\frac{4}{e}\right) - \frac{2}{3}\left(\log_{10}\frac{2}{e}\right)$$

$$\approx \frac{4}{3}\log_{10} 1.4715 - \frac{2}{3}\log_{10} 0.7357 \approx 0.2236 - (-0.0888) \approx 0.3124$$

Integración definida de funciones elementales trigonométricas:

Funciones elementales trigonométricas:

Función	Nombre	Dominio	Recorrido	Gráfica
$y = sen\, x$	Seno	$(-\alpha, \alpha)$	$[-1,1]$	
$y = \cos x$	Coseno	$(-\alpha, \alpha)$	$[-1,1]$	
$y = \tan x$	Tangente	$x \neq \pm\pi/2, \pm 3\pi/2, \cdots$	$(-\alpha, \alpha)$	

$y = \cot x$	Cotangente	$x \neq 0, \pm\pi, \pm 2\pi, \cdots$	$(-\alpha, \alpha)$	
$y = \sec x$	Secante	$x \neq \pm\pi/2, \pm 3\pi/2, \cdots$	$(-\alpha, -1) \cup (1, \alpha)$	
$y = \csc x$	Cosecante	$x \neq 0, \pm\pi, \pm 2\pi, \cdots$	$(-\alpha, -1) \cup (1, \alpha)$	

Fórmulas de integración definida de funciones elementales trigonométricas:

1) $\displaystyle\int_a^b sen\, x\, dx = -\cos x \ \Big]_a^b$

2) $\displaystyle\int_a^b \cos x\, dx = sen\, x \ \Big]_a^b$

3) $\displaystyle\int_a^b \tan x\, dx = -\ln|\cos x| \ \Big]_a^b$

4) $\displaystyle\int_a^b \cot x\, dx = \ln|sen\, x| \ \Big]_a^b$

5) $\displaystyle\int_a^b \sec x\, dx = \ln|\sec x + \tan x| \ \Big]_a^b$

6) $\displaystyle\int_a^b \csc x\, dx = \ln|\csc x - \cot x| \ \Big]_a^b$

Ejemplos:

1) $\displaystyle\int_0^\pi 2sen\, x\, dx = -2\cos x \ \Big]_0^\pi = (-2\cos\pi) - (-2\cos 0) = -2(-1) + 2(1) = 4$

2) $\displaystyle\int_{\frac{\pi}{4}}^{\frac{\pi}{2}} \frac{2\cot x}{3} dx = \frac{2}{3}\ln|sen\, x| \ \Big]_{\frac{\pi}{4}}^{\frac{\pi}{2}} = \left(\frac{2}{3}\ln\left|sen\frac{\pi}{2}\right|\right) - \left(\frac{2}{3}\ln\left|sen\frac{\pi}{4}\right|\right) \approx \frac{2}{3}\ln(1) - \frac{2}{3}\ln(0.7071) \approx 0.2308$

Integración definida de funciones elementales trigonométricas inversas:

Funciones elementales trigonométricas inversas:

Función	Nombre	Dominio	Recorrido	Gráfica
$y = arc\, sen\, x$	Seno inverso	$[-1, 1]$	$[-\pi/2, \pi/2]$	
$y = arc\, \cos x$	Coseno inverso	$[-1, 1]$	$[0, \pi]$	

$y = arc\tan x$	Tangente inversa	$(-\alpha, \alpha)$	$(-\pi/2, \pi/2)$	
$y = arc\cot x$	Cotangente inversa	$(-\alpha, \alpha)$	$\left(-\dfrac{\pi}{2}, \dfrac{\pi}{2}\right]$	
$y = arc\sec x$	Secante inversa	$(-\alpha, -1] \cup [1, \alpha)$	$[0, \pi/2) \cup (\pi/2, \pi]$	
$y = arc\csc x$	Cosecante inversa	$(-\alpha, -1] \cup [1, \alpha)$	$[-\pi/2, 0) \cup (0, \pi/2]$	

Fórmulas de integración definida de funciones elementales trigonométricas inversas:

1) $\displaystyle\int_a^b arcsen\,x\,dx = x\,arcsen\,x + \sqrt{1 - x^2}\ \Big]_a^b$

4) $\displaystyle\int_a^b arc\cot x\,dx = x\,arc\cot x + \frac{1}{2}\ln\left|x^2 + 1\right|\ \Big]_a^b$

2) $\displaystyle\int_a^b \arccos x\,dx = x\arccos x - \sqrt{1 - x^2}\ \Big]_a^b$

5) $\displaystyle\int_a^b arc\sec x\,dx = x\,arc\sec x - \ln\left|x + \sqrt{x^2 - 1}\right|\ \Big]_a^b$

3) $\displaystyle\int_a^b \arctan x\,dx = x\arctan x - \frac{1}{2}\ln\left|x^2 + 1\right|\ \Big]_a^b$

6) $\displaystyle\int_a^b arc\csc x\,dx = x\,arc\csc x + \ln\left|x + \sqrt{x^2 - 1}\right|\ \Big]_a^b$

Ejemplos:

1) $\displaystyle\int_{-1}^1 2\arccos x\,dx = 2\left(x\arccos x - \sqrt{1 - x^2}\right)\Big]_{-1}^1 = 2x\arccos x - 2\sqrt{1 - x^2}\ \Big]_{-1}^1$

$= \left(2(1)\arccos(1) - 2\sqrt{1 - (1)^2}\right) - \left(2(-1)\arccos(-1) - 2\sqrt{1 - (-1)^2}\right) \approx (0 - 0) - (-6.2831 - 0) \approx 6.2831$

2) $\displaystyle\int_1^2 \frac{3arc\sec x}{5}\,dx = \frac{3}{5}\left(x\,arc\sec x - \ln\left|x + \sqrt{x^2 - 1}\right|\right)\Big]_1^2 = \frac{3}{5}x\,arc\sec x - \frac{3}{5}\ln\left|x + \sqrt{x^2 - 1}\right|\ \Big]_1^2$

$= \left(\frac{3}{5}(2)arc\sec(2) - \frac{3}{5}\ln\left|(2) + \sqrt{(2)^2 - 1}\right|\right) - \left(\frac{3}{5}(1)arc\sec(1) - \frac{3}{5}\ln\left|(1) + \sqrt{(1)^2 + 1}\right|\right)$

$\approx (1.2566 - 0.7901) - (0 - 0) \approx 0.4665$

Integración definida de funciones elementales hiperbólicas:

Funciones elementales hiperbólicas:

Función	Nombre	Dominio	Recorrido	Gráfica
$y = senh\,x$	Seno Hiperbólico	$(-\alpha, \alpha)$	$(-\alpha, \alpha)$	
$y = \cosh x$	Coseno hiperbólico	$(-\alpha, \alpha)$	$[1, \alpha)$	
$y = \tanh x$	Tangente hiperbólica	$(-\alpha, \alpha)$	$(-1, 1)$	
$y = \coth x$	Cotangente Hiperbólica	$(-\alpha, 0) \cup (0, \alpha)$	$(-\alpha, -1) \cup (1, \alpha)$	
$y = \sec h\,x$	Secante hiperbólica	$(-\alpha, \alpha)$	$(0, 1)$	
$y = \csc h\,x$	Cosecante hiperbólica	$(-\alpha, 0) \cup (0, \alpha)$	$(-\alpha, 0) \cup (0, \alpha)$	

Fórmulas de integración definida de funciones elementales hiperbólicas:

1) $\int_a^b senh\,x\,dx = \cosh x \big]_a^b$

2) $\int_a^b \cosh x\,dx = senh\,x \big]_a^b$

3) $\int_a^b \tanh x\,dx = \ln|\cosh x| \big]_a^b$

4) $\int_a^b \coth x\,dx = \ln|senh\,x| \big]_a^b$

5) $\int_a^b \sec h\,x\,dx = 2\arctan\left(\tanh\frac{x}{2}\right)\big]_a^b$

6) $\int_a^b \csc h\,x\,dx = \ln\left|\tanh\frac{x}{2}\right|\big]_a^b$

Ejemplos:

1) $\int_{-1}^1 2\cosh x\,dx = 2senh\,x\big]_{-1}^1 = (2senh(1)) - (2senh(-1)) \approx (2.3504) - (-2.3504) \approx 4.7008$

2) $\int_1^2 2\csc h\,x\,dx = 2\ln\left|\tanh\frac{x}{2}\right|\Big]_1^2 = \left(2\ln\left|\tanh\frac{2}{2}\right|\right) - \left(2\ln\left|\tanh\frac{1}{2}\right|\right) \approx (-0.5446) - (-1.5438) \approx 0.9992$

Integración definida de funciones elementales hiperbólicas inversas:

Funciones elementales hiperbólicas inversas:

Función	Nombre	Dominio	Recorrido	Gráfica
$y = \text{arcsenh}\, x$	Seno hiperbólico Inverso	$(-\alpha, \alpha)$	$(-\alpha, \alpha)$	
$y = \text{arccos}\, h\, x$	Coseno hiperbólico inverso	$[1, \alpha)$	$[0, \alpha)$	
$y = \arctan h\, x$	Tangente hiperbólica inversa	$(-1, 1)$	$(-\alpha, \alpha)$	
$y = arc\coth x$	Cotangente hiperbólica inversa	$(-\alpha, -1) \cup (1, \alpha)$	$(-\alpha, 0) \cup (0, \alpha)$	
$y = arc\sec h\, x$	Secante hiperbólica inversa	$(0, 1]$	$[0, \alpha)$	
$y = arc\csc h\, x$	Cosecante hiperbólica inversa	$(-\alpha, 0) \cup (0, \alpha)$	$(-\alpha, 0) \cup (0, \alpha)$	

Fórmulas de integración definida de funciones elementales hiperbólicas inversas:

1) $\displaystyle\int_a^b \text{arcsenh}\, x\, dx = x\, \text{arcsenh}\, x - \sqrt{x^2 + 1}\ \Big]_a^b$

4) $\displaystyle\int_a^b arc\coth x\, dx = x\, arc\coth x + \frac{1}{2}\ln\left|x^2 - 1\right|\ \Big]_a^b$

2) $\displaystyle\int_a^b \text{arccos}\, h\, x\, dx = x\, \text{arccos}\, h\, x - \sqrt{x^2 - 1}\ \Big]_a^b$

5) $\displaystyle\int_a^b arc\sec h\, x\, dx = x\, arc\sec h\, x - \arctan\frac{-x}{\sqrt{1 - x^2}}\ \Big]_a^b$

3) $\displaystyle\int_a^b \arctan h\, x\, dx = x\, \arctan h\, x + \frac{1}{2}\ln\left|x^2 - 1\right|\ \Big]_a^b$

6) $\displaystyle\int_a^b arc\csc h\, x\, dx = x\, arc\csc h\, x + \ln\left|x + \sqrt{x^2 + 1}\right|\ \Big]_a^b$

Ejemplos:

1) $\displaystyle\int_0^1 3\,\text{arcsenh}\, x\, dx = 3x\,\text{arcsenh}\, x - 3\sqrt{x^2 + 1}\ \Big]_0^1$

$= \left(3(1)\text{arcsenh}(1) - 3\sqrt{(1)^2 + 1}\right) - \left(3(0)\text{arcsenh}(0) - 3\sqrt{(0)^2 + 1}\right) \approx \left(2.6441 - 4.2426\right) - \left(0 - 3\right) \approx 1.4015$

2) $\displaystyle\int_1^2 \dfrac{arc\,\csc hx}{2}\,dx = \dfrac{1}{2}xarc\,\csc hx + \dfrac{1}{2}\ln\left|x + \sqrt{x^2+1}\right|\Big]_1^2$

$= \left(\dfrac{1}{2}(2)arc\,\csc h(2) + \dfrac{1}{2}\ln\left|(2) + \sqrt{(2)^2+1}\right|\right) - \left(\dfrac{1}{2}(1)arc\,\csc h(1) + \dfrac{1}{2}\ln\left|(1) + \sqrt{(1)^2+1}\right|\right)$

$\approx (0.4812 + 0.7218) - (0.4406 + 0.4406) \approx 0.3218$

Ejercicios:

Tipo I. Por las fórmulas de integración definida de funciones elementales algebraicas; obtener:

1) $\displaystyle\int_{-1}^0 0\,dx$

3) $\displaystyle\int_{-1}^1 2\,dx$

5) $\displaystyle\int_1^2 \dfrac{x}{3}\,dx$

2) $\displaystyle\int_{-2}^3 dx$

4) $\displaystyle\int_0^4 2x\,dx$

6) $\displaystyle\int_{-3}^1 \dfrac{2}{3x}\,dx$

Tipo II. Por las fórmulas de integración definida de funciones elementales exponenciales; obtener:

1) $\displaystyle\int_0^2 5e^x\,dx$

3) $\displaystyle\int_2^4 \dfrac{e^x}{8}\,dx$

5) $\displaystyle\int_{-4}^0 \dfrac{3(5)^x}{10}\,dx$

2) $\displaystyle\int_{-1}^1 \dfrac{3e^x}{5}\,dx$

4) $\displaystyle\int_0^4 2(3)^x\,dx$

6) $\displaystyle\int_1^2 \dfrac{2^x}{3}\,dx$

Tipo III. Por las fórmulas de integración definida de funciones elementales logarítmicas; obtener:

1) $\displaystyle\int_1^2 5\ln x\,dx$

3) $\displaystyle\int_3^4 \dfrac{\ln x}{8}\,dx$

5) $\displaystyle\int_7^8 \dfrac{3\log_{10} x}{10}\,dx$

2) $\displaystyle\int_1^2 \dfrac{3\ln x}{5}\,dx$

4) $\displaystyle\int_5^6 2\log_{10} x\,dx$

6) $\displaystyle\int_1^4 \dfrac{\log_{10} x}{3}\,dx$

Tipo IV. Por las fórmulas de integración definida de funciones elementales trigonométricas; obtener:

1) $\displaystyle\int_0^\pi 5sen\,x\,dx$

2) $\displaystyle\int_{\frac{\pi}{3}}^{\frac{\pi}{2}} 2\cot x\,dx$

3) $\displaystyle\int_0^{\frac{\pi}{4}} \dfrac{3\sec x}{10}\,dx$

Tipo V. Por las fórmulas de integración definida de funciones elementales trigonométricas inversas; obtener:

1) $\displaystyle\int_{-1}^1 \dfrac{3\arccos x}{5}\,dx$

2) $\displaystyle\int_0^3 \dfrac{\arctan x}{2}\,dx$

3) $\displaystyle\int_1^2 \dfrac{arc\,\csc x}{6}\,dx$

Tipo VI. Por las fórmulas de integración definida de funciones elementales hiperbólicas; obtener:

1) $\displaystyle\int_0^1 5senh\,x\,dx$

2) $\displaystyle\int_{-1}^0 \dfrac{\tanh x}{2}\,dx$

3) $\displaystyle\int_{-3}^3 \dfrac{3\sec hx}{4}\,dx$

Tipo VII. Por las fórmulas de integración definida de funciones elementales hiperbólicas inversas; obtener:

1) $\displaystyle\int_0^2 \dfrac{3\text{arccos}hx}{5}\,dx$

2) $\displaystyle\int_2^3 2arc\,\coth x\,dx$

3) $\displaystyle\int_{-2}^{-1} \dfrac{arc\,\csc hx}{2}\,dx$

Clase: 3.4 Integración definida de funciones algebraicas que contienen x^n.

Guía:
- Integración de funciones algebraicas que contienen x^n.
  . Funciones algebraica que contienen x^n.
  . Fórmula de integración de funciones algebraicas que contienen x^n.

- Ejemplos.
- Ejercicios.

Integración definida de funciones algebraicas que contienen x^n.

Función algebraica que contienen x^n.

Función	Nombre	Dominio	Recorrido	Gráficas representativas
$y = x^n$	Algebraica que contiene x^n	A obtenerse	A obtenerse	

Fórmula de integración de funciones algebraicas que contienen x^n.

$$1) \quad \int_a^b x^n dx = \frac{x^{n+1}}{n+1}\Bigg]_a^b \quad \forall \, n+1 \neq 0$$

Ejemplos:

$$1) \quad \int_1^3 \sqrt{x}\, dx = \int_1^3 x^{\frac{1}{2}} dx = \left\langle \begin{array}{l} \int_a^b x^n dx = \frac{x^{n+1}}{n+1}\Bigg]_a^b \\[2mm] a=1; \quad b=3; \quad n=\frac{1}{2}; \quad n+1=\frac{3}{2} \end{array} \right\rangle = \frac{x^{\frac{3}{2}}}{\frac{3}{2}}\Bigg]_1^3 = \frac{2\sqrt{x^3}}{3}\Bigg]_1^3 = \left(\frac{2\sqrt{(3)^3}}{3}\right) - \left(\frac{2\sqrt{(1)^3}}{3}\right) \approx 2.7974$$

$$2) \quad \int_2^5 3x^4\, dx = \left\langle \begin{array}{l} \int_a^b k\, f(x) dx = k\int_a^b f(x)\, dx \\[2mm] k=3; \quad f(x)=x^4 \end{array} \right\rangle = 3\int_2^5 x^4 dx = \left\langle \int_a^b x^n dx = \frac{x^{n+1}}{n+1}\Bigg]_a^b \right\rangle = (3)\left(\frac{x^5}{5}\right)\Bigg]_2^5 = \frac{3x^5}{5}\Bigg]_2^5$$

$$= \left(\frac{3(5)^5}{5}\right) - \left(\frac{3(2)^5}{5}\right) \approx 1855.8$$

$$3) \quad \int_1^2 \frac{\sqrt{2}}{x^3}\, dx = \left\langle \begin{array}{l} \int_a^b k\, f(x) dx = k\int_a^b f(x)\, dx \\[2mm] k=\sqrt{2}; \quad f(x)=\frac{1}{x^3} \end{array} \right\rangle = \sqrt{2}\int_1^2 \frac{1}{x^3}\, dx = \sqrt{2}\int_1^2 x^{-3} dx = \left\langle \begin{array}{l} \int_a^b x^n dx = \frac{x^{n+1}}{n+1}\Bigg]_a^b \\[2mm] a=1; \quad b=2 \end{array} \right\rangle$$

$$= \left(\sqrt{2}\right)\left(\frac{x^{-2}}{-2}\right)\Bigg]_1^2 = -\frac{1}{\sqrt{2}\, x^2}\Bigg]_1^2 = \left(-\frac{1}{\sqrt{2}(2)^2}\right) - \left(-\frac{1}{\sqrt{2}(1)^2}\right) \approx 0.5303$$

4) $\int_2^3 (2x-1)\,dx = \left\langle \begin{array}{c} \int_a^b [f(x) \pm g(x)]\,dx = \int_a^b f(x)\,dx \pm \int_a^b g(x)\,dx \\ f(x)=2x; \quad g(x)=1 \end{array} \right\rangle = \int_2^3 2x\,dx - \int_2^3 dx = \left(x^2 - x \right) \Big]_2^3$

$\qquad = \left[(3)^2 - (3) \right] - \left[(2)^2 - (2) \right] = 4$

5) $\int_1^4 \left(\dfrac{x^2}{2} + \sqrt{x} \right) dx = \int_1^4 \dfrac{x^2}{2}\,dx + \int_1^4 \sqrt{x}\,dx = \left[\dfrac{x^3}{6} + \dfrac{2\sqrt{x^3}}{3} \right]_1^4 = \left[\dfrac{(4)^3}{6} + \dfrac{2}{3}\sqrt{(4)^3} \right] - \left[\dfrac{(1)^3}{6} + \dfrac{2}{3}\sqrt{(1)^3} \right]$

$\qquad = \dfrac{32}{3} + \dfrac{16}{3} - \dfrac{1}{6} - \dfrac{2}{3} = \dfrac{46}{3} - \dfrac{1}{6} = \dfrac{91}{6} \approx 15.1667$

6) $\int_1^4 \dfrac{x+1}{\sqrt{x}}\,dx = \int_1^4 \sqrt{x}\,dx + \int_1^4 x^{-1/2}\,dx = \left[\dfrac{2\sqrt{x^3}}{3} + 2\sqrt{x} \right]_1^4 = \left[\dfrac{2}{3}\sqrt{(4)^3} + 2\sqrt{(4)} \right] - \left[\dfrac{2}{3}\sqrt{(1)^3} + 2\sqrt{(1)} \right]$

$\qquad = \dfrac{16}{3} + 4 - \dfrac{2}{3} - 2 \approx 6.6666$

Ejercicios:

Tipo I. Por la fórmula de integración definida de funciones algebraicas que contienen x^n; obtener:

1) $\int_{-2}^4 x\,dx$

2) $\int_{-2}^4 \dfrac{x}{2}\,dx$

3) $\int_0^4 \sqrt{x}\,dx$

4) $\int_0^4 -\sqrt{x}\,dx$

5) $\int_0^2 \sqrt[3]{x}\,dx$

6) $\int_{-2}^{-1} \dfrac{1}{x}\,dx$

7) $\int_1^2 \dfrac{1}{x^2}\,dx$

8) $\int_1^2 \dfrac{1}{\sqrt{x}}\,dx$

9) $\int_{-1}^1 (x^2+1)\,dx$

10) $\int_0^3 (3-x)\,dx$

11) $\int_{-1}^1 \left(1-x^2\right)dx$

12) $\int_{-1}^1 (2x^2-x)\,dx$

13) $\int_{-5}^0 (x^2+1)^2\,dx$

14) $\int_0^4 \left(1+\sqrt{x}\right)dx$

15) $\int_0^1 \left(\sqrt{x}-x^2\right)dx$

16) $\int_0^1 (-x^2+x)\,dx$

17) $\int_1^2 \left(\dfrac{x+1}{\sqrt{x}} \right) dx$

18) $\int_{-1}^1 \left(\dfrac{3x-x^2}{x} \right) dx$

Clase: 3.5 Integración definida de funciones que contienen u.
  Guía:
- Integración definida de funciones que contienen u.   . Trigonométricas.   - Ejemplos.
  . Algebraicas.   . Trigonométricas inversas. - Ejercicios.
  . Exponenciales.   . Hiperbólica.
  . Logarítmicas.   . Hiperbólicas inversas.

Integración definida de funciones que contienen u.

Sí u es cualquier función y $n \in Z^+$ entonces se cumplen las siguientes fórmulas de integración:

Integración definida de funciones algebraicas que contienen u.

Fórmulas de integración definida de funciones algebraicas que contienen u.

1) $\displaystyle\int_a^b du = u \;\Big]_a^b$

2) $\displaystyle\int_a^b u^n du = \frac{u^{n+1}}{n+1} \;\Bigg]_a^b$

3) $\displaystyle\int_a^b \frac{1}{u} du = \ln|u| \;\Big]_a^b$

Ejemplos:

1) $\displaystyle\int_1^2 dx = \left\langle \begin{array}{l} \int_a^b du = u\big]_a^b \\ du = dx \\ a=1; \quad b=2 \end{array} \right\rangle = x\,\Big]_1^2 = (2)-(1) = 1$

2) $\displaystyle\int_0^1 (2+3x)^4 dx = \left\langle \begin{array}{l} Para\ hacer\ el\ ajuste \\ u = 2+3x \\ du = 3\,dx \end{array} \right\rangle = \int_0^1 (2+3x)^4\left(\frac{3dx}{3}\right) = \frac{1}{3}\int_0^1 (2+3x)^4\,3dx$

$= \left\langle \begin{array}{l} \int_a^b u^n du = \dfrac{u^{n+1}}{n+1}\Big]_0^1 \\ u = 2+3x; \quad du = 3\,dx \\ n=4; \quad n+1 = 5 \\ a=0; \quad b=1 \end{array} \right\rangle = \left(\frac{1}{3}\right)\left(\frac{(2+3x)^5}{5}\right)\Bigg]_0^1 = \frac{(2+3x)^5}{15}\Bigg]_0^1$

$= \left[\frac{(2+3(1))^5}{15}\right] - \left[\frac{(2+3(0))^5}{15}\right] = \frac{5^5}{15} - \frac{2^5}{15} = \frac{3125-32}{15} = \frac{3093}{15} = \frac{1031}{5} = 206.2$

3) $\displaystyle\int_1^5 \frac{1}{2x} dx = \left\langle \begin{array}{l} \int_a^b \dfrac{1}{u} du = \ln|u|\Big]_a^b \\ u=2x; \quad du=2\,dx \\ a=1; \quad b=5 \end{array} \right\rangle = \left(\frac{1}{2}\right)\int_1^5 \frac{1}{2x}(2\,dx) = \frac{1}{2}\ln|2x|\,\Big]_1^5 = \left(\frac{1}{2}\ln|10|\right) - \left(\frac{1}{2}\ln|2|\right) \approx 0.8047$

4) $\displaystyle\int_0^1 5x\left(1-x^2\right)^3 dx = \left\langle \begin{array}{l} Estrategia\ :\\ sacar\ la\ cons\tan te\ y\\ unir\ "x"\ a\ "dx" \end{array}\right\rangle = 5\int_0^1 \left(1-x^2\right)^3 xdx = \left\langle \begin{array}{l} \displaystyle\int_a^b u^n du = \dfrac{u^{n+1}}{n+1}\Big]_a^b \quad a=0;\quad b=1\\[2mm] u=1-x^2;\quad du=-2xdx; \end{array}\right\rangle$

$$= 5\left(\frac{1}{-2}\right)\int_0^1 \left(1-x^2\right)^3\left(-2x\,dx\right) = \left(-\frac{5}{2}\right)\left(\frac{\left(1-x^2\right)^4}{4}\right)\Bigg]_0^1$$

$$= -\frac{5\left(1-x^2\right)^4}{8}\Bigg]_0^1 = \left(-\frac{5\left(1-(1)^4\right)}{8}\right)-\left(-\frac{5\left(1-(0)^4\right)}{8}\right) = 0.6250$$

Integración definida de funciones exponenciales que contienen u.

Fórmulas de integración definida de funciones exponenciales que contienen u.

1) $\displaystyle\int_a^b e^u du = e^u\Big]_a^b$

2) $\displaystyle\int_a^b a^u du = \dfrac{a^u}{\ln a}\Big]_a^b$

Ejemplos:

1) $\displaystyle\int_{-1}^0 2e^{3x}dx = (2)\left(\frac{1}{3}\right)\int_{-1}^0 e^{3x}(3dx) = \frac{2e^{3x}}{3}\Bigg]_{-1}^0 = \left[\frac{2e^{3(0)}}{3}\right]-\left[\frac{2e^{3(-1)}}{3}\right] = \left(\frac{2}{3}\right)-\left(\frac{2e^2}{3}\right)\approx 0.6334$

2) $\displaystyle\int_0^1 \frac{3e^{(2x+1)}}{4}dx = \left(\frac{3}{4}\right)\left(\frac{1}{2}\right)\int_0^1 e^{(2x+1)}(2dx) = \frac{3e^{(2x+1)}}{8}\Bigg]_0^1 = \left(\frac{3e^{(2(1)+1)}}{8}\right)-\left(\frac{3e^{(2(0)+1)}}{8}\right) = \frac{3e^3-3e}{8}\approx 6.512$

3) $\displaystyle\int_0^1 \frac{2e^{(1-x)}}{5}dx = \frac{2}{5}\int_0^1 e^{(1-x)}dx = \left\langle\begin{array}{l}\displaystyle\int_a^b e^u du = e^u\Big]_a^b\\ u=1-x;\quad du=-dx;\\ a=0;\quad b=1\end{array}\right\rangle = \frac{2}{5}(-)\int_0^1 e^{(1-x)}(-dx) = -\frac{2e^{(1-x)}}{5}\Bigg]_0^1 = \frac{2e}{5}-\frac{2}{5}\approx 0.6873$

4) $\displaystyle\int_0^2 \frac{3^{\frac{x}{5}}}{2}dx = \frac{1}{2}(5)\int_0^2 3^{\frac{x}{5}}\left(\frac{1}{5}dx\right) = \frac{5}{2}\left(\frac{3^{\frac{x}{5}}}{\ln 3}\right)\Bigg]_0^2 = \left(\frac{5(3)^{\frac{2}{5}}}{2\ln 3}\right)-\left(\frac{5(3)^{\frac{0}{5}}}{2\ln 3}\right) = \left(\frac{5(3)^{0.4}}{2\ln 3}\right)-\left(\frac{5}{2\ln 3}\right)\approx 1.2557$

Integración definida de funciones logarítmicas que contienen u.

Fórmulas de integración definida de funciones logarítmicas que contienen u.

1) $\displaystyle\int_a^b \ln u\,du = u\left(\ln|u|-1\right)\Big]_a^b$

2) $\displaystyle\int_a^b \log_a u\,du = u\left(\log_a\frac{|u|}{e}\right)\Big]_a^b$

Ejemplos:

1) $\displaystyle\int_1^2 3\ln 2x\,dx = 3\left(\frac{1}{2}\right)\int_1^2 \ln 2x\,(2dx) = \frac{3}{2}(2x)\left(\ln|(2x)|-1\right)\Big]_1^2 = 3x\ln\left(|2x|-1\right)\Big]_1^2$

$$= \left(3(2)\ln\left(|2(2)|-1\right)\right)-\left(3(1)\ln\left(|2(1)|-1\right)\right) = 6\ln\left(|4|-1\right)-3\ln\left(|2|-1\right)\approx 2.3177-(-0.9205)\approx 3.2382$$

2) $\displaystyle\int_2^4 \frac{\log_{10}|2x|}{3}\,dx = \left(\frac{1}{3}\right)\left(\frac{1}{2}\right)\int_2^4 \log_{10}|2x|(2dx) = \frac{x}{3}\left(\log_{10}\frac{|2x|}{e}\right)\Big]_2^4$

$= \left(\frac{(4)}{3}\log_{10}\frac{2(4)}{e}\right) - \left(\frac{(2)}{3}\log_{10}\frac{2(2)}{e}\right) \approx (0.6250) - (0.1118) \approx 0.5132$

Integración definida de funciones trigonométricas que contienen u.

Fórmulas de integración definida de funciones trigonométricas que contienen u.

1) $\displaystyle\int_a^b sen\,u\,du = -\cos u\ \Big]_a^b$

7) $\displaystyle\int_a^b \sec u \tan u\,du = \sec u\ \Big]_a^b$

2) $\displaystyle\int_a^b \cos u\,du = sen\,u\ \Big]_a^b$

8) $\displaystyle\int_a^b \csc u \cot u\,du = -\csc u\ \Big]_a^b$

3) $\displaystyle\int_a^b \tan u\,du = -\ln|\cos u|\ \Big]_a^b$

9) $\displaystyle\int_a^b \sec^2 u\,du = \tan u\ \Big]_a^b$

4) $\displaystyle\int_a^b \cot u\,du = \ln|sen\,u|\ \Big]_a^b$

10) $\displaystyle\int_a^b \csc^2 u\,du = -\cot u\ \Big]_a^b$

5) $\displaystyle\int_a^b \sec u\,du = \ln|\sec u + \tan u|\ \Big]_a^b$

11) $\displaystyle\int_a^b \sec^3 u\,du = \frac{1}{2}\sec u \tan u + \frac{1}{2}\ln|\sec u + \tan u|\ \Big]_a^b$

6) $\displaystyle\int_a^b \csc u\,du = \ln|\csc u - \cot u|\ \Big]_a^b$

Ejemplos:

1) $\displaystyle\int_0^\pi \cos 2x\,dx = \left\langle \begin{array}{l} \int_a^b \cos u = sen\,u\,\Big]_a^b \\ u = 2x;\quad du = 2dx \\ a = 0;\quad b = \pi \end{array}\right\rangle = \frac{1}{2}\int_0^\pi \cos 2x\,(2dx) = \frac{1}{2}\,sen\,2x\,\Big]_0^\pi$

$= \left[\frac{1}{2}sen\,2(\pi)\right] - \left[\frac{1}{2}sen\,2(0)\right] = 0$

2) $\displaystyle\int_0^{\frac{\pi}{4}} 2\sec^2\frac{3x}{4}\,dx = \left\langle \begin{array}{l} \int_a^b \sec^2 u\,du = \tan u\Big]_a^b \\ u = \frac{3x}{4};\quad du = \frac{3}{4}dx \\ a = 0;\quad b = \frac{\pi}{4} \end{array}\right\rangle = 2\left(\frac{4}{3}\right)\int_0^{\frac{\pi}{4}} \sec^2\frac{3x}{4}\left(\frac{3}{4}dx\right) = \frac{8}{3}\tan\frac{3x}{4}\Big]_0^{\frac{\pi}{4}}$

$= \left(\frac{8}{3}\tan\frac{3\left(\frac{\pi}{4}\right)}{4}\right) - \left(\frac{8}{3}\tan\frac{3(0)}{4}\right) \approx 1.7818$

3) $\displaystyle\int_{\frac{\pi}{20}}^{\frac{\pi}{6}} \frac{3}{2sen^2 5x}\,dx = \left\langle \begin{array}{l} ident.\,trig \\ \frac{1}{sen\,u} = \csc u \end{array}\right\rangle = \frac{3}{2}\int_{\frac{\pi}{20}}^{\frac{\pi}{6}} \csc^2 5x\,dx = \left\langle \begin{array}{l} \int_a^b \csc^2 u\,du = -\cot u\Big]_a^b \\ u = 5x;\quad du = 5dx;\quad a = \frac{\pi}{20};\quad b = \frac{\pi}{6} \end{array}\right\rangle$

$= \frac{3}{2}\left(\frac{1}{5}\right)\int_{\frac{\pi}{20}}^{\frac{\pi}{6}} \csc^2 5x\,(5dx) = \frac{3}{10}(-\cot 5x)\Big]_{\frac{\pi}{20}}^{\frac{\pi}{6}} = \left(-\frac{3}{10}\cot 5\left(\frac{\pi}{6}\right)\right) - \left(-\frac{3}{10}\cot 5\left(\frac{\pi}{20}\right)\right) = 0.5196 + 0.3 = 0.8196$

4) $\displaystyle\int_{-\pi}^{\pi}\cos^3 2x\,sen2x\,dx = \left\langle \begin{array}{l} \displaystyle\int_a^b u^n du = \dfrac{u^{n+1}}{n+1}\Bigg]_a^b \quad u=\cos 2x; \\[3mm] du = -2sen2xdx;\ \ a=-\pi;\ \ b=\pi \end{array} \right\rangle = \left(-\dfrac{1}{2}\right)\int_{-\pi}^{\pi}\left(\cos 2x\right)^3\left(-2sen2x\,dx\right)$

$\displaystyle = -\dfrac{1}{2}\left(\dfrac{\cos^4 2x}{4}\right)\Bigg]_{-\pi}^{\pi} = -\dfrac{1}{8}\cos^4 2x\Bigg]_{-\pi}^{\pi} = \left(-\dfrac{1}{8}\cos^4 2(\pi)\right) - \left(-\dfrac{1}{8}\cos^4 2(-\pi)\right) = -\dfrac{1}{8}+\dfrac{1}{8} = 0$

Integración definida de funciones trigonométricas inversas que contienen u.

Fórmulas de integración definida de funciones trigonométricas inversas que contienen "u".

1) $\displaystyle\int_a^b arcsen\ u\ du = u\,arcsen\ u + \sqrt{1-u^2}\ \Bigg]_a^b$

4) $\displaystyle\int_a^b arc\cot u\ du = u\,arc\cot u + \dfrac{1}{2}\ln\left|u^2+1\right|\ \Bigg]_a^b$

2) $\displaystyle\int_a^b arccos\ u\ du = u\,arccos\ u - \sqrt{1-u^2}\ \Bigg]_a^b$

5) $\displaystyle\int_a^b arc\sec u\ du = u\,arc\sec u - \ln\left|u+\sqrt{u^2-1}\right|\ \Bigg]_a^b$

3) $\displaystyle\int_a^b arctan\ u\ du = u\,arctan\ u - \dfrac{1}{2}\ln\left|u^2+1\right|\ \Bigg]_a^b$

6) $\displaystyle\int_a^b arc\csc u\ du = u\,arc\csc u + \ln\left|u+\sqrt{u^2-1}\right|\ \Bigg]_a^b$

Ejemplos:

1) $\displaystyle\int_{-1}^{1} 3arccos\dfrac{x}{2}\,dx = 3(2)\int_{-1}^{1}arccos\dfrac{x}{2}\left(\dfrac{dx}{2}\right) = 6\left(\dfrac{x}{2}arccos\dfrac{x}{2} - \sqrt{1-\left(\dfrac{x}{2}\right)^2}\right)\Bigg]_{-1}^{1}$

$\displaystyle = 6\left(\dfrac{(1)}{2}arccos\dfrac{(1)}{2} - \sqrt{1-\left(\dfrac{(1)}{2}\right)^2}\right) - 6\left(\dfrac{(-1)}{2}arccos\dfrac{(-1)}{2} - \sqrt{1-\left(\dfrac{(-1)}{2}\right)^2}\right)$

$= 6\left(0.5235 - 0.8660\right) - 6\left(-1.0472 - 0.8660\right) = -2.055 + 11.4792 = 9.4242$

2) $\displaystyle\int^2 \dfrac{arc\sec(2x-1)}{2}\,dx = \dfrac{1}{2}\left(\dfrac{1}{2}\right)\int^2 arc\sec(2x-1)(2dx)$

$\displaystyle = \dfrac{1}{4}\left[(2x-1)arc\sec(2x-1) - \ln\left|(2x-1)+\sqrt{(2x-1)^2-1}\right|\right]_1^2$

$\displaystyle = \dfrac{1}{4}\left[(2(2)-1)arc\sec(2(2)-1) - \ln\left|(2(2)-1)+\sqrt{(2(2)-1)^2-1}\right|\right]$

$\displaystyle \quad - \dfrac{1}{4}\left[(2(1)-1)arc\sec(2(1)-1) - \ln\left|(2(1)-1)+\sqrt{(2(1)-1)^2-1}\right|\right]$

$\displaystyle = \dfrac{1}{4}\left[3arc\sec(3) - \ln\left|3+\sqrt{8}\right|\right] - \dfrac{1}{4}\left[arc\sec(1) - \ln\left|1+\sqrt{0}\right|\right] \approx \dfrac{1}{4}\left[3.6928 - 1.7627\right] - \dfrac{1}{4}\left[0-0\right] \approx 0.4825$

Integración definida de funciones hiperbólicas que contienen u.

Fórmulas de integración definida de funciones hiperbólicas que contienen u.

1) $\displaystyle\int_a^b senh\, u\, du = \cosh u \;\Big]_a^b$

2) $\displaystyle\int_a^b \cosh u\, du = senh\, u \;\Big]_a^b$

3) $\displaystyle\int_a^b \tanh u\, du = \ln|\cosh u| \;\Big]_a^b$

4) $\displaystyle\int_a^b \coth u\, du = \ln|senh\, u| \;\Big]_a^b$

5) $\displaystyle\int_a^b \sec h\, u\, du = 2\arctan\left(\tanh\frac{u}{2}\right)\Big]_a^b$

6) $\displaystyle\int_a^b \csc h\, u\, du = \ln\left|\tanh\frac{u}{2}\right|\Big]_a^b$

7) $\displaystyle\int_a^b \sec h^2\, u\, du = \tanh u \;\Big]_a^b$

8) $\displaystyle\int_a^b \csc h^2\, u\, du = -\coth u \;\Big]_a^b$

9) $\displaystyle\int_a^b \sec h\, u\tanh u\, du = -\sec h u \;\Big]_a^b$

10) $\displaystyle\int_a^b \csc h\, u\coth u\, du = -\csc h u \;\Big]_a^b$

Ejemplos:

1) $\displaystyle\int_{-1}^1 2\cosh 3x\,dx = (2)\left(\frac{1}{3}\right)\int_{-1}^1 \cosh 3x\,(3dx) = \frac{2}{3}senh\,3x\Big]_{-1}^1 = \left[\frac{2}{3}senh3(1)\right]-\left[\frac{2}{3}senh3(-1)\right]$

$\approx (6.6785 - (-6.6785)) \approx 13.3572$

2) $\displaystyle\int_0^1 \frac{\sec h\,2x\tanh 2x}{3}\,dx = \left(\frac{1}{3}\right)\left(\frac{1}{2}\right)\int_0^1 \sec h\,2x\tanh 2x\,(2dx) = -\frac{1}{6}\sec h\,2x\Big]_0^1$

$= \left[-\frac{1}{6}\sec h\,2(1)\right]-\left[-\frac{1}{6}\sec h\,2(0)\right] = (-0.0443 - (-0.1666)) \approx 0.1223$

Integración definida de funciones hiperbólicas inversas que contienen u.

Fórmulas de integración definida de funcione hiperbólicas inversas que contienen u.

1) $\displaystyle\int_a^b arcsenh\, u\, du = u\, arcsenh\, u - \sqrt{u^2+1}\,\Big]_a^b$

2) $\displaystyle\int_a^b arccos h\, u\, du = u\, arccos h\, u - \sqrt{u^2-1}\,\Big]_a^b$

3) $\displaystyle\int_a^b \arctan h\, u\, du = u\arctan h\, u + \frac{1}{2}\ln|u^2-1|\,\Big]_a^b$

4) $\displaystyle\int_a^b arc\coth u\, du = u\, arc\coth u + \frac{1}{2}\ln|u^2-1|\,\Big]_a^b$

5) $\displaystyle\int_a^b arc\sec h\, u\, du = u\, arc\sec h\, u - \arctan\frac{-u}{\sqrt{1-u^2}}\,\Big]_a^b$

6) $\displaystyle\int_a^b arc\csc h\, u\, du = u\, arc\csc h\, u + \ln\left|u+\sqrt{u^2+1}\right|\,\Big]_a^b$

Ejemplos:

1) $\int_0^1 3\,arcsenh\dfrac{x}{2}\,dx = (3)(2)\int_0 arcsenh\dfrac{x}{2}\left(\dfrac{dx}{2}\right) = 6\left(\dfrac{x}{2}\right)arcsenh\dfrac{x}{2} - 6\sqrt{\left(\dfrac{x}{2}\right)^2 + 1}\ \Big]_0^1$

$= 3x\,arcsenh\dfrac{x}{2} - 6\sqrt{\dfrac{x^2}{4} + 1}\ \Big]_0^1 = \left[3(1)arcsenh\left(\dfrac{(1)}{2}\right) - 6\sqrt{\left(\dfrac{(1)^2}{4}\right) + 1}\ \right]$

$- \left[3(0)arcsenh\left(\dfrac{(0)}{2}\right) - 6\sqrt{\left(\dfrac{(0)}{4}\right)^2 + 1}\ \right] \approx [1.4436 - 6.7082] - [0 - 6] \approx 0.7354$

2) $\int_1^{10} \dfrac{arc\,csc\,h3x}{2}\,dx = \left(\dfrac{1}{2}\right)\left(\dfrac{1}{3}\right)\int_1^{10} arccsh3x(3dx) = \left(\dfrac{1}{6}\right)\left[(3x)arc\,csc\,h(3x) + \ln\left|(3x) + \sqrt{(3x)^2 + 1}\right|\right]\Big]_1^{10}$

$= \dfrac{x}{2}arc\,csc\,h3x + \dfrac{1}{6}\ln\left|3x + \sqrt{9x^2 + 1}\right|\Big]_1^{10} = \left(\dfrac{(10)}{2}arc\,csc\,3(10) + \dfrac{1}{6}\ln\left|3(10) + \sqrt{9(10)^2 + 1}\right|\right)$

$- \left(\dfrac{(1)}{2}arc\,csc\,h3(1) + \dfrac{1}{6}\ln\left|3(1) + \sqrt{9(1)^2 + 1}\right|\right) \approx (0.1666 + 0.6824) - (0.1637 + 0.3030) \approx 0.3823$

Ejercicios:

Tipo I. Por las fórmulas de integración definida de funciones algebraicas que contienen "u"; obtener:

1) $\int_0^4 (2x + 1)^3\,dx$ 2) $\int_{-1}^0 \dfrac{3}{(1 - 2x)^2}\,dx$ 3) $\int_1^3 \dfrac{2}{1 + 4x}\,dx$

Tipo II. Por las fórmulas de integración definida de funciones exponenciales que contienen "u"; obtener:

1) $\int_0^2 \dfrac{3e^{2x}}{4}\,dx$ 2) $\int_{-1}^0 3e^{(3x-1)}\,dx$ 3) $\int_1^3 2(3)^{\frac{x}{4}}\,dx$

Tipo III. Por las fórmulas de integración definida de funciones logarítmicas que contienen "u"; obtener:

1) $\int_1^2 5\ln 2x\,dx$ 1) $\int_2^4 \dfrac{3\ln(4x - 1)}{2}\,dx$ 3) $\int_0^5 \dfrac{3\log_{10}(2x + 1)}{5}\,dx$

Tipo IV. Por las fórmulas de integración definida de funciones trigonométricas que contienen "u"; obtener:

1) $\int_0^\pi \dfrac{5sen2x}{4}\,dx$ 2) $\int_{-\frac{\pi}{2}}^{\frac{\pi}{2}} \dfrac{5\cos(2x - 1)}{3}\,dx$ 3) $\int_0^\pi \dfrac{3\sec 5x}{10}\,dx$

Tipo V. Por las fórmulas de integración definida de funciones trigonométricas inversas que contienen "u"; obtener:

1) $\int_0^1 3arcsen2x\,dx$ 2) $\int_0^3 \dfrac{\arctan(2x + 1)}{4}\,dx$ 3) $\int_1^2 \dfrac{arc\,csc\,2x}{6}\,dx$

Tipo VI. Por las fórmulas de integración definida de funciones hiperbólicas que contienen "u"; obtener:

1) $\int_0^1 5senh2x\,dx$ 2) $\int_{-1}^0 \dfrac{\tanh(3x - 1)}{2}\,dx$ 3) $\int_{-3}^3 \dfrac{3\sec h3x}{5}\,dx$

Tipo VII. Por las fórmulas de integración definida de funciones hiperbólicas inversas que contienen "u"; obtener:

1) $\int_0^2 \dfrac{3\arccos h2x}{5}\,dx$ 2) $\int_2^3 2arc\coth 3x\,dx$ 3) $\int_{-2}^{-1} \dfrac{3arc\,csc\,h2x}{5}\,dx$

Clase: 3.6 Integración definida de funciones que contienen las formas $u^2 \pm a^2$.
 Guía:
- Integración definida de funciones que contienen las formas $u^2 \pm a^2$.   - Ejemplos.
- Fórmulas de integración definida de funciones que contienen las formas $u^2 \pm a^2$.   - Ejercicios.

<u>Integración definida de funciones que contienen las formas $u^2 \pm a^2$.</u>

Fórmulas de integración definida de funciones que contienen las formas $u^2 \pm a^2$ $\quad \forall \quad a > 0$

1) $\displaystyle\int_a^b \frac{du}{u^2+a^2} = \frac{1}{a}\arctan\frac{u}{a}\Big]_a^b$

6) $\displaystyle\int_a^b \frac{du}{\sqrt{a^2-u^2}}\,du = arcsen\frac{u}{a}\Big]_a^b$

2) $\displaystyle\int_a^b \frac{du}{u^2-a^2} = \frac{1}{2a}\ln\left|\frac{u-a}{u+a}\right|\Big]_a^b$

7) $\displaystyle\int_a^b \frac{du}{u\sqrt{u^2+a^2}} = -\frac{1}{a}\ln\left|\frac{a+\sqrt{u^2+a^2}}{u}\right|\Big]_a^b$

3) $\displaystyle\int_a^b \frac{du}{a^2-u^2} = \frac{1}{2a}\ln\left|\frac{u+a}{u-a}\right|\Big]_a^b$

8) $\displaystyle\int_a^b \sqrt{u^2+a^2}\,du = \frac{u}{2}\sqrt{u^2+a^2} + \frac{a^2}{2}\ln\left|u+\sqrt{u^2+a^2}\right|\Big]_a^b$

4) $\displaystyle\int_a^b \frac{du}{\sqrt{u^2+a^2}} = \ln\left|u+\sqrt{u^2+a^2}\right|\Big]_a^b$

9) $\displaystyle\int_a^b \sqrt{u^2-a^2}\,du = \frac{u}{2}\sqrt{u^2-a^2} - \frac{a^2}{2}\ln\left|u+\sqrt{u^2-a^2}\right|\Big]_a^b$

5) $\displaystyle\int_a^b \frac{du}{\sqrt{u^2-a^2}} = \ln\left|u+\sqrt{u^2-a^2}\right|\Big]_a^b$

10) $\displaystyle\int_a^b \sqrt{a^2-u^2}\,du = \frac{u}{2}\sqrt{a^2-u^2} + \frac{a^2}{2}arcsen\frac{u}{a}\Big]_a^b$

<u>Ejemplos:</u>

1) $\displaystyle\int_{-5}^5 \frac{5\,dx}{4x^2+9} = \left\langle \begin{array}{l} \displaystyle\int_a^b \frac{du}{u^2+a^2} = \frac{1}{a}\arctan\frac{u}{a}\Big]_a^b \\[2mm] u^2=4x^2;\quad u=2x;\quad du=2dx \\[2mm] a^2=9;\quad a=3 \end{array} \right\rangle$

$= 5\left(\frac{1}{2}\right)\displaystyle\int_{-5}^5 \frac{(2\,dx)}{4x^2+3} = \frac{5}{2}\left(\frac{1}{3}\arctan\frac{2x}{3}\right)\Big]_{-5}^5$

$= \left(\frac{5}{6}\arctan\frac{10}{3}\right) - \left(\frac{5}{6}\arctan\frac{-10}{3}\right)$

$\approx 1.0661 + 1.0661 \approx 2.1322$

2) $\displaystyle\int_{\frac{1}{2}}^{1} \frac{1}{1-2x^2}\,dx = \left\langle \begin{array}{l} \displaystyle\int_a^b \frac{du}{a^2-u^2} = \frac{1}{2a}\ln\left|\frac{u+a}{u-a}\right|\Big]_a^b \\[2mm] a^2=1;\quad a=1; \\[2mm] u^2=2x;\quad u=x\sqrt{2};\quad du=\sqrt{2}\,dx \end{array} \right\rangle$

$= \left(\frac{1}{\sqrt{2}}\right)\displaystyle\int_{\frac{1}{2}}^{1} \frac{(\sqrt{2}\,dx)}{1-2x^2} = \frac{1}{2\sqrt{2}}\ln\left|\frac{x\sqrt{2}+1}{x\sqrt{2}-1}\right|\Big]_{\frac{1}{2}}^{1}$

$= \left(\frac{1}{2\sqrt{2}}\ln\left|\frac{\frac{1}{2}\sqrt{2}+1}{\frac{1}{2}\sqrt{2}-1}\right|\right) - \left(\frac{1}{2\sqrt{2}}\ln\left|\frac{-\frac{1}{2}\sqrt{2}+1}{-\frac{1}{2}\sqrt{2}-1}\right|\right) \approx \left(\frac{1}{2\sqrt{2}}\ln\left|\frac{1.7071}{-0.2928}\right|\right) - \left(\frac{1}{2\sqrt{2}}\ln\left|\frac{0.2928}{-1.7071}\right|\right)$

$\approx \left(\frac{1}{2\sqrt{2}}\ln|-5.8280|\right) - \left(\frac{1}{2\sqrt{2}}\ln|-0.1715|\right) \approx \frac{1}{2\sqrt{2}}(1.7626) - \frac{1}{2\sqrt{2}}(-1.7630) \approx 0.6231 + 0.6233 \approx 1.2464$

3) $\displaystyle\int_3^4 \frac{3dx}{2\sqrt{x^2-5}} = \left\langle \begin{array}{l} \displaystyle\int_a^b \frac{du}{\sqrt{u^2-a^2}} = \ln\left|u+\sqrt{u^2-a^2}\right|\Big]_a^b \\[2mm] u^2=x^2; \quad u=x; \quad du=dx \\[2mm] a^2=5; \quad a=\sqrt{5} \\[2mm] \left.\right]_a^b = \left.\right]_3^4 \end{array} \right\rangle = \frac{3}{2}\int_3^4 \frac{(dx)}{\sqrt{(x)^2-(\sqrt{5})^2}} = \frac{3}{2}\ln\left|x+\sqrt{x^2-5}\right|\Big]_3^4$

$$= \left[\frac{3}{2}\ln\left|4+\sqrt{(4)^2-5}\right|\right] - \left[\frac{3}{2}\ln\left|3+\sqrt{(3)^2-5}\right|\right] = 2.985 - 2.414 = 0.571$$

4) $\displaystyle\int_{-1}^2 \sqrt{4x^2+1}\,dx = \left\langle \begin{array}{l} \displaystyle\int_a^b \sqrt{u^2+a^2}\,du = \frac{u}{2}\sqrt{u^2+a^2} + \frac{a^2}{2}\ln\left|u+\sqrt{u^2+a^2}\right|\Big]_a^b \\[3mm] u^2=4x^2; \quad u=2x; \quad du=2dx; \quad a^2=1; \quad a=1 \end{array} \right\rangle = \left(\frac{1}{2}\right)\int_{-1}^2 \sqrt{4x^2+1}\,(2dx)$

$$= \frac{1}{2}\left[\frac{(2x)}{2}\sqrt{4x^2+1} + \frac{(1)^2}{2}\ln\left|(2x)+\sqrt{4x^2+1}\right|\right]_{-1}^2 = \frac{x}{2}\sqrt{4x^2+1} + \frac{1}{4}\ln\left|2x+\sqrt{4x^2+1}\right|\Big]_{-1}^2$$

$$= \left[\frac{(2)}{2}\sqrt{4(2)^2+1} + \frac{1}{4}\ln\left|2(2)+\sqrt{4(2)^2+1}\right|\right] - \left[\frac{(-1)}{2}\sqrt{4(-1)^2+1} + \frac{1}{4}\ln\left|2(-1)+\sqrt{4(-1)^2+1}\right|\right]$$

$$= \left(\sqrt{17} + \frac{1}{4}\ln\left|4+\sqrt{17}\right|\right) - \left(-\frac{\sqrt{5}}{2} + \frac{1}{4}\ln\left|-2+\sqrt{5}\right|\right) \approx 4.1231 + 0.5236 + 1.1180 + 0.3609 \approx 6.1256$$

5) $\displaystyle\int_0^2 \frac{\sqrt{y^2+4}}{2}\,dy = \frac{1}{2}\int_0^2 \sqrt{y^2+4}\,dy = \left\langle \begin{array}{l} \displaystyle\int_a^b \sqrt{u^2+a^2}\,du = \frac{u}{2}\sqrt{u^2+a^2} + \ln\left|u+\sqrt{u^2+a^2}\right|\Big]_a^b \\[3mm] u^2=y^2; \quad u=y; \quad du=dy; \quad a^2=4; \quad a=2 \end{array} \right\rangle$

$$= \frac{1}{2}\left[\frac{(y)}{2}\sqrt{y^2+4} + \frac{(4)}{2}\ln\left|(y)+\sqrt{y^2+4}\right|\right]_0^2 = \frac{y}{4}\sqrt{y^2+4} + \ln\left|(y)+\sqrt{y^2+4}\right|\Big]_0^2$$

$$= \left[\frac{(2)}{4}\sqrt{(2)^2+4} + \ln\left|(2)+\sqrt{(2)^2+4}\right|\right] - \left[\frac{(0)}{4}\sqrt{(0)^2+(4)} + \ln\left|(0)+\sqrt{(0)^2+(4)}\right|\right]$$

$$\approx 1.4142 + 1.5745 - 0 - 0.6931 \approx 2.2956$$

Ejercicios:

Tipo I. Por las fórmulas de integración definida de funciones que contienen las formas $u^2 \pm a^2$ integrar:

1) $\displaystyle\int_{-2}^2 \frac{dx}{4+x^2}$

2) $\displaystyle\int_{-5}^0 \frac{5}{x^2+9}\,dx$

3) $\displaystyle\int_{\frac{1}{2}}^{1} \frac{2}{4-9x^2}\,dx$

4) $\displaystyle\int_{-1}^1 \frac{2}{3x^2-8}\,dx$

5) $\displaystyle\int_{-6}^{-4} \frac{dx}{\sqrt{x^2+1}}$

6) $\displaystyle\int_3^4 \frac{2}{\sqrt{2x^2-16}}\,dx$

7) $\displaystyle\int_{\frac{1}{2}}^{\frac{1}{2}} \frac{5}{\sqrt{16-4x^2}}\,dx$

8) $\displaystyle\int_2^4 3\sqrt{2x^2-4}\,dx$

9) $\displaystyle\int_{\frac{1}{4}}^{\frac{1}{4}} \frac{5\sqrt{10-5x^2}}{3}\,dx$

Clase: 3.7 Integrales impropias.
 Guía:
- Definición de las integrales impropias.
- Clasificación de las integrales impropias.
- Cálculo de las integrales impropias.
- Ejemplos.
- Ejercicios.

Definición de las integral impropia:

Son las integrales definidas de funciones que se caracterizan porque al menos uno de los extremos del intervalos es infinito; o bien presentan al menos un punto de discontinuidad.

Las integrales impropias son evaluables si existe el límite y se dice que la función es convergentes; en cambio no son evaluables si no existe el límite y se dice que la función es divergentes.

Clasificación de las integrales impropias:

Las integrales impropias se clasifican según su intervalo de definición, así tenemos:

Clasificación	Sub tipo	Intervalo	Representación gráfica	Estructuración de la integral
Tipo 1 ó de 1ª clase Característica: Presentan al menos un intervalo infinito	1A	$(-\alpha, a\,]$	$y = f(x)$ $-\infty \quad t_1 \qquad a$	$\int_{-\alpha}^{a} f(x)dx = \underset{t_1 \to -\alpha}{lim} \int_{t_1}^{a} f(x)dx$
	1B	$[\,b, \alpha)$	$y = f(x)$ $b \quad t_2 \quad \infty$	$\int_{b}^{\alpha} f(x)dx = \underset{t_2 \to \alpha}{lim} \int_{b}^{t_2} f(x)\,dx$
	1C	$(-\alpha, \alpha)$	$y = f(x)$ $-\infty \quad t_1 \quad c \quad t_2 \quad \infty$	$\int_{-\alpha}^{\alpha} f(x)\,dx$ $= \int_{-\alpha}^{c} f(x)\,dx + \int_{c}^{\alpha} f(x)\,dx$ $= \underset{t_1 \to -\alpha}{lim} \int_{1}^{c} f(x)dx + \underset{t_2 \to \alpha}{lim} \int_{c}^{t_2} f(x)dx$

Tipo 2 ó de 2ª clase Característica: Presentan al menos un punto de discontinuidad	2A	$[a, b)$	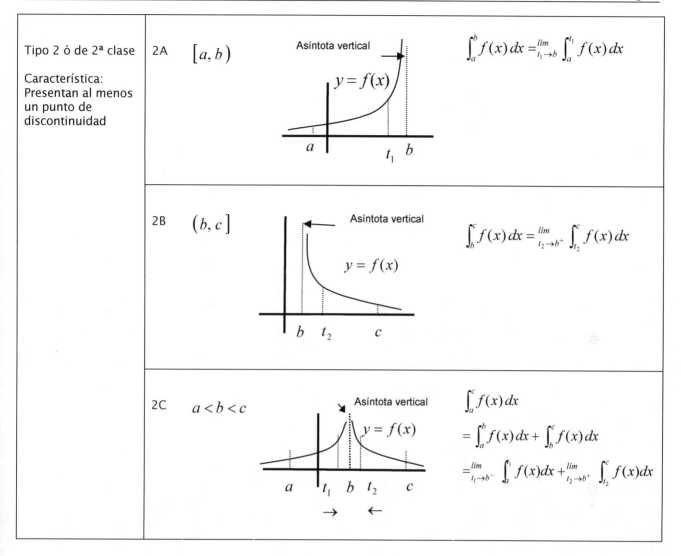

Para 2A:
$$\int_a^b f(x)\,dx = \lim_{t_1 \to b} \int_a^{t_1} f(x)\,dx$$

Para 2B $(b, c]$:
$$\int_b^c f(x)\,dx = \lim_{t_2 \to b^+} \int_{t_2}^c f(x)\,dx$$

Para 2C $a < b < c$:
$$\int_a^c f(x)\,dx$$
$$= \int_a^b f(x)\,dx + \int_b^c f(x)\,dx$$
$$= \lim_{t_1 \to b^-} \int_a^{t_1} f(x)\,dx + \lim_{t_2 \to b^+} \int_{t_2}^c f(x)\,dx$$

Ejemplo 1) Dada la función $y = \dfrac{1}{x^2}$ y extremos de intervalos $x = -2;\ y\ \ x = 1$:

a) Haga el bosquejo de la gráfica.
b) Determine los intervalos sujetos a una posible evaluación de la integral impropia.
c) Clasifíquela según corresponda.
d) Estructurar las integrales impropia.

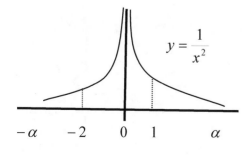

a) En el intervalo $(-\alpha, 2]$ Integral impropia tipo 1
b) En el intervalo $[1, \alpha)$ Integral impropia tipo 1
c) En el intervalo $[-2, 0)$ Integral impropia tipo 2
d) En el intervalo $(0, 1]$ Integral impropia tipo 2
e) En el intervalo $[-2, 1]$ Integral impropia tipo 2

a) $\displaystyle\int_{-\alpha}^{2}\frac{1}{x^2}\,dx=\lim_{t_1\to-\alpha}\int_{t_1}^{2}\frac{1}{x^2}\,dx$ b) $\displaystyle\int_{1}^{\alpha}\frac{1}{x^2}\,dx=\lim_{t_2\to\alpha}\int_{1}^{t_2}\frac{1}{x^2}\,dx$ c) $\displaystyle\int_{-2}^{0}\frac{1}{x^2}\,dx=\lim_{t_1\to0}\int_{-2}^{t_1}\frac{1}{x^2}\,dx$

d) $\displaystyle\int_{0}^{1}\frac{1}{x^2}\,dx=\lim_{t_2\to0}\int_{2}^{1}\frac{1}{x^2}\,dx$ e) $\displaystyle\int_{-2}^{1}\frac{1}{x^2}\,dx=\int_{-2}^{0}\frac{1}{x^2}\,dx+\int_{0}^{1}\frac{1}{x^2}\,dx=\lim_{t_1\to0}\int_{-2}^{t_1}\frac{1}{x^2}\,dx+\lim_{t_2\to0}\int_{2}^{1}\frac{1}{x^2}\,dx$

Ejemplo 2) Dada la función $y=\dfrac{1}{\sqrt{x}}$ y extremos de intervalos $x=0;\quad x=1;\quad y\quad x=\alpha:$

a) Haga el bosquejo de la gráfica.
b) Determine los intervalos sujetos a una posible evaluación de la integral impropia
c) Clasifíquela según corresponda,
d) Estructurar las integrales impropia.

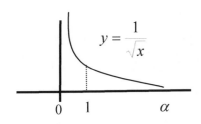

a) En el intervalo $\left(0,1\right]$ Integral impropia tipo 2
b) En el intervalo $\left[1,\alpha\right)$ Integral impropia tipo 1

a) $\displaystyle\int_{0}^{1}\frac{1}{\sqrt{x}}\,dx=\lim_{t_2\to0}\int_{t_2}^{1}\frac{1}{\sqrt{x}}\,dx$

b) $\displaystyle\int_{1}^{\alpha}\frac{1}{\sqrt{x}}\,dx=\lim_{t_2\to\alpha}\int_{1}^{t_2}\frac{1}{\sqrt{x}}\,dx$

Cálculo de las integrales impropias.

Integrales impropias del tipo 1 con intervalo de $(\alpha, a]$.

Ejemplos 1) Sea: $y=\dfrac{1}{x^2}$ Calcula el valor de la integral en el intervalo $\left(-\alpha,-1\right]$.

$$\int_{-\alpha}^{-1}\frac{1}{x^2}\,dx=\lim_{t\to-\alpha}\int_{t}^{-1}x^{-2}\,dx=\left[\lim_{t\to-\alpha}\frac{x^{-1}}{-1}\right]_{t}^{-1}$$

$$=\left[\lim_{t\to-\alpha}-\frac{1}{x}\right]_{t}^{-1}=\lim_{t\to-\alpha}\left[\left(-\frac{1}{-1}\right)-\left(-\frac{1}{-t}\right)\right]=1$$

$y=\dfrac{1}{x^2}$

Ejemplo 2) Sea: $y=\dfrac{1}{2-x}$ Calcula el valor de la integral en el intervalo $\left(-\alpha,1\right]$.

$$\int_{-\alpha}^{1}\frac{1}{2-x}\,dx=(-)\lim_{t\to-\alpha}\int_{t}^{1}\frac{1}{2-x}\,(-dx)=-\lim_{t\to-\alpha}\ln\left|2-x\right|\Big]_{\alpha}^{1}$$

$$=-\lim_{t\to-\alpha}\left[\left(\ln\left|2-(1)\right|\right)-\left(\ln\left|2-(t)\right|\right)\right]$$

$$=0+\alpha=\alpha$$

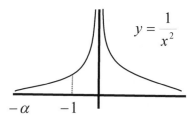

$y=\dfrac{1}{2-x}$

Interpretación del resultado: Esta integral no es evaluable y la función
es divergente.

Ejemplo 3) Sea: $y = e^x$ Calcula el valor de la integral en el intervalo $(-\alpha, 0\,]$.

$$\int_{-\alpha}^{0} e^x\, dx = \lim_{t \to -\alpha} \int_{t}^{0} e^x\, dx = \lim_{t \to -\alpha} e^x \Big]_{t}^{0}$$

$$= \lim_{t \to -\alpha} \left[\left(e^0 \right) - \left(e^t \right) \right] = e^0 - e^{-\alpha} = 1 - 0 = 1$$

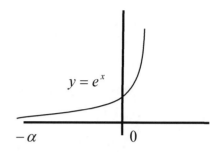

Integrales impropias del tipo 1 con intervalo [b, α).

Ejemplo: Sea: $y = \dfrac{1}{x^2}$ Calcula el valor de la integral en el intervalo $[1, \alpha)$

$$\int_{1}^{\alpha} \frac{1}{x^2}\, dx = \frac{\lim}{t \to \alpha} \int_{1}^{t} x^{-2}\, dx = \left[\frac{\lim}{t \to \alpha} \frac{x^{-1}}{-1} \right]_{1}^{t}$$

$$= \left[\frac{\lim}{t \to \alpha} -\frac{1}{x} \right]_{1}^{t} = \frac{\lim}{t \to \alpha} \left[\left(-\frac{1}{t} \right) - \left(-\frac{1}{1} \right) \right] = 1$$

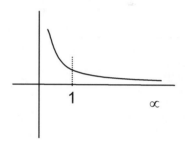

Integrales impropias del tipo 1 con intervalo de (-α, α).

Ejemplo: Sea: $y = \dfrac{1}{x^2 + 1}$ Calcular el valor de la integral en el intervalo: $(-\alpha, \alpha)$

$$\int_{-\alpha}^{\alpha} \frac{1}{x^2 + 1}\, dx = \lim_{t_1 \to -\alpha} \int_{t_1}^{0} \frac{1}{x^2 + 1}\, dx + \lim_{t_2 \to \alpha} \int_{0}^{t_2} \frac{1}{x^2 + 1}\, dx$$

$$= \lim_{t_1 \to -\alpha} \left[arc\ tan\ x \right]_{t_1}^{0} + \lim_{t_2 \to \alpha} \left[arc\ tan\ x \right]_{0}^{t_2}$$

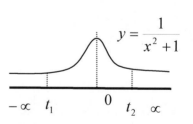

$$= \lim_{t_1 \to -\alpha} \left[\left(arc\ tan\ 0 \right) - \left(arc\ tan\ t_1 \right) \right] + \lim_{t_2 \to \alpha} \left[\left(arc\ tan\ t_2 \right) - \left(arc\ tan\ 0 \right) \right]$$

$$= \left(0 - -\frac{\pi}{2} \right) + \left(\frac{\pi}{2} - 0 \right) = \pi$$

Integrales impropias del tipo 2 con intervalo de [a, b) y discontinuidad en b.

Ejemplo: Sea: $y = \dfrac{1}{\sqrt{-x}}$ Calcula el valor de la integral en el intervalo $[-4, 0)$.

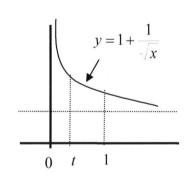

$$\int_{-4}^{0} \frac{1}{\sqrt{-x}}\,dx = \left\langle \begin{array}{l} \displaystyle\int_{a}^{b} f(x)\,dx = \lim_{t \to b^{-}} \int_{a}^{t} f(x)\,dx \\[2mm] f(x) = \dfrac{1}{\sqrt{-x}} \\[2mm] a = -4; \quad b = 0 \end{array} \right\rangle$$

$$= \lim_{t \to 0^{-}} \int_{-4}^{t} \frac{1}{\sqrt{-x}}\,dx = \lim_{t \to 0^{-}} (-1)\int_{-4}^{0} \left(-x\right)^{-\frac{1}{2}}(-1\,dx)$$

$$= -\lim_{t \to 0^{-}} \left(\frac{(-x)^{\frac{1}{2}}}{\frac{1}{2}}\right)\Bigg]_{-4}^{0} = \left[-2\lim_{t \to 0^{-}}\sqrt{-(0)}\,\right] - \left[-2\lim_{t \to 0^{-}}\sqrt{-(-4)}\,\right] = 0 + 2\sqrt{4} = 4$$

Integrales impropias del tipo 2 con intervalo de (b, c] y discontinuidad en b.

Ejemplo: Sea: $y = 1 + \dfrac{1}{\sqrt{x}}$ Calcula el valor de la integral en el intervalo: $(0,1]$.

$$\int_{0}^{1}\left(1 + \frac{1}{\sqrt{x}}\right)dx = \lim_{t \to 0^{-}} \int_{t}^{1}\left(1 + \frac{1}{\sqrt{x}}\right)dx = \lim_{t \to 0^{+}} \int_{t}^{1}\left(1 + \frac{1}{\sqrt{x}}\right)dx$$

$$= \lim_{t \to 0^{-}} \left[x + 2\sqrt{x}\,\right]_{t}^{1} = \lim_{t \to 0^{+}} \left[\left(1 + 2\sqrt{1}\right) - \left(t + 2\sqrt{t}\right)\right]$$

$$= \left[(1 + 2) - (0 + 0)\right] = 3$$

Integrales impropias del tipo 2 con intervalo de $a < b < c$ y discontinuidad en b.

Ejemplo: Sea: $y = \dfrac{3}{\sqrt[3]{x^2 - 4x + 4}}$ Calcula el valor de la integral en el intervalo: $[0, 4]$

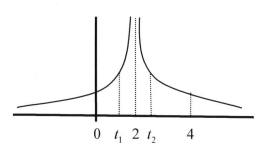

$$\int_0^4 \frac{3dx}{\sqrt[3]{x^2 - 4x + 4}} = \int_0^4 \frac{3dx}{\sqrt[3]{(x-2)^2}}$$

$$= 3\int_0^2 \frac{dx}{\sqrt[3]{(x-2)^2}} + 3\int_2^4 \frac{dx}{\sqrt[3]{(x-2)^2}}$$

$$= \lim_{t_1 \to 2^-} 3\int_0^{t_1} \frac{dx}{\sqrt[3]{(x-2)^2}} + \lim_{t_2 \to 2^+} 3\int_{t_1}^4 \frac{dx}{\sqrt[3]{(x-2)^2}}$$

$$= \lim_{t_1 \to 2^-} 3\int_0^{t_1} \frac{dx}{\sqrt[3]{(x-2)^2}} + \lim_{t_2 \to 2^+} 3\int_{t_1}^4 \frac{dx}{\sqrt[3]{(x-2)^2}} = \lim_{t_1 \to 2^-} \left[\frac{3(x-2)^{1/3}}{1/3}\right]_0^{t_1} + \lim_{t_2 \to 2^+} \left[\frac{3(x-2)^{1/3}}{1/3}\right]_{t_2}^4$$

$$= 9 \lim_{t_1 \to 2^-} \sqrt[3]{x-2}\ \Big]_0^{t_1} + 9 \lim_{t_2 \to 2^+} \sqrt[3]{x-2}\ \Big]_{t_2}^4 = \left[9 \lim_{t_1 \to 2^-} \sqrt[3]{(t_1)-2} + 9 \lim_{t_2 \to 2^+} \sqrt[3]{(4)-2}\right]$$

$$-\left[9 \lim_{t_1 \to 2^-} \sqrt[3]{(0)-2} + 9 \lim_{t_2 \to 2^+} \sqrt[3]{(t_2)-2}\right] = (0 + 11.3393) - (-11.3393 + 0) = 22.6786$$

Ejercicios:

Tipo I. Dada la función y extremos de intervalos:
 a) Haga el bosquejo de la gráfica.
 b) Determine los intervalos sujetos a una posible evaluación de la integral impropia
 c) Clasifíquela según corresponda.

1) $y = -\dfrac{1}{x}$ $\quad x = -\alpha; \quad x = -1; \quad x = 0;$

2) $y = \dfrac{1}{\sqrt{-x}}$ $\quad x = -\alpha; \quad x = -1; \quad x = 0$

3) $y = \dfrac{4}{x^2 + 4}$ $\quad x = -\alpha; \quad x = -1; \quad x = 0 \quad x = 1; \quad x = \alpha$

4) $y = \dfrac{1}{\sqrt{1-x}}$ $\quad x = -\alpha; \quad x = 0; \quad x = 1$

5) $y = \dfrac{1}{\sqrt{x+1}}$ $\quad x = -1; \quad x = 0; \quad x = \alpha$

Tipo II. Calcular el valor de las integrales impropias tipo 1 con intervalo $(\alpha, a]$; en el intervalo que se indica.

1) $y = -\dfrac{1}{x}$ $\quad (-\alpha, -1]$

2) $y = \dfrac{1}{x}$ $\quad (-\alpha, -2]$

3) $y = \dfrac{1}{\sqrt{-x}}$ $\quad (-\alpha, -1]$

4) $y = \dfrac{1}{\sqrt{1-x}}$ $\quad (-\alpha, 0]$

5) $y = \dfrac{1}{x^2 + 4}$ $\quad (-\alpha, 2]$

6) $y = \dfrac{10}{2x^2 + 3}$ $\quad (-\alpha, -4]$

Tipo III. Calcular el valor de las integrales impropias tipo 1 con intervalo [b, α); en el intervalo que se indica.

1) $y = -\dfrac{1}{x}$ $[1, \alpha)$ 3) $y = \dfrac{1}{\sqrt{x}}$ $[1, \alpha)$ 5) $y = \dfrac{1}{x^2 + 4}$ $[2, \alpha)$

2) $y = \dfrac{1}{x}$ $[1, \alpha)$ 4) $y = \dfrac{1}{\sqrt{x+1}}$ $[0, \alpha)$

Tipo IV. Calcular el valor de las integrales impropias tipo 1 con intervalo (-α, α); en el intervalo que se indica.

1) $y = \dfrac{1}{x^2 + 9}$ $(-\alpha, \alpha)$ 2) $y = \dfrac{1}{x^2 + 4}$ $(-\alpha, \alpha)$

Tipo V. Calcular el valor de las integrales impropias tipo 2 con intervalo[a, b) y discontinuidad en b; en el intervalo que se indica.

1) $y = -\dfrac{1}{x}$ $[-1, 0)$ 3) $y = \dfrac{1}{\sqrt{-x}}$ $[-3, 0)$ 4) $y = \dfrac{1}{\sqrt{1-x}}$ $[0,1)$

2) $y = \dfrac{1}{x}$ $[-2, 0)$

Tipo VI. Calcular el valor de las integrales impropias tipo 2 con intervalo (b, c] y discontinuidad en b; en el intervalo que se indica.

1) $y = -\dfrac{1}{x}$ $(0, 2]$ 3) $y = \dfrac{1}{\sqrt{x}}$ $(0, 3]$ 4) $y = \dfrac{1}{\sqrt{x+1}}$ $(-1, 0]$

2) $y = \dfrac{1}{x}$ $(0,1]$

Tipo VII. Calcular el valor de las integrales impropias tipo 2 con intervalo de a < b < c y discontinuidad en b; en el intervalo que se indica.

1) $\displaystyle\int_0^2 \dfrac{5dx}{\sqrt[3]{x^2 - 2x + 1}}$ 2) $y = \dfrac{1}{x^2}$ $[-2, 2]$ 3) $y = \dfrac{3}{\sqrt[3]{(2x-1)^2}}$ $[-2, 3]$

Evaluaciones tipo: Unidad 3

	EXAMEN		Número de lista:	
	Cálculo Integral	Unidad: 3		
			Clave: Evaluación tipo 1	

1) $\int_{1}^{4} 2x\,dx$

Indicadores a evaluar:
- Hacer el bosquejo de la gráfica.
- Hacer el cálculo.

Valor: 20 puntos.

2) $\int_{-1}^{1} (x^2 + 4)\,dx$

Indicadores a evaluar:
- Hacer el cálculo.

Valor: 20 puntos.

3) $\int_{-1}^{0} 3\sqrt{1 - 4x}\,dx$

Indicadores a evaluar:
- Hacer el cálculo.

Valor: 20 puntos.

4) $\int_{0}^{\pi/2} \dfrac{3\cos x}{2}\,dx$

Indicadores a evaluar:
- Hacer el bosquejo de la gráfica.
- Hacer el cálculo.

Valor: 20 puntos.

5) $\int_{-4}^{-2} \dfrac{2}{\sqrt[3]{(x+2)^2}}\,dx$

Valor: 20 puntos.

Indicadores a evaluar:
- Hacer el bosquejo de la gráfica.
- Estructurar la integral impropia.
- Hacer el cálculo.

	EXAMEN		Número de lista:	
	Cálculo Integral	Unidad: 3		
			Clave: Evaluación tipo 2	

1) $\int_{-1}^{4} 4\,dx$

Indicadores a evaluar:
- Hacer el bosquejo de la gráfica.
- Hacer el cálculo.

Valor: 20 puntos.

2) $\int_{-2}^{4} (1 - x)\,dx$

Indicadores a evaluar:
- Hacer el cálculo.

Valor: 20 puntos.

3) $\int_{-1}^{0} \sqrt{2x + 2}\,dx$

Indicadores a evaluar:
- Hacer el cálculo.

Valor: 20 puntos.

4) $\int_{0}^{\pi} \dfrac{Sen\,x}{4}\,dx$

Indicadores a evaluar:
- Hacer el bosquejo de la gráfica.
- Hacer el cálculo.

Valor: 20 puntos.

5) $\int_{0}^{3} \dfrac{10\,dx}{4x^2 + 9}$

Indicadores a evaluar:
- Hacer el bosquejo de la gráfica.
- Hacer el cálculo.

Valor: 20 puntos.

Formulario de integración definida de funciones elementales: Unidad 3.

Propiedades de la integral definida de funciones elementales:

1) $\int_a^b f(x)\,dx = 0 \iff a = b$

4) $\int_a^c f(x)\,dx = \int_a^b f(x)\,dx + \int_b^c f(x)\,dx \quad \forall\, a < b < c$

2) $\int_a^b f(x)\,dx = -\int_b^a f(x)\,dx$

5) $\int_a^b \left(f(x) \pm g(x)\right)dx = \int_a^b f(x)\,dx \pm \int_a^b g(x)\,dx$

3) $\int_a^b k\, f(x)\,dx = k \int_a^b f(x)\,dx$

Fórmulas de integración definida de funciones elementales:

Algebraicas:

1) $\int_a^b 0\,dx = 0$

3) $\int_a^b k\,dx = kx\ \Big]_a^b$

5) $\int_a^b \dfrac{1}{x}\,dx = \ln|x|\ \Big]_a^b$

2) $\int_a^b dx = x\ \Big]_a^b$

4) $\int_a^b x\,dx = \dfrac{x^2}{2}\ \Big]_a^b$

Exponenciales:

1) $\int_a^b e^x\,dx = e^x\ \Big]_a^b$

2) $\int_a^b a^x\,dx = \dfrac{a^x}{\ln a}\ \Big]_a^b$

Logarítmicas:

1) $\int_a^b \ln x\,dx = x(\ln x - 1)\ \Big]_a^b$

2) $\int_a^b \log_a x\,dx = x\left(\log_a \dfrac{x}{e}\right)\Big]_a^b$

Trigonométricas:

1) $\int_a^b sen\,x\,dx = -\cos x\ \Big]_a^b$

4) $\int_a^b \cot x\,dx = \ln|sen\,x|\ \Big]_a^b$

2) $\int_a^b \cos x\,dx = sen\,x\ \Big]_a^b$

5) $\int_a^b \sec x\,dx = \ln|\sec x + \tan x|\ \Big]_a^b$

3) $\int_a^b \tan x\,dx = -\ln|\cos x|\ \Big]_a^b$

6) $\int_a^b \csc x\,dx = \ln|\csc x - \cot x|\ \Big]_a^b$

Trigonométricas inversas:

1) $\int_a^b arcsen\,x\,dx = x\,arcsen\,x + \sqrt{1-x^2}\ \Big]_a^b$

4) $\int_a^b arc\cot x\,dx = x\,arc\cot x + \dfrac{1}{2}\ln|x^2+1|\ \Big]_a^b$

2) $\int_a^b \arccos x\,dx = x\arccos x - \sqrt{1-x^2}\ \Big]_a^b$

5) $\int_a^b arc\sec x\,dx = x\,arc\sec x - \ln|x + \sqrt{x^2-1}|\ \Big]_a^b$

3) $\int_a^b \arctan x\,dx = x\arctan x - \dfrac{1}{2}\ln|x^2+1|\ \Big]_a^b$

6) $\int_a^b arc\csc x\,dx = x\,arc\csc x + \ln|x + \sqrt{x^2-1}|\ \Big]_a^b$

Hiperbólicas:

1) $\displaystyle\int_a^b senh\,x\,dx = \cosh x\,\Big]_a^b$

2) $\displaystyle\int_a^b \cosh x\,dx = senh\,x\,\Big]_a^b$

3) $\displaystyle\int_a^b \tanh x\,dx = \ln\big|\cosh x\big|\,\Big]_a^b$

4) $\displaystyle\int_a^b \coth x\,dx = \ln\big|senh\,x\big|\,\Big]_a^b$

5) $\displaystyle\int_a^b \sec h\,x\,dx = 2\arctan\left(\tanh\frac{x}{2}\right)\Big]_a^b$

6) $\displaystyle\int_a^b \csc h\,x\,dx = \ln\left|\tanh\frac{x}{2}\right|\Big]_a^b$

Hiperbólicas inversas:

1) $\displaystyle\int_a^b arcsenh\,x\,dx = x\,arcsenh\,x - \sqrt{x^2+1}\,\Big]_a^b$

2) $\displaystyle\int_a^b \arccos h\,x\,dx = x\arccos h\,x - \sqrt{x^2-1}\,\Big]_a^b$

3) $\displaystyle\int_a^b \arctan h\,x\,dx = x\arctan h\,x + \frac{1}{2}\ln\big|x^2-1\big|\,\Big]_a^b$

4) $\displaystyle\int_a^b arc\coth x\,dx = x\,arc\coth x + \frac{1}{2}\ln\big|x^2-1\big|\,\Big]_a^b$

5) $\displaystyle\int_a^b arc\sec h\,x\,dx = x\,arc\sec h\,x - \arctan\frac{-x}{\sqrt{1-x^2}}\,\Big]_a^b$

6) $\displaystyle\int_a^b arc\csc h\,x\,dx = x\,arc\csc h\,x + \ln\big|x + \sqrt{x^2+1}\big|\,\Big]_a^b$

Formulario de integración definida de funciones que contienen xⁿ y u: Unidad 3.

Propiedades de la integral definida de funciones que contienen x^n y u.

1) $\displaystyle\int_a^b f(x)\,dx = 0 \iff a = b$

4) $\displaystyle\int_a^c f(x)\,dx = \int_a^b f(x)\,dx + \int_b^c f(x)\,dx \quad \forall\, a < b < c$

2) $\displaystyle\int_a^b f(x)\,dx = -\int_b^a f(x)\,dx$

5) $\displaystyle\int_a^b \big(f(x) \pm g(x)\big)\,dx = \int_a^b f(x)\,dx \pm \int_a^b g(x)\,dx$

3) $\displaystyle\int_a^b k\, f(x)\,dx = k \int_a^b f(x)\,dx$

Fórmula de funciones algebraicas que contienen "xⁿ.

1) $\displaystyle\int_a^b x^n\,dx = \left.\dfrac{x^{n+1}}{n+1}\right]_a^b \quad \forall\, n+1 \neq 0$

Fórmulas de integración definida de funciones que contienen u.

Algebraicas:

1) $\displaystyle\int_a^b du = u\,\Big]_a^b$

2) $\displaystyle\int_a^b u^n\,du = \left.\dfrac{u^{n+1}}{n+1}\right]_a^b$

3) $\displaystyle\int_a^b \dfrac{1}{u}\,du = \ln|u|\,\Big]_a^b$

Exponenciales:

1) $\displaystyle\int_a^b e^u\,du = e^u\,\Big]_a^b$

2) $\displaystyle\int_a^b a^u\,du = \left.\dfrac{a^u}{\ln a}\right]_a^b$

Logarítmicas:

1) $\displaystyle\int_a^b \ln u\,du = u\big(\ln|u| - 1\big)\Big]_a^b$

2) $\displaystyle\int_a^b \log_a u\,du = u\left(\log_a \dfrac{|u|}{e}\right)\Big]_a^b$

Trigonométricas:

1) $\displaystyle\int_a^b sen\,u\,du = -\cos u\,\Big]_a^b$

7) $\displaystyle\int_a^b \sec u \tan u\,du = \sec u\,\Big]_a^b$

2) $\displaystyle\int_a^b \cos u\,du = sen\,u\,\Big]_a^b$

8) $\displaystyle\int_a^b \csc u \cot u\,du = -\csc u\,\Big]_a^b$

3) $\displaystyle\int_a^b \tan u\,du = -\ln|\cos u|\,\Big]_a^b$

9) $\displaystyle\int_a^b \sec^2 u\,du = \tan u\,\Big]_a^b$

4) $\displaystyle\int_a^b \cot u\,du = \ln|sen\,u|\,\Big]_a^b$

10) $\displaystyle\int_a^b \csc^2 u\,du = -\cot u\,\Big]_a^b$

5) $\displaystyle\int_a^b \sec u\,du = \ln|\sec u + \tan u|\,\Big]_a^b$

11) $\displaystyle\int_a^b \sec^3 u\,du = \dfrac{1}{2}\sec u \tan u + \dfrac{1}{2}\ln|\sec u + \tan u|\,\Big]_a^b$

6) $\displaystyle\int_a^b \csc u\,du = \ln|\csc u - \cot u|\,\Big]_a^b$

Trigonométricas inversas:

1) $\displaystyle\int_a^b \arcsen\,u\,du = u\,arcsen\,u + \sqrt{1-u^2}\,\Big]_a^b$

4) $\displaystyle\int_a^b arc\cot u\,du = u\,arc\cot u + \dfrac{1}{2}\ln|u^2+1|\,\Big]_a^b$

2) $\displaystyle\int_a^b \arccos u\,du = u\arccos u - \sqrt{1-u^2}\,\Big]_a^b$

5) $\displaystyle\int_a^b arc\sec u\,du = u\,arc\sec u - \ln\left|u+\sqrt{u^2-1}\right|\,\Big]_a^b$

3) $\displaystyle\int_a^b \arctan u\,du = u\arctan u - \dfrac{1}{2}\ln|u^2+1|\,\Big]_a^b$

6) $\displaystyle\int_a^b arc\csc u\,du = u\,arc\csc u + \ln\left|u+\sqrt{u^2-1}\right|\,\Big]_a^b$

Hiperbólicas:

1) $\displaystyle\int_a^b senh\,u\,du = \cosh u\ \Big]_a^b$

2) $\displaystyle\int_a^b \cosh u\,du = senh\,u\ \Big]_a^b$

3) $\displaystyle\int_a^b \tanh u\,du = \ln\left|\cosh u\right|\ \Big]_a^b$

4) $\displaystyle\int_a^b \coth u\,du = \ln\left|senh\,u\right|\ \Big]_a^b$

5) $\displaystyle\int_a^b \sec h\,u\,du = 2\arctan\left(\tanh\dfrac{u}{2}\right)\ \Big]_a^b$

6) $\displaystyle\int_a^b \csc h\,u\,du = \ln\left|\tanh\dfrac{u}{2}\right|\ \Big]_a^b$

7) $\displaystyle\int_a^b \sec h^2\,u\,du = \tanh u\ \Big]_a^b$

8) $\displaystyle\int_a^b \csc h^2\,u\,du = -\coth u\ \Big]_a^b$

9) $\displaystyle\int_a^b \sec h\,u\tanh u\,du = -\sec h\,u\ \Big]_a^b$

10) $\displaystyle\int_a^b \csc h\,u\coth u\,du = -\csc h\,u\ \Big]_a^b$

Hiperbólicas inversas:

1) $\displaystyle\int_a^b arcsenh\,u\,du = u\,arcsenh\,u - \sqrt{u^2+1}\ \Big]_a^b$

2) $\displaystyle\int_a^b arccos h\,u\,du = u\,arccos h\,u - \sqrt{u^2-1}\ \Big]_a^b$

3) $\displaystyle\int_a^b \arctan h\,u\,du = u\arctan h\,u + \dfrac{1}{2}\ln\left|u^2-1\right|\ \Big]_a^b$

4) $\displaystyle\int_a^b arc\coth u\,du = u\,arc\coth u + \dfrac{1}{2}\ln\left|u^2-1\right|\ \Big]_a^b$

5) $\displaystyle\int_a^b arc\sec h\,u\,du = u\,arc\sec h\,u - \arctan\dfrac{-u}{\sqrt{1-u^2}}\ \Big]_a^b$

6) $\displaystyle\int_a^b arc\csc h\,u\,du = u\,arc\csc h\,u + \ln\left|u+\sqrt{u^2+1}\right|\ \Big]_a^b$

Formulario de integración definida de funciones que contienen las formas $u^2 \pm a^2$: Unidad 3.

1) $\displaystyle\int_a^b \dfrac{du}{u^2+a^2} = \dfrac{1}{a}\arctan\dfrac{u}{a}\ \Big]_a^b$

2) $\displaystyle\int_a^b \dfrac{du}{u^2-a^2} = \dfrac{1}{2a}\ln\left|\dfrac{u-a}{u+a}\right|\ \Big]_a^b$

3) $\displaystyle\int_a^b \dfrac{du}{a^2-u^2} = \dfrac{1}{2a}\ln\left|\dfrac{u+a}{u-a}\right|\ \Big]_a^b$

4) $\displaystyle\int_a^b \dfrac{du}{\sqrt{u^2+a^2}} = \ln\left|u+\sqrt{u^2+a^2}\right|\ \Big]_a^b$

5) $\displaystyle\int_a^b \dfrac{du}{\sqrt{u^2-a^2}} = \ln\left|u+\sqrt{u^2-a^2}\right|\ \Big]_a^b$

6) $\displaystyle\int_a^b \dfrac{du}{\sqrt{a^2-u^2}}\,du = arcsen\dfrac{u}{a}\ \Big]_a^b$

7) $\displaystyle\int_a^b \dfrac{du}{u\sqrt{u^2+a^2}} = -\dfrac{1}{a}\ln\left|\dfrac{a+\sqrt{u^2+a^2}}{u}\right|\ \Big]_a^b$

8) $\displaystyle\int_a^b \sqrt{u^2+a^2}\,du = \dfrac{u}{2}\sqrt{u^2+a^2} + \dfrac{a^2}{2}\ln\left|u+\sqrt{u^2+a^2}\right|\ \Big]_a^b$

9) $\displaystyle\int_a^b \sqrt{u^2-a^2}\,du = \dfrac{u}{2}\sqrt{u^2-a^2} - \dfrac{a^2}{2}\ln\left|u+\sqrt{u^2-a^2}\right|\ \Big]_a^b$

10) $\displaystyle\int_a^b \sqrt{a^2-u^2}\,du = \dfrac{u}{2}\sqrt{a^2-u^2} + \dfrac{a^2}{2}arcsen\dfrac{u}{a}\ \Big]_a^b$

Formulario de integrales impropias: Unidad 3.

Integrales impropias del tipo 1 con intervalo de $(-\alpha, a\,]$:

$$\int_{-\alpha}^{a} f(x)\,dx = \lim_{t\to-\alpha} \int_{t}^{a} f(x)\,dx$$

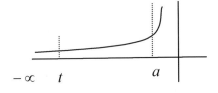

Integrales impropias del tipo 1 con intervalo de $[\,b, \alpha)$:

$$\int_{b}^{\infty} f(x)\,dx = \lim_{t\to\infty} \int_{b}^{t} f(x)\,dx$$

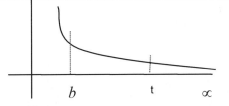

Integrales impropias del tipo 1 con intervalo de $(-\alpha, \alpha)$:

$$\int_{-\alpha}^{\alpha} f(x)\,dx = \int_{-\alpha}^{c} f(x)\,dx + \int_{c}^{\alpha} f(x)\,dx$$

$$= \lim_{t_1\to-\alpha} \int_{t_1}^{c} f(x)\,dx + \lim_{t_2\to\alpha} \int_{c}^{t_2} f(x)\,dx$$

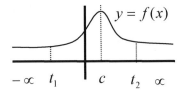

Integrales impropias del tipo 2 con intervalo de $[a,b)$ y discontinuidad en b:

$$\int_{a}^{b} f(x)\,dx = \lim_{t\to b^-} \int_{a}^{t} f(x)\,dx$$

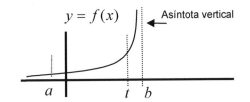

Integrales impropias del tipo 2 con intervalo de $(b,c\,]$ y discontinuidad en a:

$$\int_{b}^{c} f(x)\,dx = \lim_{t\to b^+} \int_{t}^{c} f(x)\,dx$$

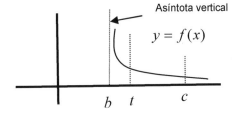

Integrales impropias del tipo 2 con intervalo de $a < b < c$ y discontinuidad en b.

$$\int_{a}^{c} f(x)\,dx = \int_{a}^{b} f(x)\,dx + \int_{b}^{c} f(x)\,dx$$

$$= \lim_{t_1\to b^-} \int_{a}^{t_1} f(x)\,dx + \lim_{t_2\to b^+} \int_{t_2}^{c} f(x)\,dx$$

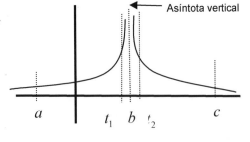

Es difícil y a veces hasta imposible, poder coexistir en una sociedad donde impera la corrupción.

La simulación es otra forma mas de mentir, sólo que ahora se encuentra potenciada con el engaño y es el principio de ser perverso.

Lo bueno de las matemáticas, es que no permiten el uso de estas deficiencias humanas.

José Santos Valdez Pérez

UNIDAD 4. APLICACIONES DE LA INTEGRAL.

Clases:
4.1   Cálculo de longitud de curvas.
4.2   Cálculo de áreas.
4.3   Cálculo de volúmenes.
4.4   Cálculo de momentos y centros de masa.
4.5   Cálculo del trabajo.

- Evaluaciones tipo.
- Formulario de aplicaciones de la integral.

Clase: 4.1 Cálculo de longitud de curvas.
 Guía:
- Conceptos básicos.
- Integral para el cálculo de longitud de curva.   - Ejemplos.
- Método.   - Ejercicios.

Conceptos básicos:

Curva: Es una porción de la gráfica de una función limitada por un intervalo.
Arco: Es una porción limitada de la curva.
Cuerda: Es la recta que toca los puntos extremos de un arco.
Curva rectificable; (Definición):

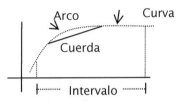

Sean:

R^2 Un plano rectangular.

$[a,b]$ un intervalo cerrado en el eje de las "X".

f la gráfica de una función continua $y = f(x) \in [a,b]$.

$1, 2, 3, \cdots, n$ las particiones del intervalo $[a,b]$ de tal forma que

$\quad x_0 = a; \quad x_0 < x_1 < x_2 < \cdots < x_n; \quad y \quad x_n = b$

Δ una partición en el intervalo $[a,b]$

$\Delta x_i = x_i - x_{i-1}$ una iésima partición de $[a,b]$

ΔL_i la cuerda de Δx_i

$|\Delta L_i|$ la longitud de la cuerda de Δx_i

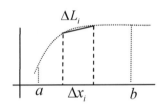

$\sum_{i=1}^{n} |\Delta L_i|$ la sumatoria de las longitudes de todas de la cuerdas en $[a,b]$.

Sí $\Delta x_i \to 0 \quad \therefore \quad n \to \alpha$ que transformada a límites quedaría:

$\lim_{\Delta x_i \to 0} \sum_{n=1}^{\alpha} |\Delta x_i|$ Sí el límite existe entonces se dice que la curva es rectificable.

Integral para el cálculo de longitud de curva.

Sean:

$y = f(x)$ una curva rectificable.

Δx_i un iésimo subintervalo de $[a,b]$

Δy_i un iésimo subintervalo en el eje "Y" como resultado de las imágenes de Δx_i

ΔL_i la iésima hipotenusa del triángulo cuyos catetos son $\Delta x_i \quad y \quad \Delta y_i$

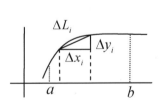

$\sum_{i=1}^{n} |\Delta x_i|$ es la longitud aproximada de la curva en el intervalo $[a,b]$.

Sí $\Delta x_i \to 0 \quad \therefore \quad n \to \alpha$ entonces:

$L = \lim_{\Delta x_i \to 0} \sum_{n=1}^{\alpha} |\Delta x_i|$ es la longitud exacta de la curva en el intervalo $[a,b]$

Como: $\left|\Delta L_i\right| = \sqrt{\left(\Delta x_i\right)^2 + \left(\Delta y_i\right)^2} = \sqrt{\left(\Delta x_i\right)^2 + \left(\Delta y_i\right)^2}\left(\dfrac{\Delta x_i}{\Delta x_i}\right) = \sqrt{\dfrac{\left(\Delta x_i\right)^2}{\left(\Delta x_i\right)^2} + \dfrac{\left(\Delta y_i\right)^2}{\left(\Delta x_i\right)^2}}\left(\Delta x_i\right) = \sqrt{1 + \left(\dfrac{\Delta y_i}{\Delta x_i}\right)^2}\left(\Delta x_i\right)$

Entonces: $L = \displaystyle\lim_{\Delta x_i \to 0}\sum_{n=1}^{\alpha}\left|\Delta x_i\right| = \lim_{\Delta x_i \to 0}\sum_{n=1}^{\alpha}\sqrt{1 + \left(\dfrac{\Delta y_i}{\Delta x_i}\right)^2}\left(\Delta x_i\right)$

Que traducido a una integral, esta quedaría: $L = \displaystyle\int_a^b \sqrt{1 + \left(f'(x)\right)^2}\,dx$

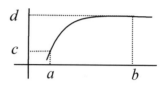

De la misma forma y por paráfrasis matemática $L = \displaystyle\int_c^d \sqrt{1 + \left(f'(y)\right)^2}\,dy$

Método:

1) Haga el bosquejo de las gráficas e identifique la longitud de la curva a calcular.
2) Identifique $a, b, f(x)$ ó $f(y)$
3) Formule la integral para el cálculo de la longitud de la curvas.
4) Calcule la longitud de la curva.

Ejemplos:

1.- Calcular la longitud de la recta $y = 2$ entre el intervalo $x = -1$ y $x = 3$:

$$L = \int_a^b \sqrt{1 + \left(f'(x)\right)^2}\,dx = \left\langle\begin{array}{l} a = -1 \\ b = 3 \\ f(x) = 2 \\ f'(x) = 0 \\ \left[f'(x)\right]^2 = 0 \end{array}\right\rangle \begin{array}{l} = \displaystyle\int_{-1}^3 \sqrt{1+0}\,dx = \int_{-1}^3 \sqrt{1}\,dx = x\ \Big]_{-1}^3 \\[2mm] = (3) - (-1) = 3 + 1 = 4 \end{array}$$

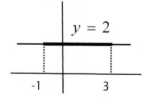

2.- Calcular la longitud de la recta $y = x$ entre el intervalo $x = 1$ y $x = 2$:

$$L = \int_a^b \sqrt{1 + \left(f'(x)\right)^2}\,dx = \left\langle\begin{array}{l} a = 1 \\ b = 2 \\ f(x) = x \\ f'(x) = 1 \\ \left(f'(x)\right)^2 = 1 \end{array}\right\rangle = \int_1^2 \sqrt{1+1}\,dx = x\sqrt{2}\,\Big]_1^2 \approx 1.4142$$

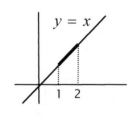

3.- Calcular la longitud de la curva $y = x^2 - 2$ entre el intervalo $x = -1$ y $x = 2$:

$$L = \int_a^b \sqrt{1 + \left(f'(x)\right)^2}\,dx = \left\langle\begin{array}{l} a = -1 \\ b = 2 \\ f(x) = x^2 - 2 \\ f'(x) = 2x \\ \left(f'(x)\right)^2 = 4x^2 \end{array}\right\rangle = \int_{-1}^2 \sqrt{1 + 4x^2}\,dx \approx 6.1256$$

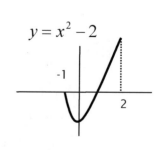

4.- Calcular la longitud de la curva $y = x^2 - 3$ entre el intervalo de intersección con la recta $y = x - 1$:

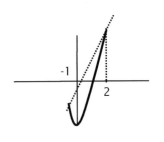

$$L = \int_a^b \sqrt{1 + \left(f'(x)\right)^2}\, dx = \left\langle \begin{array}{l} x^2 - 3 = x - 1; \quad x_1 = -1; \quad x_2 = 2 \\[4pt] a = -1; \quad b = 2 \\[4pt] f(x) = x^2 - 3 \\[4pt] f'(x) = 2x; \quad \left(f'(x)\right)^2 = 4x^2 \end{array} \right\rangle \begin{array}{l} = \int_{-1}^2 \sqrt{1 + 4x^2}\, dx \\[10pt] \approx 6.1256 \end{array}$$

5.- Calcular la longitud de la curva $y = \sqrt{4x}$ entre el intervalo $x = 0$ y $x = 1$:

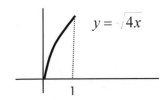

$$L = \int_a^b \sqrt{1 + \left(f'(x)\right)^2}\, dx = \left\langle \begin{array}{l} a = 0; \quad b = 1 \\[4pt] f(x) = \sqrt{4x} \\[4pt] f'(x) = \frac{2}{\sqrt{4x}} = \frac{1}{\sqrt{x}}; \quad \left(f'(x)\right)^2 = \frac{1}{x} \end{array} \right\rangle = \int_0^1 \sqrt{1 + \frac{1}{x}}\, dx$$

El resultado es una integral que parece difícil de resolver en ausencia de software, sin embargo al calcular la longitud de la curva con respecto al eje "Y", se observa que la integral es solucionable con métodos ya conocidos, como lo veremos a continuación.

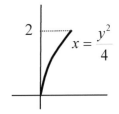

$$L = \int_c^d \sqrt{1 + \left(f'(y)\right)^2}\, dy = \left\langle \begin{array}{l} \text{Sí } y = \sqrt{4x} \quad \therefore \quad x = \frac{y^2}{4} \\[6pt] \text{como } \frac{y^2}{4} = 0 \quad \therefore \quad y = 0 \quad \therefore \quad c - 0 \\[6pt] \text{como } \frac{y^2}{4} = 1 \quad \therefore \quad y = 2 \quad \therefore \quad d = 2 \\[6pt] f(y) = \frac{y^2}{4}; \quad f'(y) = \frac{y}{2}; \quad \left(f'(y)\right)^2 = \frac{y^2}{4} \end{array} \right\rangle$$

$$= \int_0^2 \sqrt{1 + \frac{y^2}{4}}\, dy = \frac{1}{2} \int_0^2 \sqrt{4 + y^2}\, dy \approx 2.2956$$

Ejercicios:

Tipo I. Calcular la longitud de las siguientes curvas en el intervalo especificado:

1) $y = x + 1$ Intervalo: $x = 0$ y $x = 4$ 2) $y = 4 - x^2$ Intervalo: $x = -2$ y $x = 0$

Tipo II. Calcular la longitud de las siguientes curvas en el intervalo especificado:

1) $y = x^2 + 1$ entre el intervalo de intersección con la recta $y = 3$

2) $y = 3 - x^2$ entre el intervalo de intersección con la curva $y = 2x^2$

3) $y = x^2 - 2$ entre el intervalo de intersección con la curva $y = x$

Tipo III. Calcular la longitud de las siguientes curvas en el intervalo especificado:

1) $y = \sqrt{x}$ Intervalo: $x = 1$ y $x = 2$ 3) $y = \sqrt{3x}$ Intervalo: $x = 1$ y $x = 4$

2) $y = 1 + \sqrt{2x}$ Intervalo: $x = 0$ y $x = 2$

Clase: 4.2 Cálculo de áreas.

Guía:
- Clasificación de las áreas.
- Cálculo de áreas limitadas por una función y el eje "x"; que se localizan arriba del eje de las "x".
- Cálculo de áreas limitadas por una función y el eje "x"; que se localizan abajo del eje de las "x".
- Cálculo de áreas limitadas por una función y el eje "x"; que se localizan arriba y abajo del eje de las "x".
- Cálculo de áreas limitadas por dos funciones y localizadas en cualquier parte de R^2.
- Cálculo de áreas limitadas por dos ecuaciones y localizadas en cualquier parte de R^2.
- Ejemplos.
- Ejercicios.

Clasificación de las áreas:

Las áreas para efectos de cálculo se clasifican según sus características y localización, así tenemos:

Clasificación	Localización	Representación gráfica	Estructuración de la integral
Tipo I	Áreas limitadas por una función y el eje "x"; que se localizan arriba del eje de las "x".	$y = f(x)$ A a b	$A = \int_a^b f(x)dx$
Tipo II	Áreas limitadas por una función y el eje "x"; que se localizan abajo del eje de las "x".	a b A $y = f(x)$	$A = -\int_a^b f(x)dx$
Tipo III	Áreas limitadas por una función y el eje "x"; que se localizan arriba y abajo del eje de las "x".	$y = f(x)$ a b A_2 A_1 c	$A = -A_1 + A_2$ $= -\int_a^b f(x)dx + \int_b^c f(x)dx$
Tipo IV	Las áreas limitadas por dos funciones y localizadas en cualquier parte de R^2.	$y = f(x)$ A $y = g(x)$ a b	$A = \int_a^b \big(f(x) - g(x)\big)dx$
Tipo V	Áreas limitadas por dos ecuaciones y localizadas en cualquier parte de R^2.	d $x = g(y)$ A c $x = f(y)$	$A = \int_c^d \big(f(y) - g(y)\big)dy$

Cálculo de áreas limitadas por una función y el eje "x"; que se localizan arriba del eje de las "x".

Por definición de la integral definida, se entiende que el valor de la integral de la función $y = f(x)$ para $f(x) > 0$ es el área bajo la gráfica de la función entre las rectas $x = a$ y $x = b$; entonces podemos concluir:

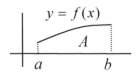

$$A = \int_a^b f(x)dx$$

Cálculo de áreas limitadas por una función y el eje "x"; que se localizan abajo del eje de las "x".

Sí para una función $y = f(x)$ en el intervalo $[a,b]$ para $f(x) > 0$ es el área bajo la gráfica de la función, entonces para $f(x) < 0$ podemos inferir que:

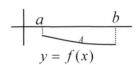

$$A = -\int_a^b f(x)dx$$

Cálculo de áreas limitadas por una función y el eje "x"; que se localizan arriba y abajo del eje de las "x".

De las dos inferencias anteriores podemos concluir la presente fórmula para el cálculo del valor del área, y desde luego podemos hace extensivo el razonamiento para casos similares. Así en el presente caso tenemos:

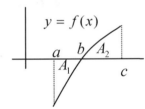

$$A = A_1 + A_2 = -\int_a^b f(x)dx + \int_b^c f(x)dx$$

Cálculo de áreas limitadas por dos funciones y localizadas en cualquier parte de R².

Al analizar la función $y = f(x)$ en el intervalo $[a,b]$ para $f(x) > 0$ es el área bajo la gráfica de la función con signo positivo, y que para $f(x) < 0$ también es el área pero con signo negativo, ahora podemos inferir una nueva fórmula para el caso de áreas limitadas entre dos ó más gráficas y que desde luego podemos hace extensivo el razonamiento para casos en todo el espacio rectangular.

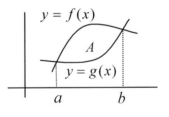

$$A = \int_a^b \left[f(x) - g(x)\right]dx$$

Método: (áreas limitadas por una función y el eje de las "X"):
1) Haga el bosquejo de la gráfica e identifique el área limitada.
2) Identifique la fórmula.
3) Identifique a; b y $f(x)$.
   Notas:
   a) De ser necesario obtenga los puntos de intersección entre la gráfica de $y = f(x)$ y el eje de las "X"
   b) Para el caso en que el área se localice en la parte superior e inferior del eje "X" también será necesario identificar u obtener el punto c.
4) Formule la integral definida.
5) Calcule el área.

Método: (áreas limitadas por dos funciones)
1) Haga el bosquejo de las gráficas e identifique el área limitada.
2) Identifique la fórmula.
3) Identifique a; b; $f(x)$ y $g(x)$.
   Nota: De ser necesario obtenga los puntos de intersección entre las gráficas de $y = f(x)$ y $y = g(x)$
4) Formule la integral definida.
5) Calcule el área.

Ejemplos:

1) Calcular el área limitada por las gráficas cuyas ecuaciones son:
   $y = 2$; $y = 0$; $x = 1$; y $x = 5$

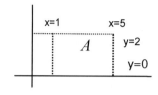

$$A = \int_a^b f(x)\,dx = \left\langle \begin{array}{c} a=1 \\ b=5 \\ f(x)=2 \end{array} \right\rangle = \int_1^5 2\,dx = 2x\Big]_1^5 = \big(2(5)\big) - \big(2(1)\big) = 8$$

Nota: Esta área la podemos corroborar al calcular por geometría el área de un rectángulo que es:
    $A = lado\ x\ lado = (4)(2) = 8$; sin embargo el cálculo integral se ocupa de problemas mas complejos como lo veremos a continuación.

2) Calcular el área limitada por las gráficas cuyas ecuaciones son:
$$y = 1 - x^2 \quad y \quad y = 0$$

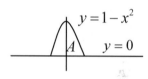

$$A = \int_a^b f(x)\,dx = \left\langle \begin{array}{c} 1-x^2=0 \quad \therefore \quad x_1=-1; \quad x_2=1 \\ a=-1; \quad b=1; \quad f(x)=1-x^2 \end{array} \right\rangle \begin{array}{l} = \int_{-1}^1 \big(1-x^2\big)\,dx \\[2mm] = x - \dfrac{x^3}{3}\Big]_{-1}^1 = \dfrac{4}{3} \end{array}$$

3) Calcular el área limitada por las gráficas cuyas ecuaciones son:
$$y = -\sqrt{x}; \quad y = 0; \quad y \quad x = 4$$

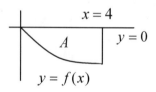

$$A = -\int_a^b f(x)\,dx = \left\langle \begin{array}{c} a=0; \quad b=4 \\ f(x)=-\sqrt{x} \end{array} \right\rangle = -\int_0^4 \big(-\sqrt{x}\big)\,dx = \dfrac{2\sqrt{x^3}}{3}\Big]_0^4 = \dfrac{16}{3}$$

4) Calcular el área limitada por las gráficas cuyas ecuaciones son:
   $y = x$; $y = 0$; $x = -1$ y $x = 1$

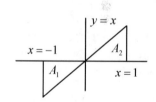

$$A = -A_1 + A_2 = -\int_a^b f(x)\,dx + \int_b^c f(x)\,dx = \left\langle \begin{array}{c} a=-1; \quad b=0; \quad c=1 \\ f(x)=x \end{array} \right\rangle$$

$$= -\int_{-1}^0 x\,dx + \int_0^1 x\,dx = -\dfrac{x^2}{2}\Big]_{-1}^0 + \dfrac{x^2}{2}\Big]_0^1 = 1$$

5) Calcular el área limitada por las gráficas cuyas ecuaciones son:
   $y = 2$; $y = 1$; $x = 1$; y $x = 5$

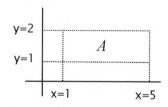

$$A = \int_a^b \big[f(x)-g(x)\big]\,dx = \left\langle \begin{array}{c} a=1 \\ b=5 \\ f(x)=2 \\ g(x)=1 \end{array} \right\rangle = \int_1^5 [2-1]\,dx = x\Big]_1^5 = (5)-(1) = 4$$

Nota: Nuevamente insistimos que esta área la podemos corroborar al calcular por geometría el área de un rectángulo que es: $A = lado\ x\ lado = (4)(1) = 4$; sin embargo el cálculo integral se ocupa de problemas mas complejos como lo veremos a continuación.

6) Calcular el área limitada por las gráficas cuyas ecuaciones son:

$y = x^2; \quad y \quad y = \sqrt{x}$

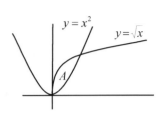

$$A = \int_a^b \left(f(x) - g(x)\right)dx = \left\langle \begin{array}{l} x^2 = \sqrt{x} \quad \therefore \\ x_1 = 0; \quad x_2 = 1 \\ a = 0; \quad b = 1 \\ f(x) = \sqrt{x}; \quad g(x) = x^2 \end{array} \right\rangle \begin{array}{l} = \int_0^1 \left(\sqrt{x} - x^2\right)dx \\ = \dfrac{2\sqrt{x^3}}{3} - \dfrac{x^3}{3}\Bigg]_0^1 = \dfrac{1}{3} \end{array}$$

7) Calcular el área limitada por las gráficas cuyas ecuaciones son:

$y = 2 - x^2; \quad y \quad y = -2$

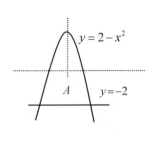

$$A = \int_a^b \left(f(x) - g(x)\right)dx = \left\langle \begin{array}{l} 2 - x^2 = -2 \quad \therefore \\ x_1 = -2; \quad x_2 = 2 \\ a = -2; \quad b = 2 \\ f(x) = 2 - x^2; \quad g(x) = -2 \end{array} \right\rangle \begin{array}{l} = \int_{-2}^2 \left((2 - x^2) - (-2)\right)dx \\ = \int_{-2}^2 \left(4 - x^2\right)dx \\ = 4x - \dfrac{x^3}{3}\Bigg]_{-2}^2 = \dfrac{32}{3} \end{array}$$

Cálculo de áreas limitadas por dos ecuaciones y localizadas en cualquier parte de R².

Aplicando los conocimientos sobre cálculo de áreas de dos ó más funciones localizadas en cualquier parte de R² y por paráfrasis matemática podemos inferir que:

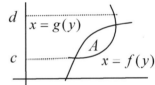

$$A = \int_c^d \left(f(y) - g(y)\right)dy$$

Método: (para una ecuación y el eje "Y"):
1) Haga el bosquejo de la gráfica e identifique el área limitada.
2) Identifique la fórmula.
3) Identifique a; b; y $f(y)$.

Nota: De ser necesario obtenga los puntos de intersección entre la gráfica de $x = f(y)$ y el eje de las "Y".

4) Formule la integral definida.
5) Calcule el área.

Método: (para dos ecuaciones):
1) Haga el bosquejo de las gráficas e identifique el área limitada.
2) Identifique la fórmula.
3) Identifique a; b; $f(y)$ y $g(y)$.

Nota: De ser necesario obtenga los puntos de intersección entre las gráficas de $x = f(y)$ y de $x = g(y)$

4) Formule la integral definida.
5) Calcule el área.

Ejemplos:

1) Calcular el área limitada por las gráficas cuyas ecuaciones son:

$x = -y^2 + 2y; \quad y \quad x = 0$

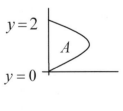

$$A = \int_c^d f(y)\,dy = \left\langle \begin{array}{l} 2y - y^2 = 0 \quad \therefore \quad y = 0; \ y = 2 \\ c = 0; \quad d = 2; \quad f(y) = 2y - y^2 \end{array} \right\rangle \begin{array}{l} = \int_0^2 \left(2y - y^2\right)dy \\ = y^2 - \dfrac{y^3}{3}\Bigg]_0^2 = \dfrac{4}{3} \end{array}$$

2) Calcular el área limitada por las gráficas cuyas ecuaciones son:
$x = y^2 + 2y;$ $\quad y \quad x = 0$

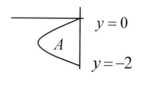

$$A = -\int_c^d f(y)\,dy = \left\langle \begin{array}{l} y^2 + 2y = 0 \;\therefore\; y_1 = -2;\; y_2 = 0 \\ c = -2; \quad d = 0; \quad f(y) = y^2 + 2y \end{array} \right\rangle \begin{array}{l} = -\int_0^{-2}(y^2 + 2y)\,dy \\ = -\dfrac{y^3}{3} - 2y \Big]_0^{-2} = \dfrac{4}{3} \end{array}$$

3) Calcular el área limitada por las gráficas cuyas ecuaciones son:
$x = y^2 - 2$ $\quad y \quad x = y$

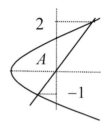

$$A = -\int_c^d \big(f(y) - g(y)\big)\,dy = \left\langle \begin{array}{l} y^2 - 2 = y \;\therefore\; y_1 = -1;\; y_2 = 2 \\ c = -1; \quad d = 2; \quad f(y) = y; \quad g(y) = y^2 - 2 \end{array} \right\rangle$$

$$= \int_{-1}^2 \big((y) - (y^2 - 2)\big)\,dy = \int_{-1}^2 \big(-y^2 + y + 2\big)\,dy = -\dfrac{y^3}{3} + \dfrac{y^2}{2} + 2y \Big]_{-1}^2 = 4.5$$

Ejercicios:

Tipo I. Calcular el área limitada por las gráficas cuyas ecuaciones son:

1) $y = 3$
$\quad y = 0$
$\quad x = 0$
$\quad x = 5$

4) $y = \sqrt{x}$
$\quad y = 0$
$\quad x = 4$

7) $y = 1 - x^3$
$\quad x = -2$
$\quad y = 0$

10) $y = \sqrt{x}$
$\quad y = x^2$

13) $y = 4 - x^2$
$\quad y = x + 2$

2) $y = 4 - 2x$
$\quad y = 0$
$\quad x = 0$

5) $y = \sqrt[3]{x}$
$\quad y = 0$
$\quad x = 8$

8) $y = 1$
$\quad y = 3$
$\quad x = 2$
$\quad x = 5$

11) $y = 2 - x^2$
$\quad y = x$

3) $y = 4 - x^2$
$\quad y = 0$

6) $y = 1 + \sqrt{x}$
$\quad y = 0$
$\quad x = 0$
$\quad x = 4$

9) $y = x + 1$
$\quad y = 1$
$\quad x = 1$

12) $y = x^2 + 2$
$\quad y = x + 2$

Tipo II. Calcular el área limitada por las gráficas cuyas ecuaciones son:

1) $x = -y^2 - 2y$
$\quad x = 0$

2) $x = y^2$
$\quad x = 0$
$\quad y = -2$

3) $x = y^2 - 2$
$\quad x = 0$

4) $x = -y^2$
$\quad x = -1$

5) $x = y^2$
$\quad x = 2$

Clase: 4.3 Cálculo de volúmenes.
 Guía:
- Integral para el cálculo del volumen generado por giro de áreas bajo la gráfica de una función.
- Integral para el cálculo del volumen generado por áreas entre gráficas de funciones.
- Métodos de investigación.
- Ejemplos.
- Ejercicios.

Integral para el cálculo del volumen generado por giro de áreas bajo la gráfica de una función.

Sean:

- R^2

- $[a,b]$ un intervalo cerrado $\in X$

- A el área limitada por las gráficas de las funciones $y = f(x)$ y

 $y = 0$ definidas en $[a,b]$ y las gráficas de las ecuaciones

 $x = a$ y $x = b$.

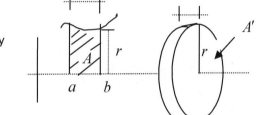

- Si giramos el área A alrededor del eje de las X se forma
 un volumen cilíndrico llamado "Sólido de revolución".

- A' el área transversal del cilindro en $x = b$

- h la altura del cilindro.

- r el radio del cilindro en $x = b$.

- Si r es constante entonces el cilindro es recto, y su volumen es: $V = A'h$; como $A' = \pi r^2 \therefore V = \pi r^2 h$

- Si r es variable entonces $r = f(x)$; $r^2 = (f(x))^2$ y $h = b - a = \int_a^b dx$

$\therefore \ V = \pi \int_a^b (f(x))^2 dx$ Llamado método de los discos.

Método de investigación:

1) Haga el bosquejo de las gráficas e identifique el área a girar.
2) Haga el bosquejo del volumen generado al girar el área alrededor del eje de las "X".
3) De ser necesario obtenga los puntos de intersección entre gráficas.
4) Aplique la integral general de cálculo, e identifique sus componentes.
5) Formule la integral específica.
6) Calcule el volumen.

Ejemplos:

1) Calcular el volumen del sólido de revolución, generado al hacer girar alredor del eje de las "X" el área limitada
 por las gráficas cuyas ecuaciones son: $y = 2$; $y = 0$; $x = 1$;   y $x = 3$.

Paso 1)   Paso 2)   Paso 3) No es necesario. Paso 4); 5) y 6).

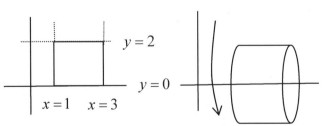

$$V = \pi \int_a^b (f(x))^2 dx = \left\langle \begin{array}{l} a = 1; \ \ b = 3 \\ f(x) = 2 \\ (f(x))^2 = 4 \end{array} \right\rangle$$

$$= \pi \int_1^3 4\, dx = 4\pi x \ \Big]_1^3 = 8\pi$$

2) Calcular el volumen del sólido de revolución generado al hacer girar alredor del eje de las "X" el área limitada por las gráficas cuyas ecuaciones son: $y = \sqrt{x};\quad y = 0;\quad y \quad x = 4$.

$$\sqrt{x} = 0 \quad \rightarrow \quad x_1 = 0.$$

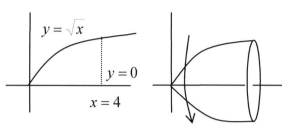

$$V = \pi \int_a^b \left(f(x)\right)^2 dx = \left\langle \begin{array}{l} a = 0;\quad b = 4 \\ f(x) = \sqrt{x} \\ \left(f(x)\right)^2 = x \end{array} \right\rangle$$

$$= \pi \int_0^4 x\, dx = \frac{\pi x^2}{2} \Bigg]_0^4 = \left(\frac{16\pi}{2}\right) - \left(\frac{0}{2}\right) = 8\pi$$

Integral para el cálculo del volumen generado por áreas entre gráficas de funciones.

En la clase anterior estudiamos el volumen generado al girar el área bajo la gráfica de una función y obtuvimos que para el cálculo del volumen la ecuación

era: $V = \pi \int_a^b (f(x))^2 dx$

Sí ahora el área A es limitada por las gráficas de las funciones:

$y = f(x) \;\; y \;\; y = g(x)$ tales que $f(x) > g(x)$

y por las rectas $x = a \;\; y \;\; x = b$ entonces:

$$V = \pi \int_a^b \left[(f(x))^2 - (g(x))^2\right] dx$$

Llamado método de las arandelas.

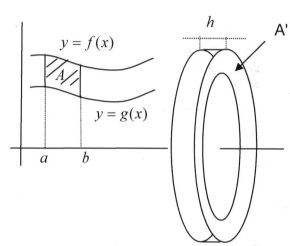

Método de investigación:

1) Haga el bosquejo de las gráficas e identifique el área a girar.
2) Haga el bosquejo del volumen generado al girar el área alrededor del eje de las "X".
3) De ser necesario obtenga los puntos de intersección entre gráficas.
4) Aplique la integral general de cálculo, e identifique sus componentes.
5) Formule la integral específica.
6) Calcule el volumen.

Ejemplos:

1) Calcular el volumen del sólido de revolución generado al hacer girar alredor del eje de las "X" el área limitada por las gráficas cuyas ecuaciones son: $y = 5;\quad y = 1;\quad x = 2;\quad y \quad x = 4$

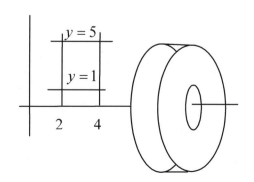

$$V = \pi \int_a^b \left((f(x))^2 - (g(x))^2\right) dx = \left\langle \begin{array}{l} a = 2 \\ b = 4 \\ f(x) = 5;\quad (f(x))^2 = 25 \\ g(x) = 1;\quad (g(x))^2 = 1 \end{array} \right\rangle$$

$$= \pi \int_2^4 (25 - 1)\, dx = \pi \int_2^4 24\, dx = \pi (24x)\big]_2^4 = 48\pi$$

2) Calcular el volumen del sólido de revolución generado al hacer girar alrededor del eje de las "X" el área limitada por las gráficas cuyas ecuaciones son: $y = x$; $y = 1$; $x = 1$; y $x = 4$.

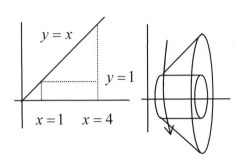

$$V = \pi \int_a^b \left((f(x))^2 - (g(x))^2 \right) dx = \left| \begin{array}{l} a = 1; \quad b = 4 \\ f(x) = x; \quad (f(x))^2 = x^2 \\ g(x) = 1; \quad (g(x))^2 = 1 \end{array} \right|$$

$$= \pi \int_1^4 \left(x^2 - 1 \right) dx = \pi \left(\frac{x^3}{3} - x \right) \Big]_1^4 = 18\pi$$

3) Calcular el volumen del sólido de revolución generado al hacer girar el área alrededor del eje de las "X" el área limitada por las gráficas cuyas ecuaciones son: $y = 2 - x^2$; y $y = 1$.

Paso 1)

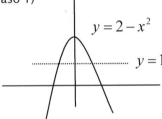

Paso 2)

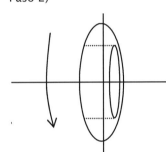

Paso 3)

$$2 - x^2 = 1 \rightarrow x^2 = 1$$

$$\therefore \quad x_1 = -1; \quad x_2 = 1$$

Pasos 4): 5) y 6)

$$V = \pi \int_a^b \left((f(x))^2 - (g(x)^2) \right) dx = \left| \begin{array}{l} a = -1; \quad b = 1; \quad f(x) = 2 - x^2 \\ (f(x))^2 = \left(2 - x^2 \right)^2 = x^4 - 4x^2 + 4 \\ g(x) = 1; \quad \left(g(x)^2 \right) = 1 \end{array} \right| = \pi \int_{-1}^1 \left((x^4 - 4x^2 + 4) - (1) \right) dx$$

$$= \pi \left(\frac{x^5}{5} - \frac{4x^3}{3} + 3x \right) \Big]_{-1}^1 = \frac{56\pi}{15}$$

Ejercicios:

Tipo I. Calcular el volumen del sólido de revolución generado al hacer girar alrededor del eje de las "X"ₛ el área limitada por las gráficas cuyas ecuaciones son:

1) $y = 2$; $y = 0$; $x = 2$ y $x = 4$.

2) $y = x$; $y = 0$; $x = 1$ y $x = 3$.

3) $y = 4 - x^2$ y $y = 0$.

4) $y = \sqrt[3]{x}$; $y = 0$ y $x = 8$.

Tipo II. Calcular el volumen del sólido de revolución generado al hacer girar alrededor del eje de las "X"ₛ el área limitada por las gráficas cuyas ecuaciones son:

1) $y = 3$; $y = 1$; $x = 2$ y $x = 5$.

2) $y = x$; $y = 1$ y $x = 3$

3) $y = x^2$ y $y = \sqrt{x}$.

Clase: 4.4 Cálculo de momentos y centros de masa.

Guía:
- Conceptos básicos.
- Integrales para el cálculo de momentos y centros de masa; de láminas con área bajo la gráfica de una función.
- Método de investigación.
- Integrales para el cálculo de momentos y centros de masa; de láminas con área entre gráficas de funciones.
- Método de investigación.
- Ejemplos.
- Ejercicios.

Conceptos básicos:

Masa: es la cantidad de materia de un cuerpo.

Densidad de masa: Es la masa por unidad de volumen.

$$\rho_m = \frac{m}{V}$$ Donde: ρ_m es la densidad de masa en: kg_m/m^3 ; lb_m/ft^3 ; etc..

m la masa en: kg_m ; lb_m ; etc..

V el volumen en: m^3 ; ft^3 ; etc..

Fórmula para el cálculo de la masa: Sí $\rho_m = \frac{m}{V}$ $\therefore$ $m = \rho_m V$

A continuación se presenta una tabla de densidades de masa de los materiales más comunes.

Tabla: Densidades de masa "ρ_m".								
Material	kg_m/m^3	lb_m/ft^3	Material	kg_m/m^3	lb_m/ft^3	Material	kg_m/m^3	lb_m/ft^3
Acero	7800	487	Hierro	7850	490	Plata	10500	654
Aluminio	2700	169	Latón	8700	540	Plomo	11300	705
Cobre	8890	555	Madera (Roble)	810	51	Vidrio	2600	162
Hielo	920	57	Oro	19300	1 204			

Lámina: Es una placa de material con densidad de masa uniforme, cuyo espesor "h" es despreciable con respecto a las dimensiones de la área, y por lo tanto la masa por área es la medida que usaremos; como extensión a este concepto observemos que el manejo comercial para la adquisición de estos materiales se efectúa en kg/m^2 ; lb/ft^2 ; etc..; es de aclarar, que aunque el kg es una medida de fuerza y no de masa, haremos los cálculos en kilogramos masa kg_m por ser estos mas cercanos a la realidad profesional.

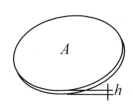

Región laminar: Es el área de una lámina localizada en el plano rectangular.

Centro de masa laminar: Es el punto de equilibrio de la lámina; entendiéndose este como el punto de apoyo donde tiene su efecto una fuerza hipotética perpendicular a la lámina que la mantiene estable. En realidad es el "centro de área" de la lámina, con la particularidad de que su espesor es despreciable.

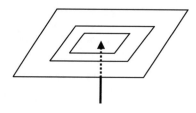

Densidad laminar: Es la masa por unidad de área.

$$\rho_l = \frac{m}{A}$$ Donde: ρ_l es la densidad laminar en: $\frac{kg_m}{m^2}$; $\frac{lb_m}{ft^2}$; m la masa en: kg_m ; lb_m ; y

A es el área en: m^2 ; ft^2 .

Otra fórmula para el cálculo de la densidad laminar:

$$Sí \ \rho_l = \frac{m}{A} = \left\langle como: \ m = \rho_m V \right\rangle = \frac{\rho_m V}{A} = \left\langle como: \ V = Ah \right\rangle = \frac{\rho_m Ah}{A} = \rho_m h \quad \therefore \quad \rho_l = \rho_m h$$

Fórmula para el cálculo de la masa: Si $\rho_l = \frac{m}{A} \quad \therefore \quad m = \rho_l A$

Momentos de masa:

Momentos de masa con respecto a un punto:

Definición: Es la masa por la distancia a un punto de referencia.

Fórmula del momento de masa con respecto a un punto: $M = mx$ donde: "m"
es la masa y "x" es la distancia.
Nota: La definición común de "Momento" relaciona a la fuerza por la distancia, sin embargo el peso de una masa es un tipo de fuerza que es variable por el lugar en que se encuentra con respecto a la atracción de la gravedad, por lo que hemos preferido definir el "Momento de masa" por ser constante.

Momento de masa con respecto al eje "Y":

Definición: Es la masa de la región laminar por la distancia horizontal entre el centro de masa laminar y el eje de las "Y".

Fórmula del momento de masa con respecto al eje "Y";

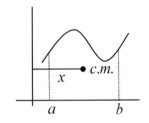

$$M_y = mx = \left\langle \begin{array}{c} como: \\ m = \rho_l A \end{array} \right\rangle = \rho_l A x = \left\langle como: A = \int_a^b f(x) \, dx \right\rangle = \rho_l \int_a^b x \, f(x) \, dx$$

Momento de masa con respecto al eje "X":

Definición: Es la masa de la región laminar por la distancia vertical entre el centro de masa laminar y el eje de las "X".

Fórmula del momento de masa con respecto al eje "Y";

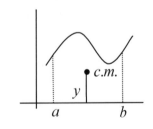

$$M_x = my = \left\langle \begin{array}{c} como: \\ m = \rho_l A \end{array} \right\rangle = \rho_l A y = \left\langle \begin{array}{c} A = \int_a^b f(x) \, dx \\ y = \frac{f(x)}{2} \end{array} \right\rangle = \frac{\rho_l}{2} \int_a^b \left(f(x) \right)^2 dx$$

Centro de masa:

Definición: Es el centro del área de la región laminar.

Fórmula del centro de masa:

$$c.m. = (x, y) = \left\langle \begin{array}{ccc} Sí & M_y = mx & \therefore & x = \dfrac{M_y}{m} \\ \\ Sí & M_x = my & \therefore & y = \dfrac{M_x}{m} \end{array} \right\rangle = \left(\frac{M_y}{m}, \frac{M_x}{m} \right)$$

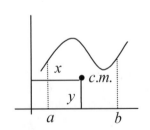

Integrales para el cálculo de momentos y centros de masa; de láminas con área bajo la gráfica de una función.

R^2 un plano cartesiano.

$[a,b]$ un intervalo cerrado en el eje "X".

f la gráfica de una función $y = f(x)$ continua en $[a,b]$

A el área de una región laminar de espesor $"h"$ área bajo la gráfica de una función, y limitada por gráficas cuyas ecuaciones son: $y = f(x);\ y = 0;\ x = a;\ y\ x = b;$ entonces:

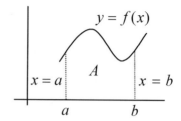

$$A = \int_a^b f(x)\, dx$$
en m^2 es el área.

$$\rho_l = \rho_m h$$
en $\dfrac{kg_m}{m^2}$ es la densidad laminar.

$$m = \rho_l A$$
en kg_m es la masa.

$$M_y = \rho_l \int_a^b x\, f(x)\, dx$$
en $kg_m.m$ es el momento laminar con respecto al eje Y.

$$M_x = \frac{\rho_l}{2} \int_a^b (f(x))^2\, dx$$
en $kg_m.m$ es el momento laminar con respecto al eje X.

$$c.m. = \left(\frac{M_y}{m}, \frac{M_x}{m} \right)$$
en (m, m) es el centro de masa.

Observación: Como el Momento y la Masa contienen en su estructura formular la densidad laminar y dentro de esta a la densidad de masa y al tratarse de un cociente estas se eliminan por lo que al centro de masa también es conocido con el nombre de "centroide".

Método de investigación:

1) Haga el bosquejo del área.
2) De ser necesario obtenga los puntos de intersección.
3) Aplique las integrales generales de cálculo, e identifique sus componentes.
4) Formule las integrales específicas y proceda a su cálculo.

Ejemplos:

Ejemplo 1.- Dada la lámina de aluminio de 10 mm de espesor y área limitada por las gráficas cuyas ecuaciones son: $y = 2;\ x = 1;\ x = 4$ y el eje de las X; con medidas en metros; Calcular: $a)$ El área; $b)$ La densidad laminar; $c)$ La masa; $d)$ El momentos con respecto al eje $"Y"$; $e)$ El momentos con respecto al eje $"X"$; y $f)$ El centro de masa.

$a)$ $A = \int_a^b f(x)\, dx = \left\langle \begin{array}{l} a=1;\ \ b=4 \\ f(x)=2 \end{array} \right\rangle = \int_1^4 2\, dx = 2x\big]_1^4 = 6.0\, m^2$

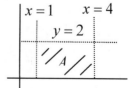

$b)$ $\rho_l = \rho_m h = \left\langle \begin{array}{l} \rho_m = 2700\, \frac{kg_m}{m^3} \\ h = 10\, mm\left(\frac{1\,m}{1000\,mm}\right) = 0.01\, m \end{array} \right\rangle = (2700)(0.01) = 27.00\, \frac{kg_m}{m^2}$

$c)$ $m = \rho_l A = \left\langle \begin{array}{l} \rho_l = 27.00\, \frac{kg_m}{m^2} \\ A = 6.0\, m^2 \end{array} \right\rangle = (27.00)(6.0) = 162.00\, kg_m$

$d)$ $\quad M_y = \rho_l \int_a^b x\,f(x)\,dx = (27)\int_1^4 x(2)\,dx = 27\int_1^4 2x\,dx = 27x^2\Big]_1^4 = 405\,kg_m\cdot m$

$e)$ $\quad M_x = \dfrac{\rho_l}{2}\int_a^b \big(f(x)\big)^2 dx = \dfrac{(27)}{2}\int_1^4 (2)^2 dx = \dfrac{27}{2}\int_1^4 4\,dx = 54x\Big]_1^4 = 162.00\,kg_m\cdot m$

$f)$ $\quad c.m. = \left(\dfrac{M_y}{m},\dfrac{M_x}{m}\right) = \left(\dfrac{405}{162},\dfrac{162}{162}\right) = (2.5,\,1)\,(m,m)$

Es de observarse que a primera vista del rectángulo,
el centro de masa se ubica en $(2.5,1)$

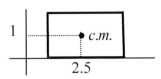

Ejemplo 2.- Dada la lámina de latón de 6.0 mm de espesor y área limitada por las gráficas cuyas ecuaciones son: $y = 2 - x^2$ y $y = 0$ (el eje de las X), con medidas en metros; calcular: $a)$ El área; $b)$ La densidad laminar; $c)$ La masa; $d)$ El momentos con respecto al eje "Y"; $e)$ El momentos con respecto al eje "X"; y $f)$ El centro de masa.

$a)$ $\quad A = \int_a^b f(x)\,dx = \left\{\begin{array}{l} 2 - x^2 = 0;\quad x_1 = -\sqrt{2};\quad x_2 = \sqrt{2} \\ a = -\sqrt{2};\quad b = \sqrt{2} \\ f(x) = 2 - x^2 \end{array}\right\} = \int_{-\sqrt{2}}^{\sqrt{2}}\big(2 - x^2\big)\,dx$
$= 2x - \dfrac{x^3}{3}\Big]_{-\sqrt{2}}^{\sqrt{2}} = \dfrac{8\sqrt{2}}{3}\,m^2$

$b)$ $\quad \rho_l = \rho_m h = \left\{\begin{array}{l} \rho_m = 8700\,\frac{kg_m}{m^3} \\ h = 6.0\,mm\left(\frac{1\,m}{1000\,mm}\right) = 0.006\,m \end{array}\right\} = (8700)(0.006) = 52.20\,\dfrac{kg_m}{m^2}$

$c)$ $\quad m = \rho_l A = \left\{\begin{array}{l} \rho_l = 52.200\,\frac{kg_m}{m^2} \\ A = \dfrac{8\sqrt{2}}{3}\,m^2 \end{array}\right\} = (52.20)\left(\dfrac{8\sqrt{2}}{3}\right) \approx 196.85\,kg_m$

$d)$ $\quad M_y = \rho_l \int_a^b x\,f(x)\,dx = (52.20)\int_{-\sqrt{2}}^{\sqrt{2}} x(2 - x^2)\,dx = (52.20)\left(x^2 - \dfrac{x^4}{4}\right)\Big]_{-\sqrt{2}}^{\sqrt{2}} = 0.00\,kg_m\cdot m$

$e)$ $\quad M_x = \dfrac{\rho_l}{2}\int_a^b \big(f(x)\big)^2 dx = \dfrac{(52.20)}{2}\int_{-\sqrt{2}}^{\sqrt{2}}\big(2 - x^2\big)^2 dx = \dfrac{52.20}{2}\left(\dfrac{x^5}{5} - \dfrac{4x^3}{3} + 4x\right)\Big]_{-\sqrt{2}}^{\sqrt{2}} \approx 157.48\,kg_m\cdot m$

$f)$ $\quad c.m. = \left(\dfrac{M_y}{m},\dfrac{M_x}{m}\right) = \left(\dfrac{0}{196.85},\dfrac{157.48}{196.85}\right) = (0,\,0.8)\,(m,m)$

Integrales para el cálculo de momentos y centros de masa; de láminas con área entre gráficas de funciones:

En la sección anterior estudiamos los momentos y centros de masa para láminas con área bajo la gráfica de una función, y mostramos para el cálculo las ecuaciones correspondientes al área, la densidad laminar, la masa, los momentos y el centro de masa; Ahora consideraremos el área "A" circunscrita por dos funciones y limitada por las gráficas cuyas ecuaciones son: $y = f(x)$; $y = g(x)$; $x = a$; y $x = b$ $\forall\ f(x) < g(x)$
Entonces por paráfrasis matemática obtenemos las siguientes fórmulas

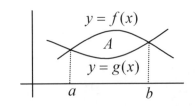

$A = \int_a^b \left(f(x) - g(x) \right) dx$ en m^2 es el área.

$\rho_l = \rho_m h$ en $\dfrac{kg_m}{m^2}$ es la densidad laminar.

$m = \rho_l A$ en kg_m es la masa.

$M_y = \rho_l \int_a^b x \left(f(x) - g(x) \right) dx$ en $kg_m.m$ es el momento laminar con respecto al eje Y.

$M_x = \dfrac{\rho_l}{2} \int_a^b \left((f(x))^2 - (g(x))^2 \right) dx$ en $kg_m.m$ es el momento laminar con respecto al eje X.

$c.m. = \left(\dfrac{M_y}{m}, \dfrac{M_x}{m} \right)$ en (m, m) es el centro de masa.

Método de investigación:

1.- Haga el bosquejo del área entre las gráficas.
2.- Aplique las integrales generales de cálculo, e identifique sus componentes.
3.- Formule las integrales específicas y proceda a su cálculo.

Ejemplos:

1) Dada la lámina de cobre de 3.0 mm de espesor y el área limitada por las gráficas cuyas ecuaciones son: $y = 3$; $y = 1$; $x = 2$; y $x = 5$; con medidas en metros; Calcular: a) El área; b) La densidad laminar; c) La masa; d) El momentos con respecto al eje $"Y"$; e) El momentos con respecto al eje $"X"$; y f) El centro de masa.

$a)$ $A = \int_a^b \left(f(x) - g(x) \right) dx = \left\langle \begin{matrix} a = 2; & b = 5 \\ f(x) = 3; & g(x) = 1 \end{matrix} \right\rangle = \int_2^5 (3-1) dx = \int_2^5 2\, dx = 2x \Big]_2^5 = 6.0\, m^2$

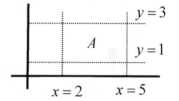

$b)$ $\rho_l = \rho_m h = \left\langle \begin{matrix} \rho_m = 8890\, \frac{kg_m}{m^3} \\ h = 3.0\, mm \left(\frac{1m}{1000\, mm} \right) = 0.003\, m \end{matrix} \right\rangle = (8890)(0.003) = 26.67\, \dfrac{kg_m}{m^2}$

$c)$ $m = \rho_l A = \left\langle \begin{matrix} \rho_l = 26.67\, \frac{kg_m}{m^2} \\ A = 6.0\, m^2 \end{matrix} \right\rangle = (26.67)(6.0) \approx 160.02\, kg_m$

$d)$ $M_y = \rho_l \int_a^b x \left(f(x) - g(x) \right) dx = (26.67) \int_2^5 x(3-1) dx = (26.67) x^2 \Big]_2^5 \approx 560.07\, kg_m.m$

$e)$ $M_x = \dfrac{\rho_l}{2} \int_a^b \left((f(x))^2 - (g(x)^2 \right) dx = \dfrac{(26.67)}{2} \int_2^5 \left((3)^2 - (1)^2 \right) dx = \dfrac{26.67}{2} (8x) \Big]_2^5 \approx 320.04\, kg_m.m$

$f)$ $c.m. = \left(\dfrac{M_y}{m}, \dfrac{M_x}{m} \right) = \left(\dfrac{560.07}{160.02}, \dfrac{320.04}{160.02} \right) \approx (3.5, 5.2)(m, m)$

Es de observarse que a primera vista del rectángulo, el centro de masa se ubica en $(3.5, 2)$

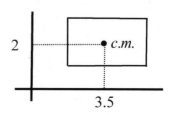

Ejemplo 2.- Dada la lámina de plata de 2mm de espesor y el área limitada por las gráficas cuyas ecuaciones son: $y = x$; y $y = x^2$. con medidas en metros; Calcular: a) El área; b) La densidad laminar; c) La masa; d) El momentos con respecto al eje $"Y"$; e) El momentos con respecto al eje $"X"$; y f) El centro de masa.

a) $A = \int_a^b (f(x) - g(x))dx = \left| \begin{array}{l} Sí\ x = x^2 \therefore\ x_1 = 0; \\ x_2 = 1 \therefore a = 0; \quad b = 1 \\ f(x) = x; \quad g(x) = x^2 \end{array} \right| = \int_0^1 (x - x^2)dx$
$= \dfrac{x^2}{2} - \dfrac{x^3}{3} \Big]_0^1 = \dfrac{1}{6} m^2$

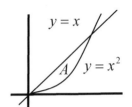

b) $\rho_l = \rho_m h = \left| \begin{array}{l} \rho_m = 10500\ \frac{kg_m}{m^3} \\ h = 2.0\, mm \left(\frac{1\,m}{1000\,mm}\right) = 0.002\,m \end{array} \right| = (10500)(0.002) = 21.00\ \dfrac{kg_m}{m^2}$

c) $m = \rho_l A = \left| \begin{array}{l} \rho_l = 21.00\ \frac{kg_m}{m^2} \\ A = \frac{1}{6} m^2 \end{array} \right| = (21.00)\left(\dfrac{1}{6}\right) \approx 3.50\, kg_m$

d) $M_y = \rho_l \int_a^b x(f(x) - g(x))dx = (21.00)\int_0^1 x(x - x^2)dx = (21.00)\left(\dfrac{x^3}{3} - \dfrac{x^4}{4}\right)\Big]_0^1 \approx 1.75\, kg_m.m$

e) $M_x = \dfrac{\rho_l}{2} \int_a^b ((f(x))^2 - (g(x)^2)dx = \dfrac{(21.00)}{2} \int_0^1 ((x)^2 - (x^2)^2)dx = \dfrac{21.00}{2}\left(\dfrac{x^3}{3} - \dfrac{x^5}{5}\right)\Big]_0^1 \approx 1.4\, kg_m.m$

f) $c.m. = \left(\dfrac{M_y}{m}, \dfrac{M_x}{m}\right) \approx \left(\dfrac{1.75}{3.50}, \dfrac{1.4}{3.50}\right) \approx (0.5, 0.4)(m, m)$

Ejercicios:

Tipo I. Dado el material y espesor de la lámina y las ecuaciones de las gráficas del área limitada con medidas en metros; Calcular:

a) El área; b) La densidad laminar; c) La masa; d) El momentos con respecto al eje $"Y"$;

e) El momentos con respecto al eje $"X"$; y f) El centro de masa.

1) Lámina de acero; espesor 3.0 mm; gráficas del área limitada $y = 2; y = 0; x = 0$ y $x = 2$

2) Lámina de vidrio; espesor 6.0 mm; gráficas del área limitada $y = 2; y = 0; x = 2$ y $x = 4$

3) Lámina de cobre; espesor 5.0 mm; gráficas del área limitada $y = 4 - x^2$; y $y = 0$.

4) Lámina de oro; espesor 2.0 mm; gráficas del área limitada $y = \sqrt{x}$; $y = 0$; y $x = 4$

Tipo II. Dado el material y espesor de la lámina y las ecuaciones de las gráficas del área limitada, con medidas en metros; Calcular:

a) El área; b) La densidad laminar; c) La masa; d) El momentos con respecto al eje $"Y"$;

e) El momentos con respecto al eje $"X"$; y f) El centro de masa.

1) Lámina de roble; espesor 12.0 mm; gráficas del área limitada $y = 2; y = 1; x = -1$ y $x = 1$

2) Lámina de hierro; espesor 3.0 mm; gráficas del área limitada $y = 4; y = 2; x = 3$ y $x = 5$

3) Lámina de cobre; espesor 4.0 mm; gráficas del área limitada $y = 4 - x^2$; y $y = 0$.

4) Lámina de oro; espesor 1.0 mm; gráficas del área limitada $y = \sqrt{x}$; $y = 1$; y $x = 4$

Clase: 4.5 Cálculo del trabajo.
 Guía:
- Trabajo realizado por desplazamiento de cuerpos.   - Ejemplos.
- Integral para el cálculo del trabajo realizado por desplazamiento de cuerpos.   - Ejercicios.
- Trabajo realizado por un resorte elástico
- Integral para el cálculo del trabajo realizado por un resorte elástico.
- Trabajo realizado por presión en los gases.
- Integral para el cálculo del trabajo realizado por presión en los gases.

Trabajo realizado por desplazamiento de cuerpos:

Conceptos básicos:

Trabajo realizado por fuerza constante: Es el producto de la fuerza aplicada constantemente a un cuerpo por la distancia de su desplazamiento.

$W = Fd$ Donde: W es el trabajo en $kg_f.m$.

F es la fuerza en kilogramos $"kg_f"$

d es la distancia en metros $"m"$ entre $"a"$ y $"b"$.

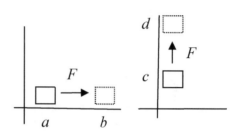

Trabajo realizado por fuerza variable: Es el producto de la fuerza variable aplicada a un cuerpo por la distancia de su desplazamiento.

Integral para el cálculo del trabajo realizado por desplazamiento de cuerpos.

$$W = Fd = \left\langle \begin{array}{c} como\ F\ es\ variable \\ \therefore F = f(x) \quad y \quad d = b - a = \int_a^b dx \end{array} \right\rangle = \int_a^b f(x)\,dx \quad \therefore \qquad W = \int_a^b f(x)\,dx$$

Y por paráfrasis matemática también: $W = \int_c^d f(y)\,dy$

 Nota: Para efectos de aprendizaje, durante el proceso de cálculo omitiremos las unidades y hasta el final las mismas serán especificadas.

Ejemplo 1) Movimiento de cuerpos por fuerza constante.

Calcular el trabajo realizado para deslizar un cuerpo sobre el piso, desde una posición $x = 1m$ a otra posición $x = 4m$ si se le ha aplicado una fuerza constante de $10kg$.

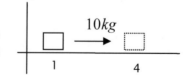

Por ser de fuerza constante: $W = Fd = \left\langle \begin{array}{c} F = 10 \\ d = 4 - 1 = 3 \end{array} \right\rangle = (10)(3) = 30\,kg_f.m$

y aplicando la integral del trabajo veremos que el resultado es el mismo:

$$W = \int_a^b f(x)\,dx = \left\langle \begin{array}{c} a = 1;\quad b = 4 \\ f(x) = 10 \end{array} \right\rangle = \int_1^4 10\,dx = 10x \Big]_1^4 = 30\,kg_f.m$$

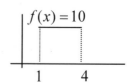

Ejemplo 2) Movimiento de cuerpos por fuerza variable.

Cuanto trabajo se efectúa al mover un cuerpo si al cual se le ha aplicado un fuerza variable de comportamiento igual a $\sqrt{x}\,kg_f$ entre una distancia $x = 1m$ a otra $x = 4m$.

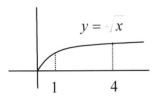

$y = \sqrt{x}$

1   4

$$W = \int_a^b f(x)\,dx = \left\langle \begin{matrix} a = 1; \quad b = 4 \\ f(x) = \sqrt{x} \end{matrix} \right\rangle = \int_1^4 \sqrt{x}\,dx = \left. \frac{2\sqrt{x^3}}{3} \right]_1^4 \approx \frac{14}{3}\,kg_f.m$$

Observación: El ejemplo anterior al parecer es relativamente sencillo, sin embargo en la aplicación práctica los problemas no resultan ser así, ya que estos requieren de otras áreas del conocimiento un tanto ajenas al cálculo, llámense estos conocimientos de la física, de la química, etc., donde se hace necesario estructurar sus propias integrales partiendo siempre de la fórmula fundamental $W = \int_a^b f(x)\,dx$

Trabajo realizado por un resorte elástico.

Conceptos básicos:

Deformación.- Son los cambios relativos de las dimensiones de los cuerpos por fuerzas que operan sobre los mismos.

Esfuerzo.- Es la capacidad de resistencia a la deformación que tienen los cuerpos $E = \dfrac{F}{A}$.

Elasticidad.- Es la capacidad que tienen los cuerpos de recuperar su forma original cuando han sido deformados.

Análisis del gráfico de elasticidad:

Experimento: Sí a un cuerpo se le aplica una fuerza creciente tal, que al final se rompe, se puede observar su comportamiento en el gráfico Deformación-Esfuerzo.

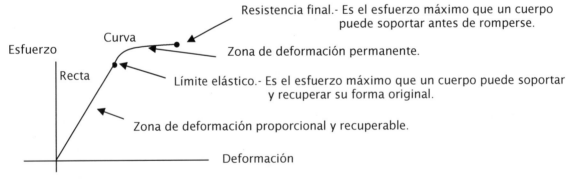

Resistencia final.- Es el esfuerzo máximo que un cuerpo puede soportar antes de romperse.

Curva

Esfuerzo

Zona de deformación permanente.

Recta

Límite elástico.- Es el esfuerzo máximo que un cuerpo puede soportar y recuperar su forma original.

Zona de deformación proporcional y recuperable.

Deformación

Conclusión (Llamada Ley de Hooke).- Dentro del límite elástico, el esfuerzo es directamente proporcional a la deformación.

Paráfrasis de la ley de Hooke.- Dentro del límite elástico y para áreas transversales contantes, la fuerza $"F"$ es directamente proporcional a la distancia de estiramiento $"x"$, o sea:

$Cuando \quad F \,\alpha\, x \;\Rightarrow\; F = kx \quad \therefore \quad k = \dfrac{F}{x}$

Donde:

k es la constante de proporcionalidad en $\dfrac{kg_f}{m}$

F es la fuerza en $"kg_f"$.

x es la distancia de estiramiento en metros $"m"$.

Extensión de la paráfrasis de la ley de Hooke.- Dentro del límite elástico y para áreas transversales contantes, la fuerza variable es directamente proporcional a la variable de la distancia de estiramiento.

$f(x) = k\,x$ Donde: $f(x)$ es la función.

k es la constante de proporcionalidad.

x es la variable de estiramiento.

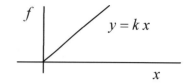

Integral para el cálculo del trabajo realizado por un resorte elástico:

$$Sí \quad W = \int_a^b f(x)\,dx = \langle f(x) = kx \rangle = k \int_a^b x\,dx \quad \therefore \quad W = k \int_a^b x\,dx$$

Ejemplo: Para estirar un resorte de 10 cm de longitud inicial a una longitud final de 15 cm se requieren de 20 kilogramos de fuerza; Calcular:
  a) La constante de proporcionalidad del resorte.
  b) El trabajo realizado durante el estiramiento de 10 cm a 15 cm.
  c) El trabajo realizado durante el estiramiento de 12 cm a 15 cm.
  d) Cuál sería el trabajo realizado si el resorte después de los 15cm se estiraría 5 cm más?.

$a)$ $\quad k = \dfrac{F}{x} = \left\langle \begin{matrix} F = 20\,kg_f \\ x = 15 - 10 = 5\,cm = 0.05m \end{matrix} \right\rangle = \dfrac{20}{0.05} = 400\,\dfrac{kg_f}{m}$

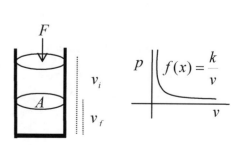

0   5

$b)$ $\quad W = k \int_a^b x\,dx = \left\langle \begin{matrix} k = 400\,\frac{kg_f}{m} \\ a = 0.0m; \quad b = 0.05m \end{matrix} \right\rangle = 400 \int_{0.0}^{0.05} x\,dx = 200\,x^2 \Big]_{0.00}^{0.05} = 0.5\,kg_f.m$

$c)$ $\quad W = k \int_a^b x\,dx = \left\langle \begin{matrix} k = 400\,kg_f/m \\ a = 0.02m; \quad b = 0.05m \end{matrix} \right\rangle = 400 \int_{0.02}^{0.05} x\,dx = 200\,x^2 \Big]_{0.02}^{0.05} = 0.42\,kg_f.m$

$d)$ $\quad W = k \int_a^b x\,dx = \left\langle \begin{matrix} k = 400\,\frac{kg_f}{m} \\ a = 0.05m; \quad b = 0.10m \end{matrix} \right\rangle = 400 \int_{0.05}^{0.10} x\,dx = 200\,x^2 \Big]_{0.05}^{0.10} = 1.5\,kg_f.m$

Trabajo realizado por presión en los gases:

Conceptos básicos:

Presión: Es la fuerza aplicada a un cuerpo por unidad de área. $p = \dfrac{F}{A}$

Ley de los gases: La presión es inversamente proporcional al volumen.

$$Cuando \quad p\,\alpha\,\frac{1}{v} \quad \Rightarrow \quad p = k\left(\frac{1}{v}\right) = \frac{k}{v} \quad \therefore \quad k = pv$$

Donde: k es la constante de proporcionalidad.

p es la presión en $\frac{kg_f}{m^2}$

v es el volumen correspondiente a una presión en m^3.

<u>Paráfrasis de la ley de los gases:</u> Para áreas constantes, la fuerza variable es inversamente proporcional al volumen.

$$Cuando \quad f(x) \ \alpha \ \frac{1}{v} \Rightarrow f(x) = \frac{k}{v}$$

Donde:

k es la constante de proporcionalidad en $kg_f.m$

v es la variable del volumen en m^3.

<u>Integral para el cálculo del trabajo realizado por presión en los gases:</u>

$$Sí \quad W = \int_a^b f(x)\,dx = \left\langle \begin{array}{c} a = v_i; \quad b = v_f \\ f(x) = \dfrac{k}{V} \end{array} \right\rangle = k\int_{v^i}^{v_f} \frac{1}{V}\,dv \quad \therefore \quad W = k\int_{v_i}^{v_f} \frac{1}{V}\,dv$$

Ejemplo: Calcular el trabajo realizado por un gas con volumen inicial de $0.1m^3$ y presión de $12000\frac{kg_f}{m^2}$ si se expande hasta ocupar un volumen final de $0.2m^3$.

$$W = k\int_{v_i}^{v_f}\frac{1}{v}\,dv = \left\langle \begin{array}{c} k = pv = \left\langle \begin{array}{c} p = 12000\ \frac{kg_f}{m^2} \\ v = 0.1\,m^3 \end{array} \right\rangle = 1200\ kg_f.m \\ v_i = 0.1\,m^3; \quad v_f = 0.2\,m^3 \end{array} \right\rangle = 1200\int_{0.1}^{0.2}\frac{1}{v}\,dv = 1200\ln|v|\big]_{0.1}^{0.2} \approx 831.77\ kg_f.m$$

<u>Ejercicios:</u>

Tipo I. Calcular el trabajo según las indicaciones que se establezcan:

1) Calcular el trabajo realizado para levantar verticalmente un cuerpo sobre el piso, desde una posición $y = 0.0\,m$ a otra posición $y = 5.0\,m$ si se le ha aplicado una fuerza constante de $20kg_f$.

2) Cuanto trabajo se efectúa al mover un cuerpo si al cual se le ha aplicado un fuerza variable de comportamiento igual a $4 - x^2\ kg_f$ entre una distancia $x = -1m$ y $x = 2m.$

3) Calcular el trabajo realizado al comprimir un resorte de longitud inicial $20\,pu\lg$, si la fuerza aplicada es de $1000\,lb_f$, y la longitud final fue de $10\,pu\lg$.

4) Calcular el trabajo realizado por un gas con volumen inicial de $10\,ft^3$ y presión de 100 lb/ft² si se comprime hasta ocupar un volumen final de $5\,ft^3$.

Evaluaciones tipo: Unidad 4.

	E X A M E N	Número de lista:	
Cálculo Integral	Unidad: 4		
		Clave: Evaluación tipo 1	

1) Calcular la longitud de la recta: $y = x + 2$

    entre el intervalo $x = -2$ y $x = 3$

Indicadores a evaluar:
a) Bosquejo de la gráfica.
b) Estructuración de la integral.
c) Resultado.

Valor: 30 puntos.

2) Calcular el volumen del sólido de revolución generado al hacer girar alrededor del eje de las "X" el área limitada por las gráficas cuyas ecuaciones son:

$y = 4 - x^2$ y $y = 0$.

Indicadores a evaluar:
a) Bosquejo de la gráfica.
b) Estructuración de la integral.
c) Resultado.

Valor: 40 puntos.

3) Calcular el trabajo realizado al mover un cuerpo con fuerza variable de comportamiento igual a $\dfrac{2}{\sqrt{3x}} \, kg_f$ entre una distancia inicial $x = -2 \, m$ y una distancia final $x = 5 \, m$.

Indicadores a evaluar:
a) Bosquejo de la gráfica.
b) Estructuración de la integral.
c) Resultado.

Valor: 30 puntos.

	E X A M E N	Número de lista:	
Cálculo Integral	Unidad: 4		
		Clave: Evaluación tipo 2	

1) Calcular la longitud de la curva: $y = 1 - \dfrac{x^2}{4}$

    entre el intervalo $x = -2$ y $x = 2$

Indicadores a evaluar:
a) Bosquejo de la gráfica.
b) Estructuración de la integral.
c) Resultado.

Valor: 40 puntos.

2) Dada la lámina de cobre de 10 mm de espesor y área limitada por las gráficas cuyas ecuaciones son:
$y = 1 - x^2$ y $y = 0$;   con medidas en metros.
Calcular:
a) $A = ?$ (el área).
b) $\rho_l = ?$ (la densidad laminar).
c) $m = ?$ (la masa).
d) $M_y = ?$ (el momento con respecto al eje "Y").
e) $M_x = ?$ (el momento con respecto al eje "X").
f) $c.m. = ?$ (el centro de masa).

Indicadores a evaluar:
a) Bosquejo de la gráfica.
b) Estructuración de las integrales.
c) Resultado.

Valor: 60 puntos.

Formulario de aplicaciones de la integral: Unidad 4.

Integrales para el cálculo de la longitud de curvas:	Con respecto al Eje "X":	$L = \int_a^b \sqrt{1 + (f'(x))^2}\ dx$
	Con respecto al Eje "Y":	$L = \int_a^b \sqrt{1 + (f'(y))^2}\ dy$

Integrales para el cálculo de áreas:	Cálculo de áreas bajo la gráfica:	$A = \int_a^b f(x)dx$
	Cálculo de áreas entre gráficas:	$A = \int_a^b (f(x) - g(x))dx$
	Cálculo de áreas entre gráficas que no son funciones:	$A = \int_c^d (f(y) - g(y))dy$

Integrales para el cálculo de volúmenes:	Cálculo de volúmenes generados al girar áreas bajo una gráficas:	$V = \pi \int_a^b (f(x))^2 dx$
	Cálculo de volúmenes generados al girar áreas entre gráficas:	$V = \pi \int_a^b \left[(f(x))^2 - (g(x))^2 \right] dx$

Integrales para el cálculo de momentos y centros de masa; de láminas con área bajo la gráfica de una función:

$A = \int_a^b f(x)dx$ es el área $M_y = \rho_l \int_a^b x\, f(x)\, dx$ es el momento con respecto al eje Y

$\rho_l = \rho_m h$ es la densidad laminar $M_x = \dfrac{\rho_l}{2} \int_a^b (f(x))^2 dx$ es el momento con respecto al eje X

$m = \rho_l A$ es la masa $c.m. = \left(\dfrac{M_y}{m}, \dfrac{M_x}{m} \right)$ es el centro de masa

Integrales para el cálculo de momentos y centros de masa; de láminas con área entre gráficas de funciones:

$\rho_l = \rho_m h$ es la densidad laminar $M_y = \rho_l \int_a^b x(f(x) - g(x))dx$ es el momento con respecto al eje Y

$A = \int_a^b [f(x) - g(x)]dx$ es el área $M_x = \dfrac{\rho_l}{2} \int_a^b \left((f(x))^2 - (g(x))^2 \right)dx$ es el momento con el eje X

$m = \rho_l A$ es la masa. $c.m. = \left(\dfrac{M_y}{m}, \dfrac{M_x}{m} \right)$ es el centro de masa

Integrales para el cálculo del trabajo:	Trabajo realizado por fuerza variable:	$W = \int_a^b f(x)\,dx$ $W = \int_c^d f(y)\,dy$	
	Trabajo realizado por un resorte elástico:	$W = k \int_a^b x\,dx$	$k = \dfrac{F}{x}$
	Trabajo realizado por presión en los gases:	$W = k \int_{v_i}^{v_f} \dfrac{1}{v} dv$	$k = pv$

La pareja ideal de la verdad, es la matemática, porque ambas contienen inferencias que conducen al conocimiento exacto de la existencia humana.

José Santos Valdez Pérez

Lo mejor de la educación orientada a competencias, es haber dejado atrás la percepción incompleta de la enseñanza centrada en el aprendizaje.

José Santos Valdez Pérez

UNIDAD 5. INTEGRACIÓN POR SERIES.

Clases:

5.1   Definición, clasificación y tipos de series.
5.2   Generación del enésimo término de una serie.
5.3   Convergencia de series.
5.4   Intervalo y radio de convergencia de series de potencias.
5.5   Derivación e integración indefinida de series de potencia.
5.6   Integración definida de funciones por series de potencia.
5.7   Integración definida de funciones por series de Maclaurin y series de Taylor.

- Evaluaciones tipo.
- Formulario de integración por series.

Clase: 5.1 Definición, clasificación y tipos de series.

Guía:
- Definición de una sucesión.
- Definición de una serie.
- Clasificación de las series.
- Cálculo de los términos de una serie.
- Tipos de series.

- Ejemplos.
- Ejercicios.

Definición de una sucesión.

Es un listado de números que obedecen a una regla de orden.

Ejemplos:

1) $1, 4, 9, 16, \ldots$ es un listado de números que obedece la regla de orden n^2 $\forall\ n \in Z^+$

2) $1, 2, 6, 24$ es un listado de números que obedece la regla de orden $n!$ $\forall\ n \in Z^+ \leq 4$

3) $1, x, x^2, x^3, \cdots$ es un listado de números (variable) que obedece la regla de orden x^n $\forall\ n \geq 0 \in Z^+$

Notación: $\qquad \{a_n\}_{n=k}^{\alpha} = a_k + a_{k+1} + a_{k+2} + a_{k+3} + \cdots$

Ejemplos: 1) $\{n^2\}_{n=1}^{\alpha} = 1, 4, 9, 16, \ldots$ 2) $\{n!\}_{n=1}^{4} = 1, 2, 6, 24.$ 3) $\{x^n\}_{n=0}^{\alpha} = 1, x, x^2, x^3, \cdots$

Definición de una serie.

Es la sumatoria del listado de números de una sucesión.

Ejemplos:
1) $1 + 4 + 9 + 16 + \cdots$ es la sumatoria del listado de números de la sucesión $1, 4, 9, 16, \ldots$
2) $1 + 2 + 6 + 24$ es la sumatoria del listado de números de la sucesión $1, 2, 6, 24$.
3) $1 + x + x^2 + x^3 + \cdots$ es la sumatoria del listado de números de la sucesión $1, x, x^2, x^3, \cdots$

Clasificación de las series.

Sí el listado de números es ilimitado la serie es infinita;   Ejemplo: $1 + 4 + 6 + 16 + \cdots$
Sí el listado de números es limitado la serie es finita;   Ejemplo: $1 + 2 + 6 + 24.$

Para el propósito de nuestro estudio, a partir de aquí y a menos que otra cosa se indique, siempre nos estaremos refiriendo a las series infinitas.

Notación: $\qquad \displaystyle\sum_{n=k}^{\alpha} a_n = a_k + a_{k+1} + a_{k+2} + a_{k+3} + \cdots$

Donde: n Es cualquier número entero positivo ó el cero.

k Es el valor de n en que inicia la serie; donde $n \geq 0$ y $n \in Z^+$.

$\displaystyle\sum_{n=k}^{\alpha}$ Es el símbolo de la sumatoria de a_n desde $n = k$ hasta α.

a_n Es la fórmula del enésimo término ó simplemente enésimo término de la serie y representa la regla de orden.

$$\sum_{n=k}^{\alpha} a_n$$ Es la abreviatura de la sumatoria de los términos de la serie.

a_k, a_{k+1}, a_{k+2}, a_{k+3}, ... Son lo términos de la serie y a menos que otra cosa se indique la serie se presentará con los primeros 4 términos.

a_k Es el primer término de la serie.

a_{k+1} Es el segundo término de la serie.

a_{k+2} Es el tercer término de la serie.

$\cdots$ Nos indican continuidad de la serie.

Para el propósito de nuestro estudio diremos que una serie es completa, si esta representada por la sumatoria del enésimo término y los primeros cuatro términos no nulos.

Ejemplo:

En la serie $\displaystyle\sum_{n=1}^{\alpha} \frac{1}{n} = \frac{1}{1} + \frac{1}{2} + \frac{1}{3} + \frac{1}{4} + \cdots$

Identificar:

a) Los términos de la serie. b) El valor de k.

c) El segundo término. d) El término a_{k+2} e) El enésimo término.

f) La abreviatura de la sumatoria de los términos de la serie.
g) La serie completa.

Solución: a) $\dfrac{1}{1}, \dfrac{1}{2}, \dfrac{1}{3}, \dfrac{1}{4}, \cdots$ b) $k = 1;$ c) $\dfrac{1}{2};$ d) $a_{k+2} = \dfrac{1}{3}$ e) $a_n = \dfrac{1}{n}$

$f)$ $\displaystyle\sum_{n=1}^{\alpha} \frac{1}{n}$ $g)$ $\displaystyle\sum_{n=1}^{\alpha} \frac{1}{n} = \frac{1}{1} + \frac{1}{2} + \frac{1}{3} + \frac{1}{4} + \cdots$

Cálculo de los términos de una serie.

Cuando una serie se expresa únicamente por la fórmula del enésimo término, y se hace necesario calcular los términos de la serie, se parte de la siguiente afirmación:

La fórmula del enésimo término de una serie, es la fórmula matemática que obedece la siguiente regla:
    "Para cualquier valor de n el resultado nos muestra el valor del enésimo término".

Nota: Con el propósito de realizar procesos inversos, y a menos que otra cosa se indique; cuando los términos de las series se presentan en cocientes, se tiene que respetar cada elemento del cociente no haciendo las operaciones de división. Para fortalecer el concepto anterior obsérvese que en los términos de la serie:
$\displaystyle\sum_{n=1}^{0} \frac{1}{n} = \frac{1}{1} + \frac{1}{2} + \frac{1}{3} + \frac{1}{4} + \cdots$ se presenta el término $\frac{1}{1}$ sin haberse realizado la operación de división que sería uno.

Método de investigación para el cálculo de los términos de una serie:

1) Sustituya los valores de "k" en la fórmula del enésimo término hasta obtener los primeros cuatro términos no nulos.

Ejemplo 1.- Calcular los términos de la serie; $\displaystyle\sum_{n=0}^{\alpha} \frac{n}{n+1}$

$$\sum_{n=0}^{\alpha} \frac{n}{n+1} = \frac{0}{0+1} + \frac{1}{1+1} + \frac{2}{2+1} + \frac{3}{3+1} + \frac{4}{4+1} + \cdots = \frac{0}{1} + \frac{1}{2} + \frac{2}{3} + \frac{3}{4} + \frac{4}{5} + \cdots$$

Ejemplo 2.- Calcular los términos de la serie; $\displaystyle\sum_{n=1}^{\alpha} \frac{n}{2^n - 1}$

$$\sum_{n=1}^{\alpha} \frac{n}{2^n - 1} = \frac{1}{2^1 - 1} + \frac{2}{2^2 - 1} + \frac{3}{2^3 - 1} + \frac{4}{2^4 + 1} + \cdots = \frac{1}{1} + \frac{2}{3} + \frac{3}{7} + \frac{4}{15} + \cdots$$

Ejemplo 3.- Calcular los términos de la serie; $\displaystyle\sum_{n=0}^{\alpha} \frac{x^n}{n!}$

$$\sum_{n=0}^{\alpha} \frac{x^n}{n!} = \frac{x^0}{0!} + \frac{x^1}{1!} + \frac{x^2}{2!} + \frac{x^3}{3!} + \cdots = \frac{1}{1} + \frac{x}{1} + \frac{x^2}{2!} + \frac{x^3}{3!} + \cdots = 1 + x + \frac{x^2}{2!} + \frac{x^3}{3!} + \cdots$$

Observe que en las series que contienen variables, sí se realizan las operaciones $\frac{1}{1}$ y $\frac{x}{1}$ y además no se efectúan las operaciones de $2!$ y $3!$.

Ejemplo 4.- Calcular los términos de la serie; $\displaystyle\sum_{n=0}^{\alpha} \frac{3(-1)^n x^{2n}}{(2n)!}$

$$\sum_{n=0}^{\alpha} \frac{3(-1)^n x^{2n}}{(2n)!} = \frac{3(-1)^{(0)} x^{2(0)}}{(2(0))!} + \frac{3(-1)^{(1)} x^{2(1)}}{(2(1))!} + \frac{3(-1)^{(2)} x^{2(2)}}{(2(2))!} + \frac{3(-1)^{(3)} x^{2(3)}}{(2(3))!} + \cdots = \frac{3}{1} - \frac{3x^2}{2!} + \frac{3x^4}{4!} - \frac{x^6}{6!} \pm \cdots$$

Nota: Habrá ocasiones donde sea conveniente evaluar por separado cada uno de los términos de la serie, y al final representar la serie completa.

Ejemplo 5.- Calcular los términos de la serie; $\displaystyle\sum_{n=1}^{\alpha} 1 + (-1)^n$

$$a_1 = 1 + (-1)^1 = 1 + (-1) = 0 \qquad a_2 = 1 + (-1)^2 = 1 + (1) = 2$$
$$a_3 = 1 + (-1)^3 = 1 + (-1) = 0 \qquad a_4 = 1 + (-1)^4 = 1 + (1) = 2$$
$$\sum_{n=1}^{\alpha} \left(1 + (-1)^n\right) = 0 + 2 + 0 + 2 + \cdots$$

Ejemplo 6.- Calcular los términos de la serie; $\displaystyle\sum_{n=1}^{\alpha} \left(f_n = f_{n+1} + f_{n+2} \quad \forall n \geq 3 \quad y \quad f_1 = 1; f_2 = 1\right)$

Paso 1) $a_1 = f_1 = 1 \; f_1 = 1 \; ; \qquad a_2 = f_2 = 1 ; \qquad a_3 = f_3 = f_{3-1} + f_{3-2} = f_2 + f_1 = 1 + 1 = 2 ;$

$a_4 = f_4 = f_{4-1} + f_{4-2} = f_3 + f_2 = 2 + 1 = 3 \qquad a_5 = f_5 = f_{5-1} + f_{5-2} = f_4 + f_3 = 3 + 2 = 5$

Paso 2) $\displaystyle\sum_{n=1}^{\alpha} \left(f_n = f_{n+1} + f_{n+2} \quad \forall n \geq 3 \quad y \quad f_1 = 1; f_2 = 1\right) = 1 + 1 + 2 + 3 + 5 + \cdots$

Nota: En el análisis del listado de los términos de la serie se observa, que cada término es la suma de sus dos antecesores (al listado de términos de la serie, se le llama Sucesión de Fibonacci).

Tipos de series:

Tipo	Caracterización	Ejemplo
p-serie	Familia de series que presentan la forma: $$\sum_{n=k}^{\alpha} \frac{1}{n^p} \quad \forall \; p > 0$$	$$\sum_{n=1}^{\alpha} \frac{1}{n^2} = \frac{1}{1} + \frac{1}{4} + \frac{1}{9} + \frac{1}{16} + \cdots$$
Armónica	Serie del tipo p-serie donde $p = 1$, de tal forma que su estructura final queda: $$\sum_{n=k}^{\alpha} \frac{1}{n}$$	$$\sum_{n=1}^{\alpha} \frac{1}{n} = \frac{1}{1} + \frac{1}{2} + \frac{1}{3} + \frac{1}{4} + \cdots$$
Armónica general	Familia de series que presentan la forma: $$\sum_{n=k}^{\alpha} \frac{1}{an+b} \quad \forall \; a > 0$$	$$\sum_{n=1}^{\alpha} \frac{3}{2n-1} = \frac{3}{1} + \frac{3}{3} + \frac{3}{5} + \frac{3}{7} + \cdots$$
Alternantes	Familia de series que presentan sus términos alternativamente en positivos y negativos: $$\sum_{n=k}^{\alpha} a_n (-1)^{n-1}$$	$$\sum_{n=1}^{\alpha} \frac{(-1)^{n-1}}{n} = \frac{1}{1} - \frac{1}{2} + \frac{1}{3} - \frac{1}{4} \pm \cdots$$
Telescópicas:	Familia de series que presentan la forma: $$\sum_{n=k}^{\alpha} (a_n - a_{n+1})$$	$$\sum_{n=1}^{\alpha} \left(\frac{1}{n^2} - \frac{1}{(n+1)^2} \right) = \left(\frac{1}{1} - \frac{1}{4} \right) + \left(\frac{1}{4} - \frac{1}{9} \right) +$$ $$\left(\frac{1}{9} - \frac{1}{16} \right) + \left(\frac{1}{16} - \frac{1}{25} \right) + \cdots$$
Geométricas	Familia de series que presentan la forma: $$\sum_{n=0}^{\alpha} a r^n \quad \forall a \neq 0 \; y \; r \in R$$ a "r" se le llama la "razón de la serie".	$$\sum_{n=0}^{\alpha} \frac{1}{2^n} = \frac{1}{1} + \frac{1}{2} + \frac{1}{4} + \frac{1}{8} + \cdots$$ Observe que: $\frac{1}{2^n} = (1)\left(\frac{1}{2} \right)^n \quad \therefore$ $$a = 1 \quad y \quad r = \frac{1}{2}$$
De potencias	familia de series que presentan la forma: $$\sum_{n=0}^{\alpha} a_n x^n \quad \text{donde } x \text{ es una variable.}$$	$$\sum_{n=0}^{\alpha} \frac{x^n}{n!} = \frac{1}{0!} + \frac{x}{1!} + \frac{x^2}{2!} + \frac{x^3}{3!} + \cdots$$ $$= \frac{1}{1} + \frac{x}{1} + \frac{x^2}{2} + \frac{x^3}{6} + \cdots$$

Nota: Para el caso especial donde $x = 1$, se tendría lo siguiente:

$$\sum_{n=0}^{\alpha} \frac{1}{n!} = \frac{1}{0!} + \frac{1}{1!} + \frac{1}{2!} + \frac{1}{3!} + \frac{1}{4!} \cdots = 1 + 1 + \frac{1}{2} + \frac{1}{6} + \frac{1}{24} + \cdots = 1 + 1 + 0.5 + 0.1666... + 0.04166... + \cdots = 2.718... = e$$

De potencias centrada en c	Es una familia de series de potencia que presentan la forma: $$\sum_{n=0}^{\alpha} a_n (x-c)^n \quad \text{donde "c" es una}$$ constante.	$$\sum_{n=0}^{\alpha} \frac{(x-2)^n}{n!} = \frac{1}{0!} + \frac{x-2}{1!} + \frac{(x-2)^2}{2!} + \cdots$$ $$= \frac{1}{1} + \frac{x-2}{1} + \frac{(x-2)^2}{2} + \cdots$$

Ejercicios:

Tipo I. En las siguientes series, identificar:

a) Los términos de la serie; b) El valor de k; c) El segundo término; d) El término a_{k+2};

e) El enésimo término; y f) La abreviatura de la sumatoria de los términos de la serie.

1) $\displaystyle\sum_{n=1}^{\alpha} 2n = 2 + 4 + 6 + 8 + \ldots$

3) $\displaystyle\sum_{n=1}^{\alpha} \frac{2^n}{2n-1} = \frac{2}{1} + \frac{4}{3} + \frac{8}{5} + \frac{16}{7} \cdots$

2) $\displaystyle\sum_{n=1}^{\alpha} (n-1) = 1 + 3 + 5 + 7 + \cdots$

4) $\displaystyle\sum_{n=}^{\alpha} \frac{2^n-1}{2^n} = \frac{1}{2} + \frac{3}{4} + \frac{7}{8} + \frac{15}{16} \cdots$

Tipo II. Calcular los términos de las siguientes series:

1) $\displaystyle\sum_{n=1}^{\alpha} n$

4) $\displaystyle\sum_{n=1}^{\alpha} \frac{n+1}{n^2}$

7) $\displaystyle\sum_{n=1}^{\alpha} \frac{3}{n+2}$

10) $\displaystyle\sum_{n=1}^{\alpha} \sqrt{n}$

2) $\displaystyle\sum_{n=1}^{\alpha} 2^{\frac{1}{n}}$

5) $\displaystyle\sum_{n=1}^{\alpha} sen\frac{n\pi}{3}$

8) $\displaystyle\sum_{n=1}^{\alpha} \frac{\ln n^2}{n+1}$

11) $\displaystyle\sum_{n=0}^{\alpha} \frac{(-1)^{2n} x^n}{n+2}$

3) $\displaystyle\sum_{n=0}^{\alpha} \frac{1}{n!}$

6) $\displaystyle\sum_{n=1}^{\alpha} \frac{n^2}{n+1}$

9) $\displaystyle\sum_{n=1}^{\alpha} \frac{n}{e^n}$

12) $\displaystyle\sum_{n=0}^{\alpha} \frac{2(-1)^n x^{2n+1}}{n!}$

Tipo III. Dar al menos tres ejemplos de los siguientes tipos de series:

1) Series p-serie.
2) Armónica general.
3) Series alternantes.
4) Series telescópicas.
5) Series geométricas.
6) Series de potencias.
7) Series de potencias centrada en c.

Clase; 5.2 Generación de la fórmula del enésimo término de una serie.

Guía:
- Estructuras típicas de fórmulas de enésimos términos.
- Enésimos términos elementales.
- Operador de alternancia.
- Tabla: Estructuras típicas de fórmulas de enésimos términos.
- Generación de la fórmula del enésimo término.

- Ejemplos.
- Ejercicios.

Estructuras típicas de fórmulas de enésimos términos:

Son estructuras genéricas de las series, que se transforman en fórmulas de enésimos términos al asignarles los valores específicos a cada una de sus componentes.

Ejemplo: Sea $a_n = n^p - q$ la estructura típica del enésimo término de una serie; Obtener la fórmula del enésimo término para $p = 2$ y $q = 1$:

Solución: $a_n = n^{(2)} - (1) = n^2 - 1$ $\therefore$ la fórmula del enésimo término es: $a_n = n^2 - 1$

Enésimos términos elementales:

Son estructuras típicas que contienen "p" ó "n" siendo "p" una constante y se caracterizan porque al observar los términos de las series, directamente se presenta la fórmula del enésimo término.

Ejemplo: $1 + 2 + 3 + 4 + \cdots$ Para $k = 1$ $a_n = n$

Operador de alternancia:

Es la estructura típica del enésimo término $(-1)^{n \pm p}$ que presenta una serie alternante.

Ejemplo: Obtener la serie completa cuya fórmula del enésimo términos es; $\displaystyle\sum_{n=1}^{\alpha} \frac{(-1)^{n-1}}{n}$:

Solución: $\displaystyle\sum_{n=1}^{\alpha} \frac{(-1)^{n-1}}{n} = \frac{1}{1} + \frac{-1}{2} + \frac{1}{3} + \frac{-1}{4} + \cdots = \frac{1}{1} - \frac{1}{2} + \frac{1}{3} - \frac{1}{4} \pm \cdots$

Tabla: Estructuras típicas de fórmulas de enésimos términos.

A continuación se presenta una tabla de las estructuras típicas de fórmulas mas comunes, y que a la vez son punto de partida en el aprendizaje para generar fórmulas de enésimos términos de series mas complejas.

Tabla: Estructuras típicas de fórmulas de enésimos términos. $\forall\ n, p, q \geq 0\ y \in Z^+$			
Enésimos términos elementales		Estructuras típicas de enésimos términos	
Para: p ó n	Ejemplo:	Para: n y p	Para: n, p y q
1) $a_n = p$	$a_n = 2 + 2 + 2 + 2 + \cdots$	1) $a_n = pn$	1) $a_n = pn + q$
2) $a_n = -p$	$a_n = -2 - 2 - 2 - 2 - \cdots$	2) $a_n = n^p$	2) $a_n = pn - q$
3) $a_n = n$	$a_n = 1 + 2 + 3 + 4 + \cdots$ Para $k = 1$	3) $a_n = p^n$	3) $a_n = n^p + q$
4) $a_n = n!$	$a_n = 1 + 1 + 2 + 6 + \cdots$ Para $k = 0$	4) $a_n = n + p$	4) $a_n = n^p - q$
5) $a_n = n^n$	$a_n = 1 + 4 + 27 + 256 + \cdots$ Para $k = 1$	5) $a_n = n - p$	5) $a_n = p^n + q$
6) $a_n = (-1)^n$	$a_n = 1 - 1 + 1 - 1 \pm \cdots$ Para $k = 0$	6) $a_n = p - n$	6) $a_n = p^n - q$

Generación de la fórmula del enésimo término:

Cuando una serie se expresa únicamente por sus términos, se supone que los términos subsecuentes (indicados por los tres puntos ...) obedecen a la regla de orden implícita en los términos que sí están presentes. Es aquí donde se hace necesario generar la fórmula del enésimo término por lo que se ofrece el siguiente método.

Método de investigación para la generación del enésimo término:

1) Analizar cada estructura típica de enésimos términos de cuerdo a la "Tabla: Prueba de estructuras típicas" que se presenta, hasta encontrar la estructura que cumpla con todos y cada uno de los términos de la serie.

Notas: a) Esto no necesariamente implica que siempre se deban de probar en determinado orden todas las estructuras hasta encontrar la que estamos buscando, sino que una ves que se domina el método se pueden hacer saltos de estructuras típicas de acuerdo a la intuición de cada estudiante.
b) Cocientes, múltiplos, potencias y operadores de alternancia se analizan por separado.

Ejemplo 1) $\dfrac{1}{1} + \dfrac{2}{2} + \dfrac{3}{6} + \dfrac{4}{24} + \cdots$ Se analizan por separado las series: $\begin{cases} 1+2+3+4+\cdots & y \\ 1+2+6+24+\cdots \end{cases}$

Ejemplo 2) $2x + 4x^2 + 6x^3 + 8x^4 + \cdots$ Se analizan por separado las series: $\begin{cases} 2+4+6+8+\cdots & y \\ 1+2+3+4+\cdots \end{cases}$

2) Identificar la fórmula de la estructura típica del enésimo término.
3) Generar la fórmula del enésimo término.
4) Estructurar la serie completa (con el enésimo término incluido).

Tabla: Prueba de estructuras típicas.							
Estructura típica	Valo res		$a_k + a_{k+1} + a_{k+2} + a_{k+3} + \cdots$ para $k = ?$				Fórmula enésimo término
	p	q	$n=k$ $a_1 = ?$ Cumple?	$n=k+1$ $a_2 = ?$ Cumple?	$n=k+2$ $a_3 = ?$ Cumple?	$n=k+3$ $a_4 = ?$ Cumple?	
$a_n = p$							
$a_n = -p$							
$a_n = n$							
$a_n = n^n$							
$\vdots$							
$a_n = p^n - q$							$a_n = ?$

Ejemplo 1) Sea: $1 + 2 + 6 + 24 + \ldots$ Generar la fórmula del enésimo término de la serie para $k = 1$.
Paso 1)

Tabla: Prueba de estructuras típicas.							
Estructura típica	Valo res		Serie: $1 + 2 + 6 + 24 + \ldots$ para $k = 1$.				Fórmula enésimo término
	p	q	$n=1$ $a_1 = 1$ Cumple?	$n=2$ $a_2 = 2$ Cumple?	$n=3$ $a_3 = 6$ Cumple?	$n=4$ $a_4 = 24$ Cumple?	
$a_n = p$	1		$a_1 = 1$ Sí	$a_2 = 1$ No			
$a_n = -p$			$a_1 = -1$ No				

$a_n = n$		$a_1 = 1$ Sí $a_2 = 2$ Sí $a_3 = 3$ No	
$a_n = n^n$		$a_1 = 1^1 = 1$ Sí $a_2 = 2^2 = 4$ No	
$a_n = n!$		$a_1 = 1! = 1$ Sí $a_2 = 2! = 2$ Sí $a_3 = 3! = 6$ Sí $a_4 = 4! = 24$ Sí	$a_n = n!$

Paso 2)   Fórmula de la estructura típica del enésimo término: $a_n = n!$

Paso 3)   Fórmula del enésimo término: $a_n = n!$

Paso 4)   Serie completa: $\displaystyle\sum_{n=1}^{\alpha} n! = 1 + 2 + 6 + 24 + \cdots$

Ejemplo 2)   Generar la fórmula del enésimo término de la serie para $k = 0$.

Sea: $1 + x + x^2 + x^3 + \cdots$ Observe que $x^0 = 1$ de donde la serie similar sería $x^0 + x^1 + x^2 + x^3 + \cdots$

Paso 1)

Tabla: Prueba de estructuras típicas.

Estructura típica	Valores		Serie: $0 + 1 + 2 + 3 + \ldots$ para $k = 0$.				Fórmula enésimo término
	p	q	$n = 0$ $a_1 = 0$ Cumple?	$n = 1$ $a_2 = 1$ Cumple?	$n = 2$ $a_3 = 2$ Cumple?	$n = 3$ $a_4 = 3$ Cumple?	
$a_n = p$	1		$a_1 = 1$ Sí $a_2 = 1$ No				
$a_n = -p$			No				
$a_n = n$			$a_1 = 0$ Sí $a_2 = 1$ Sí $a_3 = 2$ Sí $a_3 = 3$ Sí				$a_n = n$

Paso 2)   Fórmula de la estructura típica del enésimo término: $a_n = x^n$

Paso 3)   Fórmula del enésimo término: $a_n = x^n$

Paso 4)   Serie completa: $\displaystyle\sum_{n=0}^{\alpha} x^n = 1 + x + x^2 + x^3 + \cdots$

Ejemplo 3.-   Sea: $\dfrac{2}{1} + \dfrac{4}{3} + \dfrac{8}{5} + \dfrac{16}{7} + \cdots$ Generar la fórmula del enésimo término para   de la serie para $k = 1$

Paso 1)

Tabla: Prueba de estructuras típicas.

Estructura típica	Valores		Serie $2 + 4 + 8 + 16 + \cdots$ Para $k = 1$				Fórmula enésimo término
	p	q	$n = 1$ $a_1 = 2$ Cumple?	$n = 2$ $a_2 = 4$ Cumple?	$n = 3$ $a_3 = 8$ Cumple?	$n = 4$ $a_4 = 16$ Cumple?	
$a_n = n$			$a_1 = 1$ No				
$a_n = n^n$			$a_1 = 1^1 = 1$ No				
$a_n = n!$			$a_1 = 1! = 1$ No				
$a_n = pn$	2		$a_1 = 2.1 = 2$ Sí	$a_2 = 2.2 = 4$ Sí	$a_3 = 2.3 = 6$ No		
$\vdots$							
$a_n = p^n$	2		$a_1 = 2^1 = 2$ Sí	$a_2 = 2^2 = 5$ Sí	$a_3 = 2^3 = 8$ Sí	$a_4 = 2^4 = 16$ Sí	$a_n = 2^n$

Estructura típica	Valores		Serie: $1+3+5+7+\cdots$ Para $k=1$				Fórmula enésimo término
	p	q	$n=1$ $a_1=1$ Cumple?	$n=2$ $a_2=3$ Cumple?	$n=3$ $a_3=5$ Cumple?	$n=4$ $a_4=7$ Cumple?	
$a_n=n$			$a_1=1$ Sí	$a_2=2$ No			
$a_n=n^n$			$a_1=1^1=1$ Sí	$a_2=2^2=4$ No			
$a_n=n!$			$a_1=1!=1$ Sí	$a_2=2!=2$ No			
$\vdots$							
$a_n=pn-q$	2	1	$a_1=2.1-1=1$ Sí	$a_2=2.2-1=3$ Sí	$a_3=2.3-1=5$ Sí	$a_1=2.4-1=7$ Sí	$a_n=2n-1$

Paso 2) Fórmula de la estructura típica del enésimo término: $a_n=\dfrac{p^n}{pn-q}$

Paso 3) Fórmula del enésimo término: $a_n=\dfrac{2^n}{2n-1}$

Paso 4) Serie completa: $\displaystyle\sum_{n=1}^{\alpha}\frac{2^n}{2n-1}=\frac{1}{2}+\frac{4}{3}+\frac{8}{5}+\frac{16}{7}+\cdots$

Ejemplo 4.- Sea: $\dfrac{1}{2}+\dfrac{3}{3}+\dfrac{7}{4}+\dfrac{15}{5}+\cdots$ Generar la fórmula del enésimo término para de la serie para $k=1$

Paso 1)			Tabla: Prueba de estructuras típicas.				
Estructura típica	Valores		Serie: $1+3+7+15+\cdots$ Para $k=1$				Fórmula enésimo término
	p	q	$n=1$ $a_1=1$ Cumple?	$n=2$ $a_2=3$ Cumple?	$n=3$ $a_3=7$ Cumple?	$n=4$ $a_4=15$ Cumple?	
$a_n=n$			$a_1=1$ Sí	$a_2=2$ No			
$a_n=n^n$			$a_1=1^1=1$ Sí	$a_2=2^2$ No			
$\vdots$							
$c_n=p^n-q$	2	1	$a_1=2^1-1$ $=1$ Sí	$a_2=2^2-1$ $=3$ Sí	$a_3=2^3-1$ $=7$ Sí	$a_4=2^4-1$ $=15$ Sí	$a_n=2^n-1$

			Tabla: Prueba de estructuras típicas.				
Estructura típica	Valores		Serie: $2+3+4+5+\cdots$ Para $k=1$				Fórmula enésimo término
	p	q	$n=1$ $a_1=2$ Cumple?	$n=2$ $a_1=3$ Cumple?	$n=3$ $a_1=4$ Cumple?	$n=4$ $a_1=5$ Cumple?	
$a_n=n$			$a_1=1$ Sí	$a_2=2$ No			
$a_n=n^n$			$a_1=1^1=1$ Sí	$a_2=2^2$ No			
$\vdots$							
$a_n=n+1$			$a_1=1+1=2$ Sí	$a_2=2+1=3$ Sí	$a_3=3+1=4$ Sí	$a_4=4+1=5$ Sí	$a_n=n+1$

Paso 2) Formula de la estructura típica del enésimo término: $a_n = \dfrac{p^n - q}{n+1}$

Paso 3) Fórmula de enésimo término: $a_n = \dfrac{2^n - 1}{2^n}$

Paso 4) Serie completa: $\displaystyle\sum_{n=1}^{\alpha} \dfrac{2^n - 1}{2^n} = \dfrac{1}{2} + \dfrac{3}{4} + \dfrac{7}{8} + \dfrac{15}{16} + \cdots$

Ejemplo 5)   Generar la fórmula del enésimo término de la serie para $k = 0$.

Sea: $1 - x + \dfrac{x^2}{2!} - \dfrac{x^3}{3!} \pm \cdots$ Observe que una serie similar es: $\dfrac{x^0}{0!} - \dfrac{x^1}{1!} + \dfrac{x^2}{2!} - \dfrac{x^3}{3!} \pm \cdots$

Paso 1) Observe que los signos cambias de positivo a negativo alternativamente, por lo que $a_n = (-1)^n$

   Para la serie $x^0 + x^1 + x^2 + x^3 + \ldots$ el enésimo término es: $a_n = x^n$

   Para la serie $0! + 1! + 2! + 3! + \cdots$ el enésimo término es: $a_n = n!$

Paso 2) La fórmula de la estructura típica del enésimo término es: $a_n = \dfrac{(-1)^n x^n}{n!}$

Paso 3) La fórmula del enésimo término es: $a_n = \dfrac{(-1)^n x^n}{n!}$

Paso 4) La serie completa es: $\displaystyle\sum_{n=0}^{\alpha} \dfrac{(-1)^n x^n}{n!} = 1 - x + \dfrac{x^2}{2!} - \dfrac{x^3}{3!} \pm \cdots$

Ejercicios:

Tipo I. Generar el enésimo término de las siguientes series:

1) $2 + 4 + 6 + 8 + \cdots \quad \forall\, k = 1$

2) $3 - 4 + 5 - 6 \pm \cdots \quad \forall\, k = 1$

3) $\dfrac{1}{1} + \dfrac{1}{2} + \dfrac{1}{3} + \dfrac{1}{4} + \cdots \quad \forall\, k = 1$

4) $1 - x + \dfrac{x^2}{2!} - \dfrac{x^3}{3!} \pm \cdots \quad \forall\, k = 0$

5) $\dfrac{1}{1} + \dfrac{1}{4} + \dfrac{1}{9} + \dfrac{1}{16} + \cdots \quad \forall\, k = 1$

6) $\dfrac{3}{3} + \dfrac{3}{5} + \dfrac{3}{7} + \dfrac{3}{9} + \cdots \quad \forall\, k = 1$

7) $\dfrac{1}{1} + \dfrac{1}{1} + \dfrac{1}{2} + \dfrac{1}{6} + \cdots \quad \forall\, k = 1$

8) $x + x^2 + \dfrac{x^3}{2!} + \dfrac{x^4}{3!} + \cdots \forall\, k = 0$

9) $\dfrac{1}{1} + \dfrac{1}{2} + \dfrac{1}{4} + \dfrac{1}{8} + \cdots \quad \forall\, k = 1$

10) $1 + x + \dfrac{x^2}{2!} + \dfrac{x^3}{3!} \pm \cdots \quad \forall\, k = 0$

Clase: 5.3 Convergencia de series.

Guía:
- Sumas parciales de una serie.
- Estrategias para investigar la convergencia de series.
- Intervalo y radio de convergencia de series de potencias:

- Ejemplos.
- Ejercicios.

Sumas parciales de una serie:

Sí se tiene una serie: $\sum_{n=k}^{\alpha} a_n = a_k + a_{k+1} + a_{k+2} + a_{k+3} + \cdots$ entonces las sumas parciales de la serie infinita son:

$s_1 = a_k$

$s_2 = a_k + a_{k+1}$

$s_3 = a_k + a_{k+1} + a_{k+2}$

$\vdots$

$s_n = a_k + a_{k+1} + a_{k+2} + \ldots$ llamada enésima suma parcial de la serie infinita $\sum a_n$

Sí a las sumas parciales le asociamos una serie de sumas parciales entonces tenemos:

$$S = \sum_{n=k}^{\alpha} s_n = s_1 + s_2 + s_3 + s_4 + \cdots \quad \sum_{n=k}^{\alpha} S = s_1 + s_2 + s_3 + s_4 + \cdots \quad \text{De donde podemos inferir que:}$$

La suma $"S"$ de la serie infinita $\sum_{n=k}^{\alpha} a_n$ es el límite del enésimo término de la serie de sumas parciales, siempre y cuando el límite exista ó sea:

$$S = \lim_{n \to \alpha} s_n \quad \forall \; \lim_{n \to \alpha} s_n \in R$$

Estrategias para investigar la convergencia de series.

Debido a que el proceso de investigación de la convergencia de series en algunos casos resultan ser de un grado de complejidad apreciable, a continuación se describen las estrategias mas conocidas para simplificar la investigación y acceder a las que presenten mayores dificultades.

Convergencia de series por la definición:

La definición de convergencia de una serie afirma que: Una serie es convergentes, si el límite del enésimo término de la serie de sumas parciales existe, ó bien es divergente si el límite no existe.

Método para investigar la convergencia de series por la definición:

1) Calcular los términos de la serie
2) Calcular las sumas parciales.
3) Estructurar la serie de sumas parciales.
4) Obtener el enésimo término de la serie de sumas parciales ó determinar por observación directa de los términos la existencia ó no del límite
5) Obtener el límite del enésimo término de las sumas parciales.
6) Declarar aplicando la definición si la serie es convergente ó divergente.

Ejemplo 1. Investigar por la definición la convergencia de la serie: $\sum_{n=1}^{\alpha} \left[(-1)^n + 1 \right]$

Paso 1) $\sum_{n=1}^{\alpha} \left[(-1)^n + 1 \right] = 0 + 2 + 0 + 2 + \cdots$

Paso 2) $S_1 = 0; \quad S_2 = 0 + 2 = 2; \quad S_3 = 0 + 2 + 0 = 2; \quad S_4 = 0 + 2 + 0 + 2 = 4 \quad \{S\} = 0, 2, 2, 4, \cdots$

Paso 3) $\displaystyle\sum_{n=1}^{\alpha} S = 0 + 2 + 2 + 4 + \cdots$

Paso 4) Por observación directa se declara que no hay límite.
Paso 5) No hay límite.
Paso 6) La serie es divergente.

Ejemplo 2. Investigar por la definición la convergencia de la serie: $\displaystyle\sum_{n=1}^{\alpha}\left(\frac{1}{2}\right)^{n}$

Paso 1) $\displaystyle\sum_{n=1}^{\alpha}\left(\frac{1}{2}\right)^{n} = \frac{1}{1} + \frac{1}{2} + \frac{1}{4} + \frac{1}{8} + \frac{1}{16} + \cdots$

Paso 2) $S_1 = \dfrac{1}{2}$; $S_2 = \dfrac{1}{2} + \dfrac{1}{4} = \dfrac{3}{4}$; $S_3 = \dfrac{1}{2} + \dfrac{1}{4} + \dfrac{1}{8} = \dfrac{3}{4} + \dfrac{1}{8} = \dfrac{7}{8}$; $S_4 = \dfrac{1}{2} + \dfrac{1}{4} + \dfrac{1}{8} + \dfrac{1}{16} = \dfrac{7}{8} + \dfrac{1}{16} = \dfrac{15}{16}$

Paso 3) $\displaystyle\sum_{n=1}^{\alpha} S = \frac{1}{2} + \frac{3}{4} + \frac{7}{8} + \frac{15}{16} + \cdots$

Paso 4) $\dfrac{2^{n}-1}{2^{n}}$ ya resuelto en el apartado: "Generación del enésimos término de una serie".

Paso 5) $\displaystyle\lim_{n\to\alpha}\frac{2^{n}-1}{2^{n}} = \lim_{n\to\alpha}\left(1 - \frac{1}{2n}\right) = 1$ por lo tanto el límite existe.

Paso 6) La serie es convergente.

Es de observarse que:

$$S = \sum_{n=1}^{\alpha}\left(\frac{1}{2}\right)^{n} = \frac{1}{2} + \frac{1}{4} + \frac{1}{8} + \frac{1}{16} + \frac{1}{32} + \frac{1}{64} + \frac{1}{128} + \cdots = 0.992188 + \cdots = \lim_{n\to\alpha}\sum_{n=1}^{\alpha}\left(\frac{1}{2}\right)^{n} = 1$$

Convergencia de series por el criterio de la raíz:

El criterio establece que si se tiene una serie $\sum a_n$ entonces se puede afirmar lo siguiente:

1º. $\sum a_n$ es convergente si $\displaystyle\lim_{n\to\alpha}\sqrt[n]{|a_n|} < 1$

2º. $\sum a_n$ es divergente si $\displaystyle\lim_{n\to\alpha}\sqrt[n]{|a_n|} > 1$

3º. El criterio no decide si $\displaystyle\lim_{n\to\alpha}\sqrt[n]{|a_n|} = 1$

Ejemplo: Investigar por el criterio de la raíz la convergencia ó divergencia de la serie $\displaystyle\sum_{n=1}^{\alpha}\frac{2^{n}}{n^{2n}}$:

$$\lim_{n\to\alpha}\sqrt[n]{\left|\frac{2^{n}}{n^{2n}}\right|} = \sqrt[n]{\left|\lim_{n\to\alpha}\frac{2^{n}}{n^{2n}}\right|} = \sqrt[n]{\left|\lim_{n\to\alpha}\left(\frac{2}{n^{2}}\right)^{n}\right|} = \sqrt[n]{\left|\left(\frac{2}{\alpha}\right)^{\alpha}\right|} = \sqrt[n]{0^{\alpha}} = \sqrt[n]{0} = 0$$

Como $\displaystyle\lim_{n\to\alpha}\sqrt[n]{|a_n|} < 1$ $\therefore$ se concluye que la serie es convergente.

Convergencia de series por el criterio del cociente:

El criterio establece que si se tiene una serie $\sum a_n$ con términos no nulos, entonces se puede afirmar:

1°.   Sí $\displaystyle\lim_{n\to\alpha}\left|\frac{a_{n+1}}{a_n}\right| < 1$ La serie converge.

2°.   Sí $\displaystyle\lim_{n\to\alpha}\left|\frac{a_{n+1}}{a_n}\right| > 1$ La serie converge.

3o.   Sí $\displaystyle\lim_{n\to\alpha}\left|\frac{a_{n+1}}{a_n}\right| = 1$ El criterio no decide.

Método para investigar la convergencia de series por el criterio del cociente:

1. Obtener los términos de la serie $\sum a_n$ y verificar que sus términos sean no nulo.

2. A partir de $\sum a_n$ obtenga $\sum a_{n+1}$

3. Obtenga el $\displaystyle\lim_{n\to\alpha}\left|\frac{a_{n+1}}{a_n}\right|$

4. Aplique el criterio del cociente.

Ejemplo: Investigar por el criterio del cociente la convergencia de la serie $\displaystyle\sum_{n=0}^{\alpha}\frac{2^n}{n!}$:

   Paso 1) Análisis: $\displaystyle\sum_{n=0}^{\alpha}\frac{2^n}{n!} = \frac{1}{1}+\frac{2}{1}+\frac{4}{2}+\frac{8}{6}+\cdots$ $\therefore$ se concluye que $\displaystyle\sum_{n=0}^{\alpha}\frac{2^n}{n!}$ no tiene términos no nulos.

   Paso 2) Análisis: si $\displaystyle a_n = \sum_{n=0}^{\alpha}\frac{2^n}{n!}$ $\therefore$ $\displaystyle a_{n-1} = \sum_{n=0}^{\alpha}\frac{2^{n+1}}{(n+1)!}$

   Paso 3) $\displaystyle\lim_{n\to\alpha}\left|\frac{a_{n+1}}{a_n}\right| = \lim_{n\to\alpha}\left|\frac{\frac{2^{n+1}}{(n+1)!}}{\frac{2^n}{n!}}\right| = \left|\lim_{n\to\alpha}\frac{2^{n+1}n!}{2^n(n+1)!}\right| = \left|\lim_{n\to\alpha}\frac{2}{n+1}\right| = \left|\frac{2}{\alpha+1}\right| = 0$

   Paso 4) $\displaystyle\lim_{n\to\alpha}\left|\frac{a_{n+1}}{a_n}\right| < 1$ $\therefore$ se concluye que la serie es convergente.

Ejercicios:

Tipo I. Investigar la convergencia de las siguientes serie:

1) $\displaystyle\sum_{n=1}^{\alpha} 2n$ 3) $\displaystyle\sum_{n=0}^{\alpha}\frac{2}{3^n}$ 5) $\displaystyle\sum_{n=0}^{\alpha}\frac{e^n+1}{n}$

2) $\displaystyle\sum_{n=1}^{\alpha}\frac{n+1}{n}$ 4) $\displaystyle\sum_{n=0}^{\alpha}\sqrt[n]{2}$ 6) $\displaystyle\sum_{n=1}^{\alpha}\frac{3^n+1}{2n}$

Clase: 5.4 Intervalo y radio de convergencia de series de potencias.
Guía:
- Intervalo y radio de convergencia de series de potencias.
- Método para investigar el intervalo y el radio de convergencia de una serie de potencia:
- Ejemplos.
- Ejercicios.

Intervalo y radio de convergencia de series de potencias:

El intervalo de convergencia es el conjunto de valores donde la serie converge.

El teorema de convergencias de una serie de potencias centrada en "c" afirma que:
"Existe un número real $R > 0$ ("R" es el radio de convergencia) en la serie $\sum_{n=0}^{\alpha} a_n (x - c)^n$ en la cual:

1°. Sí la serie converge, para toda "x"; entonces $R = \alpha$ y su intervalo de convergencia es: $(-\alpha, \alpha)$

2°. Sí la serie converge, solo cuando $x = c$; entonces (por convención) $R = 0$ y su intervalo de convergencia consta de un solo punto y es el punto "c"; ó sea: (c, c)

3°. Sí la serie converge, para $|x - c| < R$; entonces $x_1 = c - R$ y $x_2 = c + R$ son su puntos extremos y su intervalo de convergencia tiene cuatro posibilidades: (x_1, x_2); $(x_1, x_2]$; $[x_1, x_2)$; y $[x_1, x_2]$

Método para investigar el intervalo y el radio de convergencia de una serie de potencia:

1.- Seleccione alguna estrategia para investigar la convergencia de la serie.
2.- Identificar el radio de convergencia.
3.- Investigar el intervalo de convergencia.

Ejemplo 1. Investigar el radio e intervalo de convergencia de la serie; $\sum_{n=0}^{\alpha} \dfrac{(-1)^n x^{n+1}}{n!}$

Paso 1. La estrategia seleccionada es "Criterio del cociente".

Paso 1.1. $\sum_{n=0}^{\alpha} \dfrac{(-1)^n x^{n+1}}{n!} = \dfrac{x}{0!} + \dfrac{-x^2}{1!} + \dfrac{x^3}{3!} + \dfrac{-x^4}{4!} \pm \cdots$ No tiene términos nulos.

Paso 1.2. $a_n = \dfrac{(-1)^n x^{n+1}}{n!}$ $a_{n+1} = \dfrac{(-1)^{n+1} x^{n+2}}{(n+1)!}$

Paso 1.3. $\underset{n \to \alpha}{lím} \left| \dfrac{a_{n+1}}{a_n} \right| = \underset{n \to \alpha}{lím} \left| \dfrac{\frac{(-1)^{n+1} x^{n+2}}{(n+1)!}}{\frac{(-1)^n x^{n+1}}{n!}} \right| = \underset{n \to \alpha}{lím} \left| \dfrac{n!(-1)^{n+1} x^{n+2}}{(n+1)!(-1)^n x^{n+1}} \right| = \underset{n \to \alpha}{lím} \left| \dfrac{-x}{n+1} \right| = \left| \dfrac{-x}{\alpha+1} \right| = 0$

Paso 1.4.   La serie converge para toda "x"; según el criterio del cociente.

Paso 2.   El radio de convergencia es: $R = \alpha$

Paso 3.   El intervalo de convergencia es: $(-\alpha, \alpha)$

Ejemplo 2. Investigar el radio e intervalo de convergencia de la serie; $\displaystyle\sum_{n=1}^{\alpha} \frac{x^n}{2n}$

Paso 1. La estrategia seleccionada es "Criterio del cociente".

Paso 1.1. $\displaystyle\sum_{n=1}^{\alpha} \frac{x^n}{2n} = \frac{x}{2} + \frac{x^2}{4} + \frac{x^3}{6} + \frac{x^4}{8} + \cdots$ No tiene términos nulos.

Paso 1.2. $a_n = \dfrac{x^n}{2n} \qquad a_{n+1} = \dfrac{x^{n+1}}{2(n+1)}$

Paso 1.3. $\displaystyle\lim_{n\to\alpha} \left| \frac{a_{n+1}}{a_n} \right| = \lim_{n\to\alpha} \left| \frac{\frac{x^{n+1}}{2(n+1)}}{\frac{x^n}{2n}} \right| = \lim_{n\to\alpha} \left| \frac{2n\,x^{n+1}}{2(n+1)x^n} \right| = \lim_{n\to\alpha} \left| \frac{nx}{n+1} \right| = \lim_{n\to\alpha} \left| \frac{\frac{nx}{n}}{\frac{n}{n}+\frac{1}{n}} \right| = \lim_{n\to\alpha} \left| \frac{x}{1+\frac{1}{n}} \right| = \left| \frac{x}{1+0} \right| = |x|$

Paso 1.4.   La serie converge para $|x| < 1$ según el criterio del cociente.

Paso 2. El radio de convergencia es: $R = 1$

Paso 3. Sí la serie es convergente en $|x| < 1$ entonces los puntos extremos de "x" Son: $x = -1 \quad y \quad x = 1$

Para $x = -1$ $\displaystyle\sum_{n=1}^{\alpha} \frac{(-1)^n}{n} = \frac{-1}{1} + \frac{1}{2} + \frac{-1}{3} + \frac{1}{4} \mp \cdots$ la serie converge; y por lo tanto su intervalo es cerrado.

Para $x = 1$ $\displaystyle\sum_{n=1}^{\alpha} \frac{(1)^n}{n} = \frac{1}{1} + \frac{1}{2} + \frac{1}{3} + \frac{1}{4} + \cdots$ la serie diverge; y por lo tanto su intervalo es abierto.

Conclusión: El intervalo de convergencia es: $[-1,\ 1)$

Ejemplo 3. Investigar el radio de convergencia de la serie; $\displaystyle\sum_{n=0}^{\alpha} (x-2)^n$

Paso 1) La estrategia seleccionada es "Criterio del cociente".

Paso 1.1. $\displaystyle\sum_{n=0}^{\alpha} (x-2)^n = (x-2)^0 + (x-2)^1 + (x-2)^2 + (x-2)^3 + \cdots$ donde se observa que no tiene

términos nulos en $(x-2)$, excepto para $x = 2$ de donde para $x \neq 2$ el criterio es aplicable.

Paso 1.2. $a_n = \displaystyle\sum_{n=0}^{\alpha} (x-2)^n \qquad a_{n+1} = \displaystyle\sum_{n=0}^{\alpha} (x-2)^{n+1}$

Paso 1.3 $\displaystyle\lim_{n\to\alpha} \left| \frac{a_{n+1}}{a_n} \right| = \lim_{n\to\alpha} \left| \frac{\sum_{n=0}^{\alpha} (x-2)^{n+1}}{(x-2)^n} \right| = \left| \lim_{n\to\alpha} (x-2) \right| = |x-2|$

Paso 1.4. se concluye que la serie es convergente en $|x-2| < 1 \quad \forall\, x \neq 2$

Paso 2) Se concluye que: $R = 1$ según el criterio del cociente. de "x"

Paso 3) Sí la serie es convergente en $|x-2| < 1 \ \forall\, x \neq 2$ entonces los puntos extremos son: $x = 1$ y $x = 3$

Para $x = 1$ $\displaystyle\sum_{n=0}^{\alpha} (1-2)^n = 1 - 1 + 1 - 1 \pm \cdots$ la serie diverge; y su intervalo es abierto.

Para $x = 3$ $\displaystyle\sum_{n=0}^{\alpha} (3-2)^n = 1 + 1 + 1 + 1 + \cdots$ la serie converge; y su intervalo es cerrado.

Por lo tanto el intervalo de convergencia es: $(1,\ 3] \quad \forall\, x \neq 2$

Ejemplo 4. Investigar el radio e intervalo de convergencia de la serie; $\displaystyle\sum_{n=0}^{\alpha} \frac{(-1)^n x^{n+2}}{n+1}$

Paso 1. La estrategia seleccionada es "Criterio del cociente".

Paso 1.1. $\displaystyle\sum_{n=0}^{\alpha} \frac{(-1)^n x^{n+2}}{n+1} = \frac{x^2}{1} + \frac{x^3}{2} + \frac{x^4}{3} + \frac{x^5}{4} + \cdots$ No tiene términos nulos.

Paso 1.2. $\displaystyle a_n = \sum_{n=0}^{\alpha} \frac{(-1)^n x^{n+2}}{n+1} \qquad a_{n+1} = \frac{(-1)^{n+1} x^{n+3}}{n+2}$

Paso 1.3.

$$\lim_{n\to\alpha} \left| \frac{a_{n+1}}{a_n} \right| = \left| \lim_{n\to\alpha} \frac{\frac{(-1)^{n+1} x^{n+3}}{n+2}}{\frac{(-1)^n x^{n+2}}{n+1}} \right| = \left| \lim_{n\to\alpha} \frac{(n+1)(-1)^{n+1} x^{n+3}}{(n+2)(-1)^n x^{n+2}} \right| = \left| \lim_{n\to\alpha} \frac{-(n+1)x}{n+2} \right| = \left| \lim_{n\to\alpha} -x\left(1-\frac{1}{n+2}\right) \right| = |-x|$$

Paso 1.4. La serie converge para $|-x| < 1$ según el criterio del cociente.

Paso 2. El radio de convergencia es: $R = 1$

Paso 3. Sí $|-x| < 1$ entonces los puntos extremos son -1 y 1.

Para $x = -1$ $\displaystyle\sum_{n=0}^{\alpha} \frac{(-1)^n (-1)^{n+2}}{n+1} = \frac{1}{1} + \frac{1}{2} + \frac{1}{3} + \frac{1}{4} + \cdots$ la serie diverge; y su intervalo es abierto.

Para $x = 1$ $\displaystyle\sum_{n=0}^{\alpha} \frac{(-1)^n (1)^{n+2}}{n+1} = \frac{1}{1} + \frac{-1}{2} + \frac{1}{3} + \frac{-1}{4} + \cdots$ la serie converge; y su intervalo es cerrado.

Por lo tanto se concluye que; el intervalo de convergencia es: $(-1, 1]$

Ejercicios:

Tipo I. Investigar el radio e intervalo de convergencia de las siguientes series:

1) $\displaystyle\sum_{n=0}^{\alpha} (-1)^n \frac{x^n}{n+1}$

3) $\displaystyle\sum_{n=0}^{\alpha} (-1)^{n+1} \frac{x^n}{2n}$

2) $\displaystyle\sum_{n=0}^{\alpha} \frac{(3x)^n}{n!}$

4) $\displaystyle\sum_{n=0}^{\alpha} \frac{3x^n}{2n!}$

Clase: 5.5 Derivación e integración indefinida de series de potencia.
 Guía:
- Derivación e integración indefinida de series de potencias.
- Ejemplos.
- Ejercicios.

Derivación e integración indefinida de series de potencias:

Sí f es una función que tiene una representación en la serie de potencia, entonces:

$$f(x) = \sum_{n=0}^{\alpha} a_n x^n = a_0 + a_1 x + a_2 x^2 + a_3 x^3 + \cdots \quad \text{y si } f \text{ es derivable e integrable, se infiere que:}$$

$$f'(x) = \sum_{n=0}^{\alpha} n a_n x^{n-1} = a_1 + 2a_2 x + 3a_3 x^2 + 4a_4 x^3 + \cdots \qquad \text{es decir, el proceso se lleva a cabo derivando cada término de la serie.}$$

$$\int f(x)dx = c + a_0 x + a_1 \frac{x^2}{2} + a_2 \frac{x^3}{3} + \cdots \qquad \text{o sea, el proceso se lleva a cabo integrando cada término de la serie.}$$

Método de derivación e integración indefinida de series de potencia:

1. Obtenga los primeros cuatro términos no nulos de la serie.
2. Derive la serie.
3. Integre la serie.

Ejemplo 1. Derivar e integrar la serie; $\quad f(x) = \sum_{n=0}^{\alpha} x^n \qquad\qquad \sum_{n=0}^{\alpha} x^n = 1 + x + x^2 + x^3 + \cdots$

$$\sum_{n=0}^{\alpha} x^n = \qquad f'(x) = 1 + 2x + 3x^2 + 4x^3 + \cdots \qquad \int x^n dx = c + x + \frac{x^2}{2} + \frac{x^3}{3} + \frac{x^4}{4} + \cdots$$

Ejemplo 2. Derivar e integrar la serie; $\quad f(x) = \sum_{n=0}^{\alpha} \frac{x^n}{n} \qquad\qquad \sum_{n=1}^{\alpha} \frac{x^n}{n} = x + \frac{x^2}{2} + \frac{x^3}{3} + \frac{x^4}{4} + \cdots$

$$f'(x) = \sum_{n=1}^{\alpha} x^{n-1} = 1 + x + x^2 + x^4 + \cdots \qquad \int \frac{x^n}{n} dx = c + \frac{x^2}{2} + \frac{x^3}{6} + \frac{x^4}{12} + \frac{x^5}{20} + \cdots$$

Ejemplo 3. Derivar e integrar la serie; $\quad f(x) = \sum_{n=0}^{\alpha} \frac{x^{2n}}{(3n)!} \qquad \sum_{n=0}^{\alpha} \frac{x^{2n}}{(3n)!} = \frac{1}{0!} + \frac{x^2}{3!} + \frac{x^4}{6!} + \frac{x^6}{9!} + \cdots$

$$f'(x) = \sum_{n=0}^{\alpha} \frac{2n x^{2n-1}}{(3n)!} = \frac{2x}{3!} + \frac{4x^3}{6!} + \frac{6x^5}{9!} + \frac{8x^7}{12!} + \cdots \qquad \int \frac{x^{2n}}{(3n)!} dx = c + \frac{x}{1(0!)} + \frac{x^3}{3(3!)} + \frac{x^5}{5(6!)} + \cdots$$

Ejercicios:

Tipo I. Derivar e integrar las siguientes series:

1) $\displaystyle\sum_{n=0}^{\alpha} (2x)^n$

2) $\displaystyle\sum_{n=0}^{\alpha} \frac{(3n)! 5 x^n}{2!}$

3) $\displaystyle\sum_{n=1}^{\alpha} \frac{(-1)^{n+1} x^n}{2n}$

4) $\displaystyle\sum_{n=1}^{\alpha} \frac{n(-3x)^{n-1}}{n+1}$

5) $\displaystyle\sum_{n=1}^{\alpha} \frac{(-1)^{n+1} x^{3n-1}}{3n-1}$

6) $\displaystyle\sum_{n=0}^{\alpha} \frac{x^{2n}}{n!}$

Clase: 5.6 Integración definida de funciones por series de potencias.
  Guía:
- Representación de funciones en series de potencias.   - Ejemplos.
- Integración definida de funciones por series de potencias.   - Ejercicios.

Representación de funciones en series de potencias:

Ya hemos definido que:

$$\sum_{n=0}^{\alpha} x^n = 1 + x + x^2 + x^3 + \cdots$$ es una serie de potencia y además $$1 + x + x^2 + x^3 \cdots = \frac{1}{1-x} \quad \forall \; |x| < 1$$

De donde podemos inferir que la serie de potencia también es una función por lo que concluimos que:

$$f(x) = \frac{1}{1-x} = \sum_{n=0}^{\alpha} x^n = 1 + x + x^2 + x^3 + \cdots \qquad \forall \; |x| < 1$$

Para fortalecer estas afirmaciones se presenta el siguiente análisis:

Evaluar la función $f(x) = \dfrac{1}{1-x}$ y la serie $\displaystyle\sum_{n=0}^{\alpha} x^n = 1 + x + x^2 + x^3 + \cdots$ para $x = 0.5$.

Solución: $\; f(0.5) = \dfrac{1}{1-(0.5)} = 2 \; ; \qquad \displaystyle\sum_{n=0}^{\alpha}(0.5)^n = 1 + (0.5) + (0.5)^2 + (0.5)^3 + (0.5)^4 + \cdots = 2$

Método de investigación para representar funciones en series de potencia:

1.- Acoplar la función a investigar en el modelo $\dfrac{1}{1-x}$

2.- Identificar el nuevo valor de "x"

3.- Sustituir el nuevo valor de "x" en la serie: $1 + x + x^2 + x^3 + \cdots$ hasta 4 términos no nulos.

Ejemplos: Expresar las siguientes funciones en series de potencias:

1) $\;f(x) = \dfrac{1}{1+x}$:   Paso 1) $\quad \dfrac{1}{1+x} = \dfrac{1}{1-(-x)}$;

  Paso 2) el nuevo valor de "x" es "$-x$"

  Paso 3) $\quad f(x) = \displaystyle\sum_{n=0}^{\alpha}(-x)^n = 1 + (-x) + (-x)^2 + (-x)^3 + \cdots = 1 - x + x^2 - x^3 + \cdots$

2) $\;f(x) = \dfrac{1}{x+3}$; Paso 1) $\quad \dfrac{1}{x+3} = \dfrac{1}{3+x} = \dfrac{1}{3\left[1-\left(\dfrac{-x}{3}\right)\right]}$;

  Paso 2) el nuevo valor de "x" es "$\left(\dfrac{-x}{3}\right)$"

  Paso 3) $\;f(x) = \dfrac{1}{3}\displaystyle\sum_{n=0}^{\alpha}\left(\dfrac{-x}{3}\right)^n = \dfrac{1}{3}\left[1 + \left(\dfrac{-x}{3}\right) + \left(\dfrac{-x}{3}\right)^2 + \left(\dfrac{-x}{3}\right)^3 + \cdots\right] = \dfrac{1}{3} - \dfrac{x}{9} + \dfrac{x^2}{27} - \dfrac{x^3}{81} + \cdots$

3) $f(x) = \dfrac{x^3}{1-x}$;   Paso 1) $\dfrac{x^3}{1-x} = x^3\left(\dfrac{1}{1-x}\right)$

Paso 2) el nuevo valor de "x" es "x" y la serie multiplica a "x^3"

Paso 3) $\dfrac{x^3}{1-x} = x^3\left(\dfrac{1}{1-x}\right) = x^3\sum_{n=0}^{\alpha}x^n = x^3\left[1+x+x^2+x^3+\cdots\right] = x^3+x^4+x^5+x^6+\cdots$

4) $f(x) = \dfrac{2x}{x^2+2x+1}$;

Paso 1) $\dfrac{2x}{x^2+2x+1} = \dfrac{2}{x+1} - \dfrac{2}{(x+1)^2} = \dfrac{2}{1-(-x)} - \dfrac{2}{[1-(-x)]^2} = 2\left[\dfrac{1}{1-(-x)} - \left[\dfrac{1}{1-(-x)}\right]^2\right]$

Paso 2) el nuevo valor de "x" es: "$-x$" y la serie multiplica a "2"

Paso 3) $2\sum_{x=0}^{\alpha}\left((-x)^n - (-x)^{2n}\right) = 2\left(1-x+x^2-x^3\pm\cdots\right) - 2\left(1+x^2+x^4+x^6+\cdots\right)$

$= 2\left((1-1-x+x^2-x^2-x^3-x^4-x^6-\cdots\right) = 2\left(-x-x^3-x^4-x^6-\cdots\right)$

Integración definida de funciones por series de potencia:

Introducción: Es una técnica que se utiliza para integrar funciones del tipo $y = \dfrac{k_1}{k_2 \pm x^n}$

Fundamentos: Sí $y = \dfrac{1}{1-x}$ y $\dfrac{1}{1-x} = 1+x+x^2+x^3+\cdots = \sum_{n=0}^{\alpha}x^n$ $\forall\,(-1,1)$

$\therefore\ \int_a^b \dfrac{1}{1-x}\,dx = \int_a^b\left(1+x+x^2+x^3+\cdots\right)dx$ $\forall\,\genfrac{}{}{0pt}{}{a>-1}{b<1}\ y$

Método de integración definida de funciones por series de potencia:

1) Acople la función a integrar en el modelo $\frac{1}{1-x}$.

2) Identifique el nuevo valor de "x".

3) Sustituya el nuevo valor de "x" en la serie: $1+x+x^2+x^3+\cdots$ hasta 4 términos no nulos

4) Integre.

Ejemplos:

1. $\displaystyle\int_0^{0.5}\dfrac{2}{1+x^2}\,dx = 2\int_0^{0.5}\dfrac{1}{1-(-x^2)}\,dx = \left\langle\begin{array}{l}\text{el nuevo de}\\ \text{"}x\text{" es } (-x)^2\end{array}\right\rangle = 2\int_0^{0.5}\left(1+(-x^2)+(-x^2)^2+(-x^2)^3\right)dx$

$= 2\int_0^{0.5}\left(1-x^2+x^4-x^6\right)dx = 2\left(x-\dfrac{x^3}{3}+\dfrac{x^5}{5}-\dfrac{x^7}{7}\right)\Big]_0^{0.5} = 0.9269$

2) $\displaystyle\int_0^{0.5} \frac{5x^3}{3-2x}\,dx = \frac{5}{2}\int_0^{0.5} x^3 \frac{1}{\frac{3}{2}-x}\,dx = \frac{5}{(2)\left(\frac{3}{2}\right)}\int_0^{0.5} x^3 \frac{1}{1-\left(\frac{2x}{3}\right)}\,dx = \frac{5}{3}\int_0^{0.5} x^3\left(1+\frac{2x}{3}+\left(\frac{2x}{3}\right)^2+\left(\frac{2x}{3}\right)^3\right)dx$

$\displaystyle \frac{5}{3}\int_0^{0.5}\left(x^3+\frac{2x^4}{3}+\frac{4x^5}{9}+\frac{8x^6}{27}\right)dx = \frac{5}{3}\left(\frac{x^4}{4}+\frac{2x^5}{(5)(3)}+\frac{4x^6}{(6)(9)}+\frac{8x^7}{(7)(27)}\right)\Bigg]_0^{0.5} \approx 0.0356$

3) $\displaystyle\int_0^{0.5}\frac{1}{1+x^3}\,dx = \int_0^{0.5}\frac{1}{1-(-x^3)}\,dx = \int_0^{0.5}\left(1+(-x^3)+(-x^3)^2+(-x^3)^3\right)dx = \int_0^{0.5}\left(1-x^3+x^6-x^9\right)dx$

$\displaystyle = x-\frac{x^4}{4}+\frac{x^7}{7}-\frac{x^{10}}{10}\Bigg]_0^{0.5} \approx 0.4853$

Ejercicios:

Tipo I. Representar en serie de potencias las siguientes funciones:

1) $f(x)=\dfrac{1}{1+2x}$

2) $f(x)=\dfrac{1}{1-x^2}$

3) $f(x)=\dfrac{2}{x+2}$

4) $f(x)=\dfrac{x^3}{2-x}$

5) $f(x)=\dfrac{1}{(1-x)^2}$

6) $f(x)=\dfrac{1}{(1+x)^2}$

7) $f(x)=\dfrac{3x}{x^2-2x+1}$

8) $f(x)=\dfrac{3x-2}{x^2-1}$

9) $f(x)=\dfrac{1+2x}{1-4x^2}$

Tipo II. Integrar las siguientes funciones:

1) $\displaystyle\int_0^{0.5}\frac{4}{x+2}\,dx$

2) $\displaystyle\int_0^{0.5}\frac{10}{1+x^3}\,dx$

3) $\displaystyle\int_0^{0.1}\frac{1+2x}{1-4x^2}\,dx$

Clase: 5.7 Integración definida de funciones por series de Maclaurin y series de Taylor.
Guía:
- Serie de Maclaurin.   - Ejemplos.
- Serie de Taylor.   - Ejercicios.
- Representación de funciones elementales en series de Maclaurin y series de Taylor.
Tabla: Lista básica de funciones representadas en series de Maclaurin y series de Taylor.
- Representación de funciones en serie de Maclaurin y serie de Taylor con uso de tablas.
- Integración definida de funciones por series de Maclaurin y series de Taylor.

<u>Serie de Maclaurin:</u>

Definición: Es una función representada por la serie $\displaystyle\sum_{n=0}^{\alpha} a_n x^n$ (serie de potencia)

donde $\quad a_n = \dfrac{f^{(n)}(0)}{n!}\quad$ y $\quad "(n)"$ es el orden de la derivada de la función y además $f^{(0)}(0) = f(0)$

por lo tanto: $\quad f(x) = \displaystyle\sum_{n=0}^{\alpha} \dfrac{f^{(n)}(0)x^n}{n!} = \dfrac{f(0)}{0!} + \dfrac{f'(0)x}{1!} + \dfrac{f''(0)x^2}{2!} + \dfrac{f'''(0)x^3}{3!} + \cdots$

Para observar que la igualdad se cumple se presenta la función $f(x) = x^2$ donde al aplicar la serie de

Maclaurin tenemos: $\quad f(x) = \displaystyle\sum_{n=0}^{\alpha} \dfrac{(x^2)^{(n)} x^n}{n!} = \dfrac{(0^2)}{0!} + \dfrac{2(0)x}{1!} + \dfrac{2x^2}{2!} = \dfrac{0}{1} + \dfrac{0}{1} + \dfrac{2x^2}{2} = \dfrac{2x^2}{2} = x^2$

<u>Serie de Taylor:</u>

Definición: Es una función representada por la serie $\displaystyle\sum_{n=0}^{\alpha} a_n (x-c)^n$ (serie de potencia centrada en "c")

donde $\quad a_n = \dfrac{f^{(n)}(c)}{n!}\quad$ y $\quad "(n)"$ es el orden de la derivada de la función y además $f^{(0)}(c) = f(c)$

Por lo tanto: $\quad f(x) = \displaystyle\sum_{n=0}^{\alpha} \dfrac{f^{(n)}(c)(x-c)^n}{n!} = \dfrac{f(c)}{0!} + \dfrac{f'(c)(x-c)}{1!} + \dfrac{f''(c)(x-c)^2}{2!} + \dfrac{f'''(c)(x-c)^3}{3!} + \cdots$

Para corroborar lo afirmado anteriormente; se presenta la función $f(x) = 2x \quad \forall c = 1$ donde al aplicar la serie

de Taylor tenemos: $\quad f(x) = \displaystyle\sum_{n=0}^{\alpha} \dfrac{2x(x-1)^n}{n!} = \dfrac{2(1)}{0!} + \dfrac{2(x-1)}{1!} = \dfrac{2}{1} + \dfrac{2x-2}{1} = 2 + 2x - 2 = 2x$

Es de observarse, que la serie de Maclaurin es un caso particular de la serie de Taylor donde $c = 0$.
Al abordar un problema se inicia generalmente con la aplicación de la serie de Maclaurin, y la serie de Taylor se
utiliza cuando al evaluar el primer término de la serie de Maclaurin la función es indefinida; cuando esto pasa,
se busca un número (el mas censillo para efectos de cálculos) donde la función evaluada en ese número es
definida.

Ejemplo 1) $\quad f(x) = \cos x \quad f(0) = 1 \quad$ (la función es definida) se aplica la serie de Maclaurin.

Ejemplo 2) $f(x) = \dfrac{1}{x} \quad f(0) = \dfrac{1}{0} = Indefinido \quad$ el número buscado es $""c = 1"$ y se aplica la serie de Taylor.

$\qquad$ Por lo tanto: $\quad f(1) = \dfrac{1}{1} = 1 \quad$ (la función es definida)

Representación de funciones elementales en series de Maclaurin y series de Taylor:

Método de investigación:

1. Obtenga los primeros cuatro términos no nulos de la función elemental.

Sí $f(0)$ es definido evalúe: $f(0)$; $f'(0)$; $f''(0)$; $f'''(0)$

Sí $f(0)$ es indefinido busque el valor de "c" y evalúe: $f(c)$; $f'(c)$; $f''(c)$; $f'''(c)$

2. Forme la serie: Para la serie de Maclaurin: $\dfrac{f(0)}{0!} + \dfrac{f'(0)x}{1!} + \dfrac{f''(0)x^2}{2!} + \dfrac{f'''(0)x^3}{3!} + \cdots$

Para la serie de Taylor: $\dfrac{f(c)}{0!} + \dfrac{f'(c)(x-c)}{1!} + \dfrac{f''(c)(x-c)^2}{2!} + \dfrac{f'''(c)(x-c)^3}{3!} + \cdots$

3.- Obtenga el enésimo término de la serie.

4.- Forme la serie completa:

Para la serie de Maclaurin: $f(x) = \displaystyle\sum_{n=0}^{\alpha} \dfrac{f^{(n)}(0)x^n}{n!} = \dfrac{f(0)}{0!} + \dfrac{f'(0)x}{1!} + \dfrac{f''(0)x^2}{2!} + \dfrac{f'''(0)x^3}{3!} + \cdots$

Para la serie de Taylor: $f(x) = \displaystyle\sum_{n=0}^{\alpha} \dfrac{f^{(n)}(c)(x-c)^n}{n!} = \dfrac{f(c)}{0!} + \dfrac{f'(c)(x-c)}{1!} + \dfrac{f''(c)(x-c)^2}{2!} + \dfrac{f'''(c)(x-c)^3}{3!} + \cdots$

5.- Sí lo desea y si es posible; obtenga de la nueva serie el nuevo enésimo término.

Ejemplo 1. Representar la serie de la función elemental $f(x) = \dfrac{1}{x}$:

$$\dfrac{1}{x} = \left\langle \begin{array}{l} Paso\ 1. \\[4pt] f(0) = \tfrac{1}{0} = indefinido\,;\ el\ número\ buscado\ es\ c=1 \\[4pt] f(1) = \tfrac{1}{(1)} = 1 \\[4pt] f'(1) = \left(-\tfrac{1}{x^2}\right)_{x=1} = -\tfrac{1}{(1)^2} = -1 \\[4pt] f''(1) = -\left(-\tfrac{1}{(x^2)^2}^{(2x)}\right)_{x=1} = \left(\tfrac{2}{x^3}\right)_{x=1} = \tfrac{2}{(1)^3} = 2 \\[4pt] f'''(1) = \left(-\tfrac{2}{(x^3)^2}^{(3x^2)}\right)_{x=1} = \left(-\tfrac{6}{x^4}\right)_{x=1} = -\tfrac{6}{(1)^4} = -6 \end{array} \right\rangle = \begin{array}{l} Paso\ 2 \\[4pt] \dfrac{1}{0!} + \dfrac{-1(x-1)}{1!} + \dfrac{2(x-1)^2}{2!} + \dfrac{-6(x-1)^3}{3!} + \cdots \end{array}$$

Paso 3)   Para $1, -1, 2, -6$ se cumple la fórmula: $(-1)^n n!$

Para $0!, 1!, 2!, 3!, 4!$ se cumple la fórmula $n!$ $\therefore$ el enésimo término es $\dfrac{(-1)^n n!}{n!} = (-1)^n$

Paso 4) $f(x) = \dfrac{1}{x} = \displaystyle\sum_{n=0}^{\alpha}(-1)^n(x-1)^n = 1 - (x-1) + (x+1)^2 - (x-1)^3 + (x-1)^4 - \cdots$

Ejemplo 2. Representar la serie de la función elemental $f(x) = e^x$:

$$e^x = \left\langle \begin{array}{l} Paso\ 1. \\[4pt] f(0) = e^{(0)} = 1 \\[4pt] f'(0) = \left(e^x\right)_{x=0} = e^{(0)} = 1 \\[4pt] f''(0) = \left(e^x\right)_{x=0} = e^{(0)} = 1 \\[4pt] f'''(0) = \left(e^x\right)_{x=0} = e^{(0)} = 1 \end{array} \right\rangle = \begin{array}{l} Paso\ 2 \\[4pt] \dfrac{1}{0!} + \dfrac{(1)x}{1!} + \dfrac{(1)x^2}{2!} + \dfrac{(1)x^3}{3!} + \cdots = 1 + x + \dfrac{x^2}{2!} + \dfrac{x^3}{3!} + \cdots \end{array}$$

Paso 3)   Para $x^0 + x^1 + x^2 + x^3 + \cdots$ se cumple la fórmula x^n.

Para $0!, 1!, 2!, 3!, 4!$ se cumple la fórmula $n!$ $\therefore$ el enésimo término es $\dfrac{x^n}{n!}$

Paso 4) $e^x = \displaystyle\sum_{n=0}^{\alpha} \dfrac{x^n}{n!} = \dfrac{1}{0!} + \dfrac{x}{1!} + \dfrac{x^2}{2!} + \dfrac{x^3}{3!} + \dfrac{x^4}{4!} + \cdots$

Ejemplo 3. Representar la serie de la función elemental $f(x) = \cos x$.

Paso 1.

$\cos x = \begin{cases} f(0) = \cos(0) = 1 \\ f'(0) = \left(-sen\, x\right)_{x=0} = -sen(0) = 0 \\ f''(0) = -\left(\cos x\right)_{x=0} = -\cos(0) = -1 \\ f'''(0) = -\left(-sen\, x\right)_{x=0} = sen(0) = 0 \\ f^4(0) = \left(-\cos x\right)_{x=0} = -\cos(0) = -1 \\ f^5(0) = -\left(-sen\, x\right)_{x=0} = sen(0) = 0 \\ f^6(0) = \left(\cos x\right)_{x=0} = \cos(0) = 1 \end{cases}$

Paso 2

$= \dfrac{1}{0!} + \dfrac{(0)x}{1!} + \dfrac{(-1)x^2}{2!} + \dfrac{(0)x^3}{3!} + \dfrac{(1)x^4}{4!} + \dfrac{(0)x^5}{5!} + \dfrac{(-1)x^6}{6!} + \cdots$

$= 1 - \dfrac{x^2}{2!} + \dfrac{x^4}{4!} - \dfrac{x^6}{6!} \pm \cdots$

Paso 3)   Para $1 - 1 + 1 - 1 \pm \cdots$ se cumple la fórmula $(-1)^n$

Para $0!, 1!, 2!, 3!, 4!$ se cumple la fórmula $n!$ $\therefore$ el enésimo término es $\dfrac{(-1)^n}{n!}$

Paso 4) $\cos x = \displaystyle\sum_{n=0}^{\alpha} \dfrac{(-1)^n x^n}{n!} = \dfrac{1}{0!} - \dfrac{x^2}{2!} + \dfrac{x^4}{4!} - \dfrac{x^6}{6!} \pm \cdots$

Paso 5)   Para $x^0 - x^2 + x^4 - x^6 \pm \cdots$ se cumple la fórmula: $(-1)^n x^{2n}$

Para $0!, 1!, 2!, 4!, 6!$ se cumple la fórmula $(2n)!$ $\therefore$ el nuevo enésimo término es $\dfrac{(-1)^n x^{2n}}{(2n)!}$

Y finalmente queda $\cos x = \displaystyle\sum_{n=0}^{\alpha} \dfrac{(-1)^n x^{2n}}{(2n)!} = \dfrac{1}{0!} - \dfrac{x^2}{2!} + \dfrac{x^4}{4!} - \dfrac{x^6}{6!} \pm \cdots$

Nota: Mediante éste método, se obtienen representaciones de funciones elementales[1] y similares[2] para formar una lista básica de funciones representadas en series, cuya utilidad hace mas amigable la representación de otras funciones mas complejas, por lo que a continuación se presenta dicha lista:

(1) Entenderemos como función elementales de otra función a calcular, la que contiene en su estructura una sola "x"; y además es posible sustituir el nuevo valor de la función a calcular en la serie de la función elemental sin alterar el valor de la función a calcular.

(2) Entenderemos como función similar de otra función a calcular, aquella que contiene un valor diferente pero mantiene la misma estructura; y además es posible sustituir el nuevo valor de la función a calcular en la serie de la función similar sin alterar el valor de la función a calcular.

Ejemplo 1)   Función a calcular: $f(x) = \dfrac{1}{2x}$ La función elemental es $y = \dfrac{1}{x}$

Ejemplo 2)   Función a calcular: $f(x) = \cos \sqrt{x}$ La función elemental es $y = \cos x$

Ejemplo 3)   Función a calcular: $f(x) = (1 + 2x)^2$ La función similar es $y = (1 + x)^k$

Tabla: Lista básica de funciones representadas en series.

Función	Intervalo de convergencia

$$f(x) = \frac{1}{x} = \sum_{n=0}^{\alpha} (-1)^n (x-1)^n = 1 - (x-1) + (x-1)^2 - (x-1)^3 \pm \cdots$$ $(0, 2)$

$$f(x) = \frac{1}{1+x} = \sum_{n=0}^{\alpha} (-1)^n x^n = 1 - x + x^2 - x^3 \pm \cdots$$ $(-1, 1)$

$$f(x) = e^x = \sum_{n=0}^{\alpha} \frac{x^n}{n!} = 1 + x + \frac{x^2}{2!} + \frac{x^3}{3!} + \cdots$$ $(-\alpha, \alpha)$

$$f(x) = \ln x = \sum_{n=0}^{\alpha} \frac{(-1)^{n-1}(x-1)^n}{n} = (x-1) - \frac{(x-1)^2}{2} + \frac{(x-1)^3}{3} - \frac{(x-1)^4}{4} \pm \cdots$$ $(0, 2]$

$$f(x) = \ln(x+1) = \sum_{n=o}^{\alpha} \frac{(-1)^n x^{n+1}}{n+1} = x - \frac{x^2}{2} + \frac{x^3}{3} - \frac{x^4}{4} \pm \cdots$$ $(-1, 1]$

$$f(x) = sen\, x = \sum_{n=0}^{\alpha} \frac{(-1)^n x^{2n+1}}{(2n+1)!} = x - \frac{x^3}{3!} + \frac{x^5}{5!} - \frac{x^7}{7!} \pm \cdots$$ $(-\alpha, \alpha)$

$$f(x) = \cos x = \sum_{n=0}^{\alpha} \frac{(-1)^n x^{2n}}{(2n)!} = 1 - \frac{x^2}{2!} + \frac{x^4}{4!} - \frac{x^6}{6!} \pm \cdots$$ $(-\alpha, \alpha)$

$$f(x) = arcsen\, x = \sum_{n=0}^{\alpha} \frac{(2n)! x^{2n+1}}{(2^n n!)^2 (2n+1)} = x + \frac{x^3}{2.3} + \frac{1.3 x^5}{2.4.5} + \frac{1.3.5 x^7}{2.4.6.7} + \cdots$$ $[-1, 1]$

$$f(x) = \arctan x = \sum_{n=0}^{\alpha} \frac{(-1)^n x^{2n+1}}{2n+1} = x - \frac{x^3}{3} + \frac{x^5}{5} - \frac{x^7}{7} \pm \cdots$$ $[-1, 1]$

$$f(x) = senh\, x = \sum_{n=0}^{\alpha} \frac{x^{2n+1}}{(2n+1)!} = x + \frac{x^3}{3!} + \frac{x^5}{5!} + \frac{x^7}{7!} + \cdots$$ $(-\alpha, \alpha)$

$$f(x) = \cosh x = \sum_{n=0}^{\alpha} \frac{x^{2n}}{(2n)!} = 1 + \frac{x^2}{2!} + \frac{x^4}{4!} + \frac{x^6}{6!} + \cdots$$ $(-\alpha, \alpha)$

$$f(x) = (1+x)^k = \sum_{n=0}^{\alpha} \frac{k(k-1)\cdots(k-n+1) x^n}{n!} = 1 + k\, x + \frac{k(k-1) x^2}{2!} + \frac{k(k-1)(k-2) x^3}{3!} + \cdots$$ $(-1, 1)\, \forall\, k \neq Z$
$$(-\alpha, \alpha)\, \forall\, k = Z$$

$$f(x) = (1+x)^{-k} = \sum_{n=0}^{\alpha} \frac{(-1)^n k(k+1)\cdots k(k+n-1) x^n}{n!} = 1 - k\, x + \frac{k(k+1) x^2}{2!} - \frac{k(k+1)(k+2) x^3}{3!} \pm \cdots$$ $(-1, 1)\, \forall\, k \neq Z$
$$(-\alpha, \alpha)\, \forall\, k = Z$$

Representación de funciones en serie de Maclaurin y serie de Taylor con uso de tablas:

Método:

1) Identifique la función elemental ó similar, en la tabla: "Lista básica de funciones representadas en series".
2) Identifique el nuevo valor de $"x"$ en la función a determinar.
3) Sustituya el nuevo valor identificado $"x"$ en la serie de la función elemental ó similar identificada.

Ejemplo 1) Representar en serie la función: $f(x) = \dfrac{1}{2x}$

Paso 1) Función elemental: $f(x) = \dfrac{1}{x} = \sum_{n=0}^{\alpha} (-1)^n (x-1)^n = 1 - (x-1) + (x-1)^2 - (x-1)^3 \pm \cdots$

Paso 2) El nuevo valor de "x" es "$2x$"

Paso 3) $f(x) = \dfrac{1}{(2x)} = 1 - ((2x)-1) + ((2x)-1)^2 - ((2x)-1)^3 \pm \cdots$

$$= 1 - (2x-1) + (2x-1)^2 - (2x-1)^3 \pm \cdots$$

Ejemplo 2) Representar en serie la función: $f(x) = \cos \sqrt{x}$

Paso 1) Función elemental: $f(x) = \cos x = \sum_{n=0}^{\alpha} \dfrac{(-1)^n x^{2n}}{(2n)!} = 1 - \dfrac{x^2}{2!} + \dfrac{x^4}{4!} - \dfrac{x^6}{6!} + \dfrac{x^8}{8!} - \cdots$

Paso 2) El nuevo valor de "x" es "$\sqrt{x}$"

Paso 3) $\cos \sqrt{x} = 1 - \dfrac{(\sqrt{x})^2}{2!} + \dfrac{(\sqrt{x})^4}{4!} - \dfrac{(\sqrt{x})^6}{6!} + \dfrac{(\sqrt{x})^8}{8!} - \cdots = 1 - \dfrac{x}{2!} + \dfrac{x^2}{4!} - \dfrac{x^3}{6!} + \dfrac{x^4}{8!} - \cdots$

Ejemplo 3) Representar en serie la función: $f(x) = (1 + 2x)^2$

Paso 1) La función similar es:

$$f(x) = (1+x)^k = \sum_{n=0}^{\alpha} \dfrac{k(k-1)\cdots(k-n+1)x^n}{n!} = 1 + kx + \dfrac{k(k-1)x^2}{2!} + \dfrac{k(k-1)(k-2)x^3}{3!} + \cdots$$

Paso 2) El nuevo valor de "x" es "$2x$" y de "k" es 2.

Paso 3) $(1+2x)^2 = 1 + (2)(2x) + \dfrac{(2)(2-1)(2x)^2}{2!} + \dfrac{2(2-1)(2-2)(2x)^3}{3!} + \cdots = 1 + 4x + 4x^2$

Integración definida de funciones por series de Maclaurin y series de Taylor.

Un interés de las series de Maclaurin y de Taylor es la posibilidad de evaluar integrales de funciones que no han sido posible ser calculadas por los métodos hasta ahora conocidos, por lo que se convierte en una técnica de integración de mucha ayuda.

Fundamentación: Sí $y = f(x)$ y

$f(0)$ es definido $\quad \therefore \quad \displaystyle\int_a^b f(x)\,dx = \int_a^b \left(\dfrac{f(0)}{0!} + \dfrac{f'(0)x}{1!} + \dfrac{f''(0)}{2!} + \dfrac{f'''(0)}{3!} + \cdots \right) dx \quad \forall \begin{cases} a > -R \ y \\ b < R \end{cases}$

$f(0)$ es indefinido $\quad \therefore \quad \displaystyle\int_a^b f(x)\,dx = \int_a^b \left(\dfrac{f(c)}{0!} + \dfrac{f'(c)(x-c)}{1!} + \dfrac{f''(c)(x-c)^2}{2!} + \dfrac{f'''(c)(x-c)^3}{3!} + \cdots \right) dx \quad \forall \begin{cases} a > c - R \ y \\ b < c + R \end{cases}$

Método de integración definida de funciones por series de Maclaurin y series de Taylor:

1) Identifique la función elemental ó similar, en la tabla: "Lista básica de funciones representadas en series".
   1.1. Sí la función elemental ó similar ya esta en la tabla, identifíquela y continúe en el paso 3.
   1.2. Sí la función elemental ó similar no está en la tabla continúe en el paso 2.
2. Obtenga la representación de la función elemental en serie de Maclaurin ó de Taylor:
   2.1. Obtenga los primeros cuatro términos no nulos de la función elemental.

     Sí $f(0)$ es definido evalúe: $f(0); \quad f'(0); \quad f''(0); \quad f'''(0)$

     Sí $f(0)$ es indefinido busque el valor $"c"$ y evalúe: $f(c); \quad f'(c); \quad f''(c); \quad f'''(c)$

   2.1 Forme la serie:

     Para la serie de Maclaurin: $\dfrac{f(0)}{0!} + \dfrac{f'(0)x}{1!} + \dfrac{f''(0)x^2}{2!} + \dfrac{f'''(0)x^3}{3!} + \cdots$

     Para la serie de Taylor: $\dfrac{f(c)}{0!} + \dfrac{f'(c)(x-c)}{1!} + \dfrac{f''(c)(x-c)^2}{2!} + \dfrac{f'''(c)(x-c)^3}{3!} + \cdots$

3) Identifique el nuevo valor de $"x"$ de la función a calcular.

4) Sustituya el nuevo valor identificado $"x"$ en la serie de la función elemental ó similar identificada u obtenida.
5. Integre.
6. Evalúe.

Ejemplo 1)   Resolver la integral $\displaystyle\int_0^1 e^{\sqrt{x}}\,dx$ con precisión de los primeros 4 términos y 4 cifras;

   (suponga que la representación de la función elemental no se encuentra en tablas).

$\displaystyle\int_0^1 e^{\sqrt{x}}\,dx = \Bigg\langle$

Paso 1)

función elemental $y = e^x$

Paso 2)

$f(0) = e^{(0)} = 1$

$f'(0) = \left(e^x\right)_{x=0} = e^{(0)} = 1$

$f''(0) = \left(e^x\right)_{x=0} = e^{(0)} = 1$

$f'''(0) = \left(e^0\right)_{x=0} = e^{(0)} = 1$

$\therefore$ *la serie de Maclaurin es*

$\dfrac{1}{0!} + \dfrac{1x}{1!} + \dfrac{1x^2}{2!} + \dfrac{1x^3}{3!} = 1 + x + \dfrac{x^2}{2!} + \dfrac{x^3}{3!}$

$\Bigg\rangle$

$= \Bigg\langle$ *Paso 3)*

el nuevo valor de $"x"$ *es:* $"\sqrt{x}"$

Paso 4)

$= \displaystyle\int_0^2 \left(1 + \sqrt{x} + \dfrac{(\sqrt{x})^2}{2!} + \dfrac{(\sqrt{x})^3}{3!} + \dfrac{(\sqrt{x})^4}{4!}\right) dx$

Paso 5)

$= x + \dfrac{2x^{\frac{3}{2}}}{3} + \dfrac{x^2}{(2)(2!)} + \dfrac{2x^{\frac{5}{2}}}{(3)(3!)} + \dfrac{x^3}{(3)(4!)}\Bigg]_0^1$

Paso 6)

≈ 1.9833

Ejemplo 2)   Resolver la integral $\displaystyle\int_1^2 \ln\sqrt{x}\,dx$ con precisión de los primeros 4 términos y 4 cifras;

   (suponga que la representación en serie de la función elemental no se encuentra en tablas).

$\displaystyle\int_1^2 \ln\sqrt{x}\,dx = \Bigg\langle$

Paso 1)

función elemental $y = \ln x$

Paso 2)

$f(0) = \ln(0) = inefinido \therefore c = 1 \quad f(1) = \ln(1) = 0$

$f'(1) = \left(\frac{1}{x}\right)_{x=1} = 1 \quad f''(1) = \left(-\frac{1}{x^2}\right)_{x=1} = -\dfrac{1}{(1)^2} = -1$

$f'''(1) = \left(\dfrac{2}{x^3}\right)_{x=1} = \dfrac{2}{(1)^3} = 2 \quad f^4(1) = \left(-\dfrac{6}{x^4}\right)_{x=1} = -\dfrac{6}{(1)^4} = -6$

$\Bigg\rangle = \Bigg\langle$

$\therefore$ *la nueva serie de Taylor es*

$= \dfrac{1(x-1)}{1!} + \dfrac{-1(x-1)^2}{2!} + \dfrac{2(x-1)^3}{3!} + \dfrac{-6(x-1)^4}{4!}$

$= (x-1) - \dfrac{(x-1)^2}{2!} + \dfrac{2(x-1)^3}{3!} - \dfrac{6(x-1)^4}{4!}$

$\Bigg\rangle$

$= \Big\langle$ *Paso 3)*

el nuevo valor de $"x"$ *es:* $"\sqrt{x}"\Big\rangle = \langle Paso \ 4) \rangle = \displaystyle\int_1^2 \left((\sqrt{x}-1) - \dfrac{(\sqrt{x}-1)^2}{2!} + \dfrac{2(\sqrt{x}-1)^3}{3!} - \dfrac{6(\sqrt{x}-1)^4}{4!}\right) dx = \langle Paso \ 5) \ y \ 6)\rangle \approx 0.1927$

Ejemplo 3) Resolver la integral $\int_0^1 sen\, x^2 dx$ con precisión de los primeros 4 términos y 4 cifras

(con uso de la tabla).

$$\int_0^1 sen\, x^2 dx = \left\langle \begin{array}{ll} Paso\,1) & y = sen\,x \\ Paso\,2) & x - \dfrac{x^3}{3!} + \dfrac{x^5}{5!} - \dfrac{x^7}{7!} \\ Paso\,3) & x^2 \end{array} \right\rangle = \int_0^1 \left(x^2 - \dfrac{(x^2)^3}{3!} + \dfrac{(x^2)^5}{5!} + \dfrac{(x^2)^7}{7!} \right) dx$$

$$Paso\,4)$$

$$= \int_0^1 \left(x^2 - \dfrac{x^6}{3!} + \dfrac{x^{10}}{5!} - \dfrac{x^{14}}{7!} \right) dx$$

$$= \langle Paso\,5 \rangle = \dfrac{x^3}{3} - \dfrac{x^7}{7(3!)} + \dfrac{x^{11}}{11(5!)} - \dfrac{x^{15}}{15(7!)} \Big]_0^1 = \langle Paso\,6 \rangle \approx 0.3102$$

Ejemplo 4) Integrar la función: $\int_0^1 \cos \sqrt{x}\, dx$ con precisión de los primeros 4 términos y 4 cifras.

(con uso de la tabla).

$$\int_0^2 \cos \sqrt{x}\, dx = \left\langle \begin{array}{ll} Paso\,1) & y = \cos x \\ Paso\,2) & 1 - \dfrac{x^2}{2!} + \dfrac{x^4}{4!} - \dfrac{x^6}{6!} \\ Paso\,3) & \sqrt{x} \end{array} \right\rangle = \langle Paso\,4 \rangle = \int_0^2 \left(1 - \dfrac{(\sqrt{x})^2}{2!} + \dfrac{(\sqrt{x})^4}{4!} - \dfrac{(\sqrt{x})^6}{6!} \right) dx = \int_0^2 \left(1 - \dfrac{x}{2!} + \dfrac{x^2}{4!} - \dfrac{x^3}{6!} \right)$$

$$= \langle Paso\,5 \rangle = x - \dfrac{x^2}{2(2!)} + \dfrac{x^3}{3(4!)} - \dfrac{x^4}{4(6!)} \Big]_0^2 = \langle Paso\,6 \rangle \approx 01.1056$$

Ejercicios:

Tipo I. Integrar las siguientes funciones (suponga que la representación de la serie no se encuentra en la tabla):

1) $\int_{0.1}^1 2e^{-\sqrt{x^3}} dx$ 2) $\int_1^2 5\ln\sqrt[3]{x}\, dx$ 3) $\int_0^1 senh \sqrt{x}\, dx$ 4) $\int_0^2 \cosh x^2 dx$

Tipo II. Demostrar al comparar en la tabla "Lista básica de funciones representadas en series"; la representación de series de Maclaurin ó de Taylor las siguiente funciones:

1) $f(x) = sen\,x$ 2) $f(x) = \cosh x$ 3) $f(x) = \arctan x$

Tipo III. Integrar con uso de tablas las siguientes funciones con precisión de los primeros 4 términos y 4 cifras:

1) $\int_1^2 \dfrac{1}{2x} dx$ 4) $\int_1^2 \ln 2x\, dx$ 7) $\int_0^{0.5} 5\arctan \sqrt{x}\, dx$

2) $\int_0^1 \dfrac{1}{1+x} dx$ 5) $\int_0^1 3sen \sqrt{x}\, dx$ 8) $\int_0^1 \cosh \sqrt{x}\, dx$

3) $\int_{-1}^0 e^{2x} dx$ 6) $\int_0^1 2\cos x^2 dx$ 9) $\int_0^{0.5} \left(1 + \sqrt{x}\right)^3 dx$

Evaluaciones tipo: Unidad 5.

	E X A M E N		Número de lista:	
	Cálculo Integral	Unidad: 5		
			Clave: Evaluación tipo 1	

1) Calcular los primeros cuatro términos no nulos

    de la serie: $\displaystyle\sum_{n=0}^{\alpha} \frac{5(-1)^n x^{2n}}{(2n)!}$

    Indicadores a evaluar:
- Desarrollo.
- Resultado.

    Valor: 30 puntos.

2) Calcular por series de potencia: $\displaystyle\int_0^{0.25} \frac{2}{1+x^3}\,dx$

    Indicadores a evaluar:
- Desarrollo.
- Resultado.

    Valor: 40 puntos.

3) Calcular por series de Maclaurin: $\displaystyle\int_0^1 \cos x^2\,dx$

    Indicadores a evaluar:
- Desarrollo.
- Resultado.

    Valor: 30 puntos.

	E X A M E N		Número de lista:	
	Cálculo Integral	Unidad: 5		
			Clave: Evaluación tipo 2	

1) Obtener el enésimo término de la serie:

$$2 - 2x^2 + \frac{2x^4}{2!} - \frac{2x^6}{3!} \pm \cdots$$

    Indicadores a evaluar:
- Desarrollo.
- Resultado.

    Valor: 30 puntos.

2) Demostrar por series de Maclaurin que:

$$\cosh x = 1 + \frac{x^2}{2!} + \frac{x^4}{4!} + \frac{x^6}{6!} + \cdots$$

    Indicadores a evaluar:
- Desarrollo.
- Resultado.

    Valor: 30 puntos.

3) Calcular por series de Taylor: $\displaystyle\int_1^2 \ln\sqrt{x}\,dx$

    Indicadores a evaluar:
- Desarrollo.
- Resultado.

    Valor: 40 puntos.

	E X A M E N		Número de lista:	
	Cálculo Integral	Unidad: 5		
			Clave: Evaluación tipo 3	

1) Calcular los primeros cuatro términos no nulos

    de la serie: $\displaystyle\sum_{n=0}^{\alpha} \frac{2(-1)^n (x-1)^n}{2^{n+1}}$

    Indicadores a evaluar:
- Desarrollo.
- Resultado.

    Valor: 30 puntos.

2) Obtener el enésimo término de la serie:

$$5 - 5(x-2) + \frac{5(x-2)}{2!} - \frac{5(x-2)^2}{3!} \pm \cdots$$

    Indicadores a evaluar:
- Desarrollo.
- Resultado.

    Valor: 30 puntos.

3) Calcular por serie de Maclaurin:

$$\int_0^{0.5} 4\,arcsen\sqrt{x}\,dx$$

    Indicadores a evaluar:
- Desarrollo.
- Resultado.

    Valor: 40 puntos.

Formulario de integración por series: Unidad 5.

Tipo	Caracterización	Tipo	Caracterización
p-serie	$\displaystyle\sum_{n=k}^{\alpha} \frac{1}{n^p} \quad \forall\, p > 0$	**Telescópicas:**	$\displaystyle\sum_{n=k}^{\alpha} (a_n - a_{n+1})$
Armónica	$\displaystyle\sum_{n=k}^{\alpha} \frac{1}{n}$	**Geométricas**	$\displaystyle\sum_{n=0}^{\alpha} a\,r^n \quad \forall\, a \neq 0 \; y \; r \in R$
Armónica general	$\displaystyle\sum_{n=k}^{\alpha} \frac{1}{an+b} \quad \forall\, a > 0$	**De potencias**	$\displaystyle\sum_{n=0}^{\alpha} a_n x^n$
Alternantes	$\displaystyle\sum_{n=k}^{\alpha} a_n (-1)^{n-1}$	**De potencias centrada en c**	$\displaystyle\sum_{n=0}^{\alpha} a_n (x-c)^n$

Tabla: Estructuras típicas de fórmulas de enésimos términos. $\forall\, n, p, q \geq 0 \; y \in Z^+$

Enésimos términos elementales		Estructuras típicas de enésimos términos	
Para: p ó n	Ejemplo:	Para: n y p	Para: n, p y q
1) $a_n = p$	$a_n = 2 + 2 + 2 + 2 + \cdots$	1) $a_n = pn$	1) $a_n = pn + q$
2) $a_n = -p$	$a_n = -2 - 2 - 2 - 2 - \cdots$	2) $a_n = n^p$	2) $a_n = pn - q$
3) $a_n = n$	$a_n = 1 + 2 + 3 + 4 + \cdots \quad$ Para $k=1$	3) $a_n = p^n$	3) $a_n = n^p + q$
4) $a_n = n!$	$a_n = 1 + 1 + 2 + 6 + \cdots \quad$ Para $k=0$	4) $a_n = n + p$	4) $a_n = n^p - q$
5) $a_n = n^n$	$a_n = 1 + 4 + 27 + 256 + \cdots$ Para $k=1$	5) $a_n = n - p$	5) $a_n = p^n + q$
6) $a_n = (-1)^n$	$a_n = 1 - 1 + 1 - 1 \pm \cdots \quad$ Para $k=0$	6) $a_n = p - n$	6) $a_n = p^n - q$

Serie de Maclaurin:

$$f(x) = \sum_{n=0}^{\alpha} \frac{f^{(n)}(0)\,x^n}{n!} = \frac{f(0)}{0!} + \frac{f'(0)\,x}{1!} + \frac{f''(0)\,x^2}{2!} + \frac{f'''(0)\,x^3}{3!} + \cdots$$

Serie de Taylor:

$$f(x) = \sum_{n=0}^{\alpha} \frac{f^{(n)}(c)(x-c)^n}{n!} = \frac{f(c)}{0!} + \frac{f'(c)(x-c)}{1!} + \frac{f''(c)(x-c)^2}{2!} + \frac{f'''(c)(x-c)^3}{3!} + \cdots$$

Forma parte de este formulario: La tabla: Lista básica de funciones representadas en series.

> Decía un gran amigo: "Tanta fuerza tiene la verdad como la mentira".
> ¡Admiro a las matemáticas porque encuentro imposible ser víctima de un engaño ¡
>
> José Santos Valdez Pérez

ANEXOS:

A   Fundamentos cognitivos del cálculo integral.
    A1. Funciones y sus gráficas.
    A2. Propiedades de los exponentes.
    A3. Propiedades de los logaritmos.
    A4. Funciones trigonométricas.
    A5. Identidades de funciones trigonométricas.
    A6. Funciones hiperbólicas.
    A7. Identidades de funciones hiperbólicas.
    A8. Funciones hiperbólicas inversas.

B   Instrumentación didáctica.
    B1. Identificación:
    B2. Caracterización de la asignatura:
    B3. Competencias a desarrollar:
    B4. Análisis del tiempo para el avance programático.
    B5. Avance programático.
    B6. Actividades de enseñanza y aprendizaje.
    B7. Apoyos didácticos:
    B8. Fuentes de información.
    B9. Calendarización de evaluación.
    B10. Corresponsabilidades.

C   Simbología:
    C1. Simbología de caracteres.
    C2. Simbología de letras.
    C3. Simbología de funciones.

D   Registro escolar.

E   Formato de examen.

F   Lista de alumnos.

Anexo A. FUNDAMENTOS COGNITIVOS DEL CÁLCULO INTEGRAL.

Anexo A1: Funciones y sus gráficas:

Guía:
- Plano rectangular:
- Función.
- Clasificación de funciones.
- Estructuras de funciones.
- Gráficas de funciones elementales

- Método de graficación de funciones básicas.
- Reglas fundamentales de graficación.
- Técnica de graficación a través del criterio de la primera derivada.
- Técnica de graficación a través del criterio de la segunda derivada.
- Ejemplos.
- Ejercicios.

<u>Plano rectangular:</u>

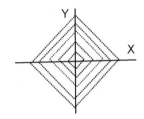

El plano cartesiano; es el conjunto cerrado de puntos que se encuentran
en el plano generado por las rectas "X" e "Y".

<u>Función:</u>

Es una relación entre las variables $"x"$ e $"y"$ del plano rectangular, cuya regla de correspondencia consiste en asignar a cada elemento $"x"$ uno y solamente un elemento $"y"$.

Nota: Todas las ecuaciones (modelos matemáticos) que obedecen ésta regla son funciones, y se diferencian por su estructura: $y = f(x)$ significa que la parte $f(x)$ debe estar expresada en términos de $"x"$ y/ó números reales.

La característica gráfica de las funciones es que: "Toda recta vertical toca la gráfica de una función a lo más una sola vez".

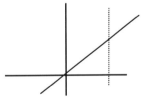

Es funcion

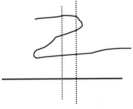

No es funcion

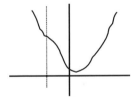

Es funcion

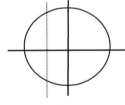

No es funcion

<u>Clasificación de funciones:</u>

Antes de iniciar el proceso de aprendizaje del cálculo integral, daremos una mirada a las dos clasificaciones de funciones sujetas a nuestro interés, lo anterior obedece a la completes y fluidez didáctica.

La primera clasificación de interés presenta el universo de funciones en que opera el cálculo integral y por lo mismo en cada etapa de aprendizaje se trata de globalizar el conocimiento atendiendo a este orden.

1) Funciones algebraicas.
2) Funciones exponenciales.
3) Funciones logarítmicas.
4) Funciones trigonométricas.
5) Funciones trigonométricas inversas.
6) Funciones hiperbólicas.
7) Funciones hiperbólicas inversas.

La segunda clasificación obedece al grado de complejidad de las funciones y las hemos observado de la siguiente manera:

1) Funciones elementales.
2) Funciones básicas.
3) Funciones metabásicas.

Las funciones elementales las hemos concebido como las funciones que contienen en su estructura una constante ó bien una variable, y para nuestro caso nos referiremos a la variable "x".

Ejemplos: $y = 4$; $y = \dfrac{1}{x}$; $y = sen\,x$; etc..

Las funciones básicas las definiremos como las funciones que contienen en su estructura un binomio de la forma: $y = ax + b$ $\forall a, b \in k$ $\forall\, a \neq 0$

Ejemplos: $y = 3x + 2$; $y = \ln(2x + 1)$; $y = \cos(x + 1)$.

Y por último; las funciones metabásicas las podemos inferir como aquellas que contienen en su estructura uno ó más polinomios de la forma: $y = p(x) = ax^n + bx^{n-1} + \cdots + z$ $\forall a, b, \cdots z \in k$ y $n \in Z^+$

Ejemplo: $y = x^3 - 3x^2 + 2$

Estructuras de las funciones:

Función	Nombre	Estructura		
		Elementales	Básicas	Metabásicas
Algebraicas:	Constante	$y = k$		
	Identidad	$y = x$		
	Binómica		$y = ax + b$	
	Polinómica			$y = p(x)$
	Valor absoluto	$y = \lvert x \rvert$	$y = \lvert ax + b \rvert$	$y = \lvert p(x) \rvert$
	Raíz	$y = \sqrt{x}$	$y = \sqrt{ax + b}$	$y = \sqrt{p(x)}$
	Racional	$y = \dfrac{1}{x}$	$y = \dfrac{1}{ax + b}$	$y = \dfrac{1}{p(x)}$
	Racional raíz.	$y = \dfrac{1}{\sqrt{x}}$	$y = \dfrac{1}{\sqrt{ax + b}}$	$y = \dfrac{1}{\sqrt{p(x)}}$

Exponenciales:	Exponencia de base "e"	$y = e^x$	$y = e^{(ax+b)}$	$y = e^{p(x)}$
	Exponencial de base "a"	$y = a^x$ $\forall\, a \in R^+$	$y = a^{(ax+b)}$	$y = a^{p(x)}$

Logarítmicas	Logaritmo de base "e"	$y = \ln x$	$y = \ln(ax + b)$	$y = \ln p(x)$
	Logarítmica de base "a"	$y = \log_a x$ $\forall\, a \in R^+$	$y = \log_a(ax + b)$	$y = \log_a p(x)$

Trigonométricas	Seno	$y = sen\ x$	$y = sen(ax + b)$	$y = sen\ p(x)$
	Coseno	$y = \cos\ x$	$y = \cos(ax + b)$	$y = \cos p(x)$
	Tangente	$y = \tan\ x$	$y = \tan(ax + b)$	$y = \tan p(x)$
	Cotangente	$y = \cot\ x$	$y = \cot(ax + b)$	$y = \cot p(x)$
	Secante	$y = \sec\ x$	$y = \sec(ax + b)$	$y = \sec p(x)$
	Cosecante	$y = \csc\ x$	$y = \csc(ax + b)$	$y = \csc p(x)$

Trigonométricas inversas	Arco seno	$y = arc\ sen\ x$	$y = arc\ sen(ax + b)$	$y = Arc\ sen\ p(x)$
	Arco coseno	$y = \arccos\ x$	$y = \arccos(ax + b)$	$y = Arc\ \cos p(x)$
	Arco tangente	$y = \arctan\ x$	$y = \arctan(ax + b)$	$y = Arc\ \tan p(x)$
	Arco cotangente	$y = arc\ \cot\ x$	$y = arc\ \cot(ax + b)$	$y = Arc\ \cot p(x)$
	Arco secante	$y = arc\ \sec\ x$	$y = arc\ \sec(ax + b)$	$y = Arc\ \sec p(x)$
	Arco cosecante	$y = arc\ \csc\ x$	$y = arc\ \csc(ax + b)$	$y = Arc\ \csc p(x)$

Hiperbólicas	Seno hiperbólico	$y = senh\ x$	$y = senh(ax + b)$	$y = senh\ p(x)$
	Coseno hiperbólico	$y = \cosh x$	$y = \cosh(ax + b)$	$y = \cosh p(x)$
	Tangente hiperbólico	$y = \tanh x$	$y = \tanh(ax + b)$	$y = \tanh p(x)$
	Cotangente hiperbólico	$y = \coth x$	$y = \coth(ax + b)$	$y = \coth p(x)$
	Secante hiperbólico	$y = \sec h\,x$	$y = \sec h(ax + b)$	$y = \sec h\,p(x)$
	Cosecante hiperbólico	$y = \csc h\,x$	$y = \csc h(ax + b)$	$y = \csc h\,p(x)$

Hiperbólicas inversas	Arco seno hiperbólico	$y = arcsenh\,x$	$y = arcsenh(ax + b)$	$y = arcsenh\,p(x)$
	Arco coseno hiperbólico	$y = arc\ \cosh x$	$y = arc\ \cosh(ax + b)$	$y = arc\ \cosh p(x)$
	Arco tangente hiperbólica	$y = arc\ \tanh x$	$y = arc\ \tanh(ax + b)$	$y = arc\ \tanh p(x)$
	Arco cotangente hiperbólica	$y = arc\ \coth x$	$y = arc\ \coth(ax + b)$	$y = arc\ \coth p(x)$
	Arco secante hiperbólica	$y = arc\ \sec h\,x$	$y = arc\ \sec h(ax + b)$	$y = arc\ \sec h\,p(x)$
	Arco cosecante hiperbólica	$y = arc\ \csc h\,x$	$y = arc\ \csc h(ax + b)$	$y = arc\ \csc h\,p(x)$

Gráficas de funciones elementales:

Algebraicas:

Función	Estructura	Dominio	Recorrido	Gráfica
Constante	$y = k$	$(-\alpha, \alpha)$	$(k,\ k)$	
Identidad	$y = x$	$(-\alpha, \alpha)$	$(-\alpha, \alpha)$	
Valor absoluto	$y = \lvert x \rvert$	$(-\alpha, \alpha)$	$[0,\ \alpha)$	
Raíz	$y = \sqrt{x}$	$[0,\ \alpha)$	$[0,\ \alpha)$	
Racional	$y = \dfrac{1}{x}$	$(-\alpha, 0) \cup (0, \alpha)$	$(-\alpha, 0) \cup (0, \alpha)$	
Racional raíz	$y = \dfrac{1}{\sqrt{x}}$	$(0,\ \alpha)$	$(0,\ \alpha)$	

Exponenciales

Función	Estructura	Dominio	Recorrido	Gráfica representativa
De base "e"	$y = e^{x}$	$(-\alpha, \alpha)$	$(0,\ \alpha)$	
De base "a"	$y = a^{x}$ $\forall\, a \in R^{+}$	$(-\alpha, \alpha)$	$(0,\ \alpha)$	

Logarítmicas

Función	Estructura	Dominio	Recorrido	Gráfica representativa
De base "e"	$y = \ln x$	$(0, \alpha)$	$(-\alpha, \alpha)$	$y = \ln x$
De base "a"	$y = \log_a x$ $\forall\, a \in R^+$	$(0, \alpha)$	$(-\alpha, \alpha)$	

Trigonométricas

Función	Estructura	Dominio	Recorrido	Gráfica
Seno	$y = sen\ x$	$(-\alpha, \alpha)$	$[-1,1]$	
Coseno	$y = \cos x$	$(-\alpha, \alpha)$	$[-1,1]$	
Tangente	$y = \tan x$	$x \neq \pm\pi/2, \pm 3\pi/2, \cdots$	$(-\alpha, \alpha)$	
Cotangente	$y = \cot x$	$x \neq 0, \pm\pi, \pm 2\pi, \cdots$	$(-\alpha, \alpha)$	
Secante	$y = \sec x$	$x \neq \pm\pi/2, \pm 3\pi/2, \cdots$	$(-\alpha, -1)$ $\cup (1, \alpha)$	
Cosecante	$y = \csc x$	$x \neq 0, \pm\pi, \pm 2\pi, \cdots$	$(-\alpha, -1)$ $\cup (1, \alpha)$	

Trigonométricas inversas:

Función	Estructura	Dominio	Recorrido	Gráfica
Seno inverso	$y = arc\ sen\ x$	$[-1,1]$	$[-\pi/2, \pi/2]$	
Coseno inverso	$y = arc\ \cos x$	$[-1,1]$	$[0, \pi]$	
Tangente inversa	$y = arc\ \tan x$	$(-\alpha, \alpha)$	$(-\pi/2, \pi/2)$	
Cotangente inversa	$y = arc\ \cot x$	$(-\alpha, \alpha)$	$(-\pi/2, \pi/2)$	
Secante inversa	$y = arc\ \sec x$	$(-\alpha, -1] \cup [1, \alpha)$	$[0, \pi/2] \cup [\pi/2, \pi]$	
Cosecante inversa	$y = arc\ \csc x$	$(-\alpha, -1] \cup [1, \alpha)$	$[-\pi/2, 0) \cup (0, \pi/2]$	

Hiperbólicas:

Función	Estructura	Dominio	Recorrido	Gráfica
Seno Hiperbólico	$y = senh\,x = \dfrac{e^x - e^{-x}}{2}$	$(-\alpha, \alpha)$	$(-\alpha, \alpha)$	
Coseno hiperbólico	$y = \cosh x = \dfrac{e^x + e^{-x}}{2}$	$(-\alpha, \alpha)$	$[1, \alpha)$	
Tangente hiperbólica	$y = \tanh x = \dfrac{senh\,x}{\cosh x}$	$(-\alpha, \alpha)$	$(-1, 1)$	
Cotangente hiperbólica	$y = \coth x = \dfrac{1}{\tanh x}$ $\forall x \neq 0$	$(-\alpha, 0) \cup (0, \alpha)$	$(-\alpha, -1) \cup (1, \alpha)$	
Secante hiperbólica	$y = \sec h\,x = \dfrac{1}{\cosh x}$	$(-\alpha, \alpha)$	$(0, 1)$	
Cosecante hiperbólica	$y = \csc h\,x = \dfrac{1}{senh\,x}$ $\forall\, x \neq 0$	$(-\alpha, 0) \cup (0, \alpha)$	$(-\alpha, 0) \cup (0, \alpha)$	

Hiperbólicas inversas:

Función	Estructura	Dominio	Recorrido	Gráfica
Seno hiperbólico inverso	$y = arcsenh\, x = \ln\left(x + \sqrt{x^2 + 1}\right)$	$(-\alpha, \alpha)$	$(-\alpha, \alpha)$	
Coseno hiperbólico inverso	$y = \arccos h\, x = \ln\left(x + \sqrt{x^2 - 1}\right)$	$[1, \alpha)$	$[0, \alpha)$	
Tangente hiperbólica inversa	$y = \arctan h\, x = \dfrac{1}{2}\ln\dfrac{1+x}{1-x}$	$(-1, 1)$	$(-\alpha, \alpha)$	
Cotangente hiperbólica inversa	$y = arc\coth x = \dfrac{1}{2}\ln\dfrac{x+1}{x-1}$	$(-\alpha, -1)$ $\cup (1, \alpha)$	$(-\alpha, 0)$ $\cup (0, \alpha)$	
Secante hiperbólica inversa	$y = arc\sec h\, x = \ln\left(\dfrac{1 + \sqrt{1 - x^2}}{x}\right)$	$(0, 1]$	$[0, \alpha)$	
Cosecante hiperbólica inversa	$y = arc\csc h\, x = \ln\left(\dfrac{1}{x} + \dfrac{\sqrt{1 + x^2}}{|x|}\right)$	$(-\alpha, 0)$ $\cup (0, \alpha)$	$(-\alpha, 0)$ $\cup (0, \alpha)$	

Método de graficación de funciones básicas:

1) Identifique la función dada en la tabla: "Método de graficación de funciones básicas".
2) Determine el punto medio de graficación de acuerdo a la regla dada en la tabla.
3) Evalúe la función en el intervalo mínimo de graficación de acuerdo a la tabla.
4) Marque los puntos.
5) Trace la gráfica.

Conceptos:

El punto central de graficación de una función básica; Es el valor de $"x"$ en donde se presume sea el centro de la traza de la función a graficar.

El punto tope de graficación de una función básica; Es el valor de $"x"$ en donde se presume sea el inicio de la gráfica de la función y a partir del cual se inicia la traza de la función.

El punto límite de graficación de una función básica; Es el valor de $"x"$ en donde se presume sea el valor indefinido de $"x"$ mas cercano a dicha gráfica; y cerca del cual se inicia la traza de la función.

El punto medio de graficación de una función básica "Pm": Es el punto central ó punto tope ó punto límite de la gráfica de una función; Para identificar estos puntos observe la tabla "Reglas de graficación de funciones básicas".

Tabla: Método de graficación de funciones básicas:			P_M IPT	Punto medio de graficación Intervalo parcial de trazo	
Función	Regla: $\forall\ p(x)=ax+b$	Intervalo de graficación	IPT	Ejemplo	P_M
Binómica	$P_M=0$	$[-3,3]$	1	$y=x+2$	$P_M=0$
Valor absoluto	$P_M=x$ donde $p(x)=0$	$[-3,3]$	1	$y=\lvert x-2\rvert$	$P_M=2$
Raíz	$P_M=x$ donde $p(x)=0$	$[P_M-3,\ P_M+3]$ en el intervalo definido	1	$y=\sqrt{x+3}$	$P_M=-3$
Racional	$P_M=x$ donde $p(x)=0$	$(P_M-3,\ P_M+3)$	$\cong 1$	$y=\dfrac{3}{x-2}$	$P_M=2$
Racional raiz	$P_M=x$ donde $p(x)=0$	$(P_M-3,\ P_M+3)$ en el intervalo definido	$\cong 1$	$y=\dfrac{2}{3\sqrt{x+3}}$	$P_M=-3$
Exponencial	$P_M=0$	$[-3,3]$	1	$y=e^{2x+1}$	$P_M=0$
Logarítmica	$P_M=x$ donde $p(x)=0$	$(P_L-3,\ P_L+3)$ en el intervalo definido	$\cong 1$	$y=\ln(x+2)$	$P_M=-2$
Trigonométrica	$P_M=x$ donde $p(x)=0$	$[P_M-3,\ P_M+3]$	1	$y=\cos(x+4)$	$P_M=-4$
Hiperbólica	$P_M=x$ donde $p(x)=0$	$[P_M-3,\ P_M+3]$	1	$y=\cosh(x-3)$	$P_M=3$

Ejemplos:

1) Graficar la función
$y=\sqrt{3-x}$

x	$y=\sqrt{3-x}$
0	1.73...
1	1.41...
2	1
$P_M\to 3$	0
4	Indefinido
5	Indefinido
6	Indefinido

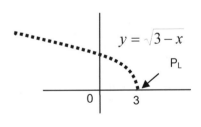

2) Graficar la función $y=\dfrac{1}{x-3}$

x	$y=\dfrac{1}{x-3}$
0	- 0.333...
1	- 0.5
2	- 1
$P_M\to 3$	Indefinido
4	1
5	0.5
6	0.333...

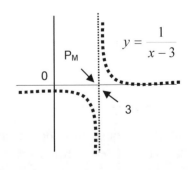

3) Graficar la función

$$y = \frac{1}{\sqrt{x+2}}$$

x	$y = \dfrac{1}{\sqrt{x+2}}$
-5	*Indefinido*
-4	*Indefinido*
-3	*Indefinido*
$P_M \rightarrow -2$	*Indefinido*
-1	1
0	0.707...
1	0.577...

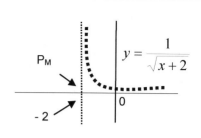

4) Graficar la función
$$y = \ln(2-x)$$

x	$y = \ln(2-x)$
- 1	1.09...
0	0.69...
1	0
$P_M \rightarrow 2$	Indefinido
3	Indefinido
4	Indefinido
5	Indefinido

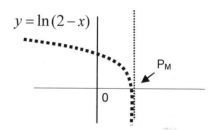

Reglas fundamentales de graficación de funciones.

1) Regla de la ecuación constante:

     Sí $x = k$ ∴ la gráfica es una recta que toca al eje "X" en $(k, 0)$;
                 y es paralela al eje "Y".

     Ejemplo: Trazar la gráfica cuya ecuación es: $x = 2$

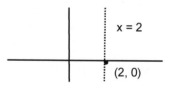

2) Regla de la función constante:

     Sí $y = k$ ∴ la gráfica es una recta que toca al eje "Y" en $(0, k)$;
                 y es paralela al eje "X",

     Ejemplo: Trazar la gráfica cuya ecuación es: $y = 3$

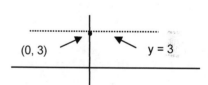

3) Regla de la función lineal:

     Sí $y = ax + b$ ∴ la gráfica es una recta que toca al eje "Y" en $(0, b)$;
                      y además es creciente si "a" es positiva "+"
                      y decreciente si "a" es negativa "-")

     Ejemplo: Trazar la gráfica cuya ecuación es: $y = 2x - 1$

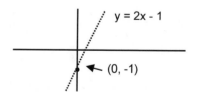

4) Regla de la función cuadrática y binómica:

     Sí $y = ax^2 + b$ ∴ la gráfica es una parábola que toca al eje "Y" en $(0, b)$;
                   y es cóncava hacia arriba sí "a" es positiva "+"

Ejemplo: Trazar la gráfica cuya ecuación es: $y = 2x^2 + 1$

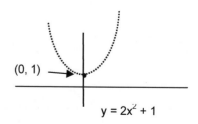

Extensión: Todas las gráficas de la forma $ax^n + b$
                 donde n es par, presentan este bosquejo.

5) Regla de la función cuadrática y trinómica:

Sí $y = ax^2 + bx + c = a\left(x + \frac{b}{2a}\right)^2 + d$

∴ la gráfica es una parábola que toca el punto $\left(-\frac{b}{2a}, d\right)$; y es cóncava hacia arriba sí "a" es positiva "+"; y cóncava hacia abajo sí "a" es negativa "-".

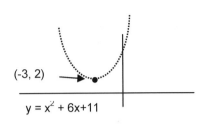

Ejemplo 1. Trazar la gráfica cuya ecuación es: $y = x^2 + 6x + 11$

$$y = x^2 + 6x + 11 = (x + 3)^2 + ? = x^2 + 6x + 9 + 2 = (x + 3)^2 + 2$$

De donde $\left(-\frac{b}{2a}, d\right) = (-3, 2)$

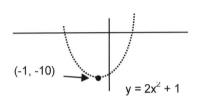

Ejemplo 2. Trazar la gráfica cuya ecuación es: $y = 2x^2 + 4x - 8$

$$y = 2x^2 + 4x - 8 = 2(x^2 + 2x - 4) = 2(x + 1)^2 + ?$$

$$= 2(x^2 + 2x + 1 - 5) = 2(x + 1)^2 - 10$$

De donde: $\left(-\frac{b}{2a}, d\right) = (-1, -10)$

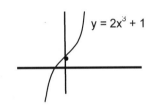

6) Regla de la función cúbica:

Sí $y = ax^3 + b$ ∴ la gráfica es una curva que toca al eje "Y" en (0, b); similar a una ese "S" invertida sí "a" es positiva "+" y similar a una "S" normal sí "a" es negativa "-".

Ejemplo: Trazar la gráfica cuya ecuación es: $y = 2x^3 + 1$

Extensión: Todas las gráficas de la forma $ax^n + b$ donde n es impar > 1, presentan este bosquejo.

7) Regla de los desplazamientos:

Para $y = f(x)$ y $k > 0$ se cumple lo siguiente:

Sí $y = f(x) + k$ ∴   la gráfica $y = f(x)$ se desplaza k unidades hacia arriba.
Sí $y = f(x) - k$ ∴   la gráfica $y = f(x)$ se desplaza k unidades hacia abajo.
Sí $y = f(x + k)$ ∴   la gráfica $y = f(x)$ se desplaza k unidades hacia la izquierda.
Sí $y = f(x - k)$ ∴   la gráfica $y = f(x)$ se desplaza k unidades hacia la derecha.

Ejemplo 1): Sea: $y = x^2$ para $k = 2$ bosquejar a) $y = f(x) + k$; b) $y = f(x) - k$; c) $y = f(x + k)$; d) $y = f(x - k)$.

a) $y = f(x) + k = x^2 + 2$ c) $y = f(x + k) = (x + 2)^2 = x^2 + 4x + 4$
b) $y = f(x) - k = x^2 - 2$ d) $y = f(x - k) = (x - 2)^2 = x^2 - 4x + 4$

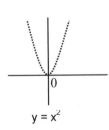

$y = x^2$

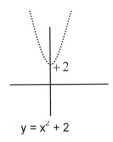

$y = x^2 + 2$

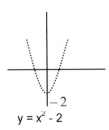

$y = x^2 - 2$

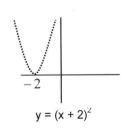

$y = (x + 2)^2$

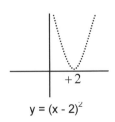

$y = (x - 2)^2$

Ejemplo 2): Sea: $y = x^2 + 1$ para $k = 2$ bosquejar a) $y = f(x) + k$; b) $y = f(x) - k$; c) $y = f(x + k)$; d) $y = f(x - k)$.

a) $y = f(x) + k = (x^2 + 1) + 2 = x^2 + 3$ c) $y = f(x + k) = (x + 2)^2 + 1 = x^2 + 4x + 5$

b) $y = f(x) - k = (x^2 + 1) - 2 = x^2 - 1$ d) $y = f(x - k) = (x - 2)^2 + 1 = x^2 - 4x + 1$

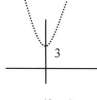
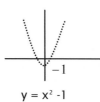

    $y = x^2 + 1$ $y = x^2 + 3$ $y = x^2 - 1$ $y = (x + 2)^2 + 1$ $y = (x - 2)^2 + 1$

8) Regla de los estiramientos y compresiones:

Para $y = f(x)$ y $k > 0$ se cumple lo siguiente:

Sí $y = k\, f(x)$ ∴   la gráfica $y = f(x)$ se estira k veces en dirección vertical.
Sí $y = f(x)/k$ ∴   la gráfica $y = f(x)$ se comprime k veces en dirección vertical.
Sí $y = f(kx)$ ∴   la gráfica $y = f(x)$ se comprime k veces en dirección horizontal.
Sí $y = f(x/k)$ ∴   la gráfica $y = f(x)$ se estira k veces en dirección horizontal.

Ejemplo: Sea: $y = x^2$ para $k = 2$ bosquejar a) $y = k\, f(x)$; b) $y = f(x)/k$; c) $y = f(kx)$; d) $y = f(x/k)$.

a) $y = k\, f(x) = 2\,(x^2) = 2x^2$ c) $y = f(kx) = (2x)^2 = 4x^2$

b) $y = f(x)/k = (x^2)/2 = x^2/2$ d) $y = f(x/k) = (x/2)^2 = x^2/4$

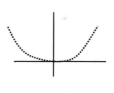

    $y = x^2$ $y = 2x^2$ $y = x^2/2$ $y = 4x^2$ $y = x^2/4$

9) Regla de las reflexiones:

Para $y = f(x)$ se cumple lo siguiente:

Sí $y = -f(x)$ ∴   la gráfica $y = f(x)$ se refleja respeto al eje "X".
Sí $y = f(-x)$ ∴   la gráfica $y = f(x)$ se refleja respecto al eje "Y".

Ejemplo: Sea: $y = \sqrt{x}$ para $k = 2$ bosquejar a) $y = -f(x)$; b) $y = f(-x)$.

a) $y = -f(x) = -\sqrt{x}$

b) $y = f(-x) = \sqrt{-x}$

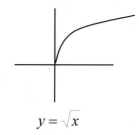
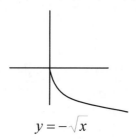
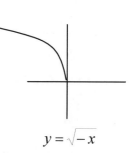

    $y = \sqrt{x}$ $y = -\sqrt{x}$ $y = \sqrt{-x}$

Técnica de graficación a través del criterio de la primera derivada.

El criterio de la primera derivada establece:
Cuando en f existen puntos estacionarios $(c, f(c)) \in I$
tales que $f'(c) = 0$ se infiere que:

a) Sí antes ó después de $(c, f(c))$; $f' > 0$
$$\therefore f \text{ es curva } \underline{creciente}.$$

b) Sí antes ó después de $(c, f(c))$; $f' < 0$
$$\therefore f \text{ es curva } \underline{decreciente}.$$

c) Si de antes a después de $(c, f(c))$ hay cambio de
$f' > 0$ a $f' < 0$ $\therefore$ $(c, f(c))$ es un $\underline{máximo\ relativo}$.

d) Si de antes a después de $(c, f(c))$ hay cambio de
$f' < 0$ a $f' > 0$ $\therefore$ $(c, f(c))$ es un $\underline{mínimo\ relativo}$.

e) Si de antes a después de $(c, f(c))$ no hay cambio de
f' $\therefore$ $(c, f(c))$ es un $\underline{punto\ de\ inflexión}$.

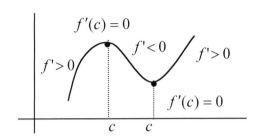

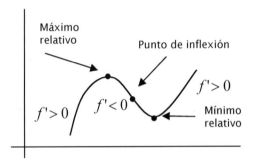

Ejemplo: Investigar números y puntos críticos de la función $y = \dfrac{x^3}{3} - \dfrac{x^2}{2} - 2x$.

$f' = x^2 - x - 2$ $x^2 - x - 2 = 0$ $(x+1)(x-2) = 0$ $\therefore$

$x_1 = -1$ y $x_2 = 2$ Son los números estacionarios.

$f(-1) = 7/6$ $\rightarrow$ $(-1, 7/6)$
$f(2) = -10/3$ $\rightarrow$ $(2, -10/3)$ } Son los puntos estacionarios

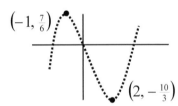

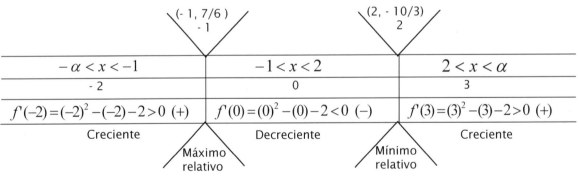

$-\alpha < x < -1$	$-1 < x < 2$	$2 < x < \alpha$
- 2	0	3
$f'(-2)=(-2)^2-(-2)-2>0$ (+)	$f'(0)=(0)^2-(0)-2<0$ (–)	$f'(3)=(3)^2-(3)-2>0$ (+)
Creciente	Decreciente	Creciente

Técnica de graficación a través del criterio de la segunda derivada.

Primera parte:
Si en f existen puntos estacionarios $(c, f(c)) \in I$
(obtenidos de la 1a. derivada); se infiere que:

a) Sí $f'' < 0$ ó $f''(c) < 0$ $\therefore$ $(c, f(c))$ **es un máximo relativo**

b) Sí $f'' > 0$ ó $f''(c) > 0$ $\therefore$ $(c, f(c))$ **es un mínimo relativo**

c) Sí $f''(c) = 0$ $\therefore$ el criterio no decide.

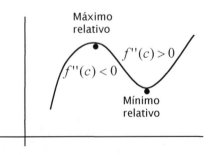

Segunda parte:

Si en f existen puntos $(c, f(c)) \in I$

  obtenido de la 2a. derivada, se infiere que:

a) Sí $f'' < 0$ antes o después de $(c, f(c))$

$$\therefore \quad f \text{ es \underline{cóncava hacia abajo}} \in I_n$$

b) Sí $f'' > 0$ antes o después de $(c, f(c))$

$$\therefore \quad f \text{ es \underline{cóncava hacia arriba}} \in I_n$$

c) Sí hay cambio de concavidad de antes a después

  de $(c, f(c))$ $\therefore (c, f(c))$ es un <u>punto de inflexión</u>.

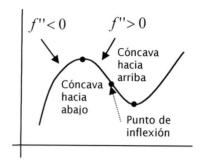

Método de investigación:

1) Obtenga números y puntos estacionarios de la primera derivada.

2) Obtenga $f''(c)$ de los números estacionarios de la 1a. derivada y aplique la 1a. parte del criterio.

3) Obtenga números y puntos estacionarios de la 2a. derivada.

4) Elabore la matriz de intervalos abiertos y aplique la 2a. parte del criterio.

5) Haga el bosquejo de la gráfica.

Ejemplo.- Por el criterio de la segunda derivada, graficar la función $y = \dfrac{6}{x^2 + 3}$

$$f' = -\frac{12x}{(x^2+3)^2} ; \quad \frac{-12x}{(x^2+3)^2} = 0 ; \quad x = 0 \quad \text{es el número estacionarios de la 1ª derivada.}$$

$$f(0) = \frac{6}{((0)^2 + 3)} = 2 \quad \rightarrow \quad (0, 2) \quad \text{es el punto estacionarios de la 1ª derivada.}$$

$$f'' = \frac{36x^2 - 36}{(x^2 + 3)^3} \qquad f''(0) = \frac{36(0)^2 - 36}{((0)^2 + 3)^3} < 0 \quad como \ f'' < 0 \quad \therefore \quad (0, 2) \text{ es un máximo relativo}$$

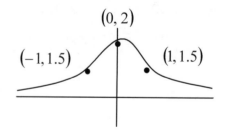

$$\frac{36x^2 - 36}{(x^2 + 3)^3} = 0 ; \quad x_1 = -1 \quad y \quad x_2 = 1 ;$$
estos son los números estacionario de la 2ª derivada.

$$f(-1) = \frac{6}{(-1)^2 + 3} = 1.5 \quad \rightarrow \quad (-1, 1.5)$$
es un punto estacionario de la 2ª derivada.

$$f(1) = \frac{6}{(1)^2 + 3} = 1.5 \quad \rightarrow \quad (1, 1.5)$$
es otro punto estacionario de la 2ª derivada.

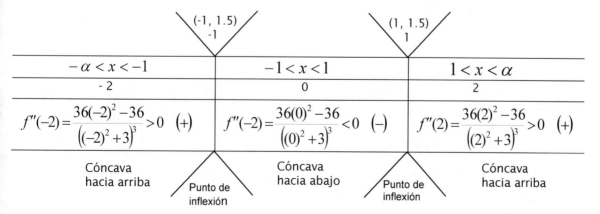

$-\alpha < x < -1$	$-1 < x < 1$	$1 < x < \alpha$
- 2	0	2
$f''(-2) = \dfrac{36(-2)^2 - 36}{((-2)^2 + 3)^3} > 0 \quad (+)$	$f''(-2) = \dfrac{36(0)^2 - 36}{((0)^2 + 3)^3} < 0 \quad (-)$	$f''(2) = \dfrac{36(2)^2 - 36}{((2)^2 + 3)^3} > 0 \quad (+)$
Cóncava hacia arriba	Cóncava hacia abajo	Cóncava hacia arriba

Punto de inflexión   Punto de inflexión

Anexo: A2. Propiedades de los exponentes:

1) $a^0 = 1$	3) $(ab)^x = a^x b^x$	5) $\left(a^x\right)^y = a^{xy}$	$e^{\ln x} = x$
2) $\dfrac{a^x}{a^y} = a^{x-y}$	4) $a^x a^y = a^{x+y}$	6) $\left(\dfrac{a}{b}\right)^x = \dfrac{a^x}{b^x}$	$a^{\log_a x} = x \quad \forall\, a > 0 \neq 1$

Anexo: A3. Propiedades de los logaritmos:

Logaritmos de base "a"; $Sí\ a,b > 1$	Logaritmos de base "e"; $Sí\ a > 1$
1) $\log_a 1 = 0$	1) $\ln 1 = 0$
2) $\log_a a = 1$	2) $\ln e = 1$
3) $\log_a (xy) = \log_a x + \log_a y$	3) $\ln (xy) = \ln x + \ln y$
4) $\log_a \left(\dfrac{x}{y}\right) = \log_a x - \log_a y$	4) $\ln \left(\dfrac{x}{y}\right) = \ln x - \ln y$
5) $\log_a (x^n) = n \log_a x$	5) $\ln (x^n) = n \ln x$
6) $\log_a x = \dfrac{\log_b x}{\log_b a}$	6) $\ln x = \dfrac{\log_a x}{\log_a e}$
7) $\log_a b = \dfrac{1}{\log_b a}$	7) $\ln a = \dfrac{1}{\log_a e}$
8) $\log_a a^x = x \quad \forall\, a > 0 \neq 1$	8) $\ln (e^x) = x$

Anexo: A4. Funciones trigonométricas:

Las funciones trigonométricas son funciones que se definen por la relación entre los lados de un triángulo rectángulo, cuyo ángulo de referencia tiene como vértice el origen del plano cartesiano.

Función	Nombre	Gráfico
1) $y = sen\ x = \dfrac{B}{C}$	Seno	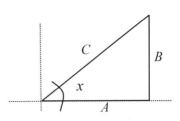
2) $y = \cos x = \dfrac{A}{C}$	Coseno	
3) $y = \tan x = \dfrac{B}{A}$	Tangente	
4) $y = \cot x = \dfrac{A}{B}$	Cotangente	
5) $y = \sec x = \dfrac{C}{A}$	Secante	
6) $y = \csc x = \dfrac{C}{B}$	Cosecante	

Anexo: A5. Identidades de funciones trigonométricas:

Seno:

1) $sen\,x = \dfrac{1}{\csc x}$

2) $sen(-x) = -sen\,x$

3) $\dfrac{1}{sen\,x} = \csc x$

4) $sen\,2x = 2\,sen\,x\cos x$

5) $sen\,x\cos x = \dfrac{1}{2}sen\,2x$

6) $\dfrac{sen\,x}{\cos x} = \tan x$

7) $sen^2 x = 1 - \cos^2 x$

8) $sen^2 x = \dfrac{1}{2} - \dfrac{1}{2}\cos 2x$

9) $sen^2 \dfrac{1}{2}x = \dfrac{1}{2} - \dfrac{1}{2}\cos x$

10) $sen^2 x + \cos^2 x = 1$

Coseno:

1) $\cos x = \dfrac{1}{Sec\,x}$

2) $\cos(-x) = \cos x$

3) $\dfrac{1}{\cos x} = \sec x$

4) $\cos 2x = 2\cos^2 x - 1$

5) $\cos 2x = 1 - 2sen^2 x$

6) $\cos 2x = \cos^2 x - Sen^2 x$

7) $sen\,x\cos x = \dfrac{1}{2}sen\,2x$

8) $\dfrac{sen\,x}{\cos x} = \tan x$

9) $\cos^2 x = 1 - sen^2 x$

10) $\cos^2 x = \dfrac{1}{2} + \dfrac{1}{2}\cos 2x$

11) $\cos^2 \dfrac{1}{2}x = \dfrac{1}{2} + \dfrac{1}{2}\cos x$

12) $sen^2 x + \cos^2 x = 1$

Tangente:

1) $\tan x = \dfrac{1}{\cot x}$

2) $\tan(-x) = -\tan x$

3) $\dfrac{1}{\tan x} = \cot x$

4) $\tan x = \dfrac{sen\,x}{\cos x}$

5) $\tan^2 x = \sec^2 x - 1$

6) $\sec^2 x - \tan^2 x = 1$

Cotangente:

1) $\cot x = \dfrac{1}{\tan x}$

2) $\cot(-x) = -\cot x$

3) $\dfrac{1}{\cot x} = \tan x$

4) $\tan 2x = \dfrac{2\tan x}{1 - \tan^2 x}$

5) $\cot x = \dfrac{\cos x}{sen\,x}$

6) $\cot^2 x = \csc^2 x - 1$

7) $\csc^2 u - \cot^2 u = 1$

Secante:

1) $\sec x = \dfrac{1}{\cos x}$

2) $\sec(-x) = \sec x$

3) $\dfrac{1}{\sec x} = \cos x$

4) $\sec^2 x = 1 + \tan^2 x$

5) $\sec^2 x - \tan^2 x = 1$

Cosecante:

1) $\csc x = \dfrac{1}{sen\,x}$

2) $\csc(-x) = -\csc x$

3) $\dfrac{1}{\csc x} = sen\,x$

4) $\csc^2 x = 1 + \cot^2 x$

5) $\csc^2 u - \cot^2 u = 1$

Anexo: A6. Funciones hiperbólicas:

Es una clase de funciones exponenciales que surgió al observar la relación del área de un semicírculo con el área de una parábola, quedando definida de la siguiente forma:

Función

Nombre

Función

Nombre

1) $\quad y = senh\ x = \dfrac{e^x - e^{-x}}{2}$

Seno hiperbólico

4) $\quad y = \coth\ x = \dfrac{1}{tgh\ x} = \dfrac{e^x + e^{-x}}{e^x - e^{-x}}$

Cotangente hiperbólica

2) $\quad y = \cosh\ x = \dfrac{e^x + e^{-x}}{2}$

Coseno hiperbólico

5) $\quad y = \sec h\, x = \dfrac{1}{\cosh\ x} = \dfrac{2}{e^x + e^{-x}}$

Secante hiperbólica

3) $\quad y = \tanh\ x = \dfrac{senh\ x}{\cosh\ x} = \dfrac{e^x - e^{-x}}{e^x + e^{-x}}$

Tangente hiperbólica

6) $\quad y = \csc h\, x = \dfrac{1}{senh\ x} = \dfrac{2}{e^x - e^{-x}}$

Cosecante hiperbólica

Anexo: A7. Identidades de funciones hiperbólicas:

Seno hiperbólico	1) $senh(-x) = -senh\,x$ 2) $senh\,2x = 2\,senh\,x \cosh x$ 3) $senh^2\,x = \dfrac{1}{2}(\cosh\ 2x - 1)$	4) $senh^2 x = \dfrac{-1 + \cosh 2x}{2}$ 5) $\cosh^2 x - senh^2 x = 1$
Coseno hiperbólico	1) $\cosh(-x) = \cosh x$ 2) $\cosh 2x = \cosh^2 x + senh^2 x$ 3) $\cosh^2 x = \dfrac{1}{2}(\cosh\ 2x + 1)$	4) $\cosh^2 x = \dfrac{1 + \cosh\ 2x}{2}$ 5) $\cosh^2 x - senh^2 x = 1$
Tangente hiperbólica	1) $\tanh x = \dfrac{senh\ x}{\cosh\ x}$	2) $\tanh^2 x + \sec h^2 x = 1$
Cotangente hiperbólica	1) $\coth x = \dfrac{\cosh\ x}{senh\ x}$	2) $\coth^2 x - \csc h^2 x = 1$
Secante hiperbólica	1) $\sec h\,x = \dfrac{1}{\cosh\ x}$	2) $\tanh^2 x + \sec h^2 x = 1$
Cosecante hiperbólica	1) $\csc h\,x = \dfrac{1}{senh\ x}$	2) $\coth^2 x - \csc h^2 x = 1$

Anexo: A8. Funciones hiperbólicas inversas:

Función

Nombre

1) $\quad y = arc\ senh\,x = \ln\left(x + \sqrt{x^2 + 1}\right)$ — Seno hiperbólico inverso

2) $\quad y = \text{arccos}\,h\,x = \ln\left(x + \sqrt{x^2 - 1}\right)$ — Coseno hiperbólico inverso

3) $\quad y = \arctan\ h\,x = \dfrac{1}{2}\ln\dfrac{1 + x}{1 - x}$ — Tangente hiperbólico inverso

4) $\quad y = arc\ \coth\ x = \dfrac{1}{2}\ln\dfrac{x + 1}{x - 1}$ — Cotangente hiperbólico inverso

5) $\quad y = arc\ \sec h\,x = \ln\dfrac{1 + \sqrt{1 - x^2}}{x}$ — Secante hiperbólico inverso

6) $\quad y = arc\ \csc h\,x = \ln\left(\dfrac{1}{x} + \dfrac{\sqrt{1 + x^2}}{|x|}\right)$ — Cosecante hiperbólico inverso

Anexos: B. INSTRUMENTACIÓN DIDÁCTICA.

B1. Identificación.
B2. Caracterización de la asignatura.
B3. Competencias a desarrollar:
B4. Análisis del tiempo para el avance programático.
B5. Avance programático.
B6. Instrumentación didáctica.
B7. Apoyos didácticos.
B8. Fuentes de información.
B9. Calendarización de evaluación.
B10. Corresponsabilidades.

Anexo: B1. Identificación:

Asignatura: Cálculo integral Descripción: Cálculo integral. Clave: Sin.	Carrera: Todas las ingenierías. Horas teóricas: 3 Horas prácticas: 2 Unidades: 5	Versión: Agosto del año 2010.

Anexo: B2. Caracterización de la asignatura:

- Esta asignatura contribuye a desarrollar un pensamiento lógico, heurístico y algorítmico al modelar fenómenos y resolver problemas en los que interviene la variación.
- Hay una diversidad de problemas en la ingeniería que son modelados y resueltos a través de una integral, por lo que resulta importante que el ingeniero domine el Cálculo integral.

Anexo: B3. Competencias a desarrollar:

- Contextualizar el concepto de Integral.
- Discernir método más adecuado para resolver una integral dada y resolverla usándolo.
- Resolver problemas de cálculo de longitud de arco, áreas, volúmenes de sólidos de revolución, y centroides.
- Reconocer el potencial del Cálculo integral en la ingeniería.

Anexo: B4. Análisis del tiempo para el avance programático.

No	Indicador	Subindicador	Hrs.	Hrs.
1	Horas programadas por semestre	16 Semanas programadas por 5 horas/semana	80	
		Subtotal		+80
2	Horas no impartidas:	Suspensiones de ley (promedio)	- 4	
		Eventos institucionales	- 3	
		Faltas del maestro	- 3	
		Juntas de academia	- 2	
		Juntas departamentales	- 2	
		Juntas sindicales	- 2	
		Subtotal	-16	
3	Horas reales		-64	
4		Total	-80	+80

UNIDAD: 1. LA INTEGRAL INDEFINIDA.		Avance programático		
Clase	Tema	T/h	T/h/a	%
0.0	Presentación del programa de estudio, la bibliografía, los lineamientos en que se desarrollará el curso y los criterios de evaluación.	1	1	2
1.1	Diferenciales.	1	2	3
1.2	Diferenciación de funciones elementales.	2	4	6
1.3	Diferenciación de funciones algebraicas que contienen "x^n".	1	5	8
1.4	Diferenciación de funciones que contienen "u".	2	7	11
1.5	La antiderivada e integración indefinida de funciones elementales.	2	9	14
1.6	Integración indefinida de funciones algebraicas que contienen "x^n".	1	10	16
1.7	Integración indefinida de funciones que contiene "u".	2	12	19
	Evaluación de la unidad.	1	13	20
	Subtotal:	13		

UNIDAD: 2. TÉCNICAS DE INTEGRACIÓN.		Avance programático		
Clase	Tema	T/h	T/h/a	%
2.1	Técnica de integración por uso de tablas de fórmulas de funciones que contienen las formas: $u^2 \pm a^2$.	1	14	22
2.2	Técnica de integración por cambio de variable.	1	15	23
2.3	Técnica de integración por partes.	1	16	25
2.4	Técnica de integración del seno y coseno de m y n potencia.	2	18	28
2.5	Técnica de integración de la tangente y secante de m y n potencia.	1	19	30
2.6	Técnica de integración de la cotangente y cosecante de m y n potencia.	1	20	31
2.7	Técnica de integración por sustitución trigonométrica.	2	22	34
2.8	Técnica de integración de fracciones parciales.	2	24	37
2.9	Técnica de integración por series de potencia.	1	25	39
2.10	Técnica de integración por series de Maclaurin y series de Taylor.	2	27	42
	Evaluación de la unidad.	1	28	44
	Subtotal:	15		

UNIDAD: 3. LA INTEGRAL DEFINIDA.		Avance programático		
Clase	Tema	T/h	T/h/a	%
3.1	La integral definida.	1	29	45
3.2	Teoremas de cálculo integral.	1	30	47
3.3	Integración definida de funciones elementales.	3	33	52
3.4	Integración definida de funciones algebraicas que contienen "x^n".	1	34	53
3.5	Integración definida de funciones que contienen "u".	3	37	58
3.6	Integración definida de funciones que contienen las formas: $u^2 \pm a^2 \quad \forall \quad a > 0$	2	39	61
3.7	Integrales impropias.	3	42	66
	Evaluación de la unidad.	1	43	67
	Subtotal:	15		

UNIDAD: 4. TEMA: APLICACIONES DE LA INTEGRAL.		Avance programático		
Clase	Tema	T/h	T/h/a	%
4.1	Cálculo de longitud de curvas.	1	44	69
4.2	Cálculo de áreas.	2	46	72
4.3	Cálculo de volúmenes.	2	48	75
4.4	Cálculo de momentos y centros de masa.	2	50	78
4.5	Cálculo del trabajo.	2	52	81
	Evaluación de La unidad.	1	53	83
	Subtotal:	10		

UNIDAD: 5. TEMA: INTEGRACIÓN POR SERIES.		Avance programático		
Clase	Tema	T/h	T/h/a	%
5.1	Definición, clasificación y tipos de series.	1	54	84
5.2	Generación del enésimo término de una serie.	2	56	87
5.3	Convergencia de series.	1	57	89
5.4	Intervalo y radio de convergencia de series de potencias.	1	58	91
5.5	Derivación e integración indefinida de series de potencia.	1	59	92
5.6	Integración definida de funciones por series de potencia.	2	61	95
5.7	Integración definida de funciones por series de Maclaurin y series de Taylor.	1	62	97
0.0	Evaluación y clausura del curso.	1	63	98
	Evaluación de la unidad.	1	64	100
	Subtotal:	11		

Anexo: B6. Actividades de enseñanza y aprendizaje.

Identificación:	Competencias específicas:	Criterios de evaluación:
No. de unidad: 1. Tema: La integral.	- Solución de las diferenciales necesarias para el cálculo de integrales. - Discernir sobre métodos más adecuados para resolver una integral. - Solucionar las integrales indefinidas como apoyo para el cálculo de las integrales definidas.	- Solución de problemas. - Participaciones. - Tareas. - Disciplina; Actitud; Valores.

Clase	Actividades de enseñanza			Actividades de aprendizaje	Competencias genéricas	hrs %
	Descripción		N			
0.0	- Con la dinámica de presentación, promover la identificación del grupo.		C2	Participar en la dinámica de presentación.	- Comunicar ideas.	1 1 2
	- Por el método globalizado y con la técnica expositiva; presentar el programa de estudio, la bibliografía, los lineamientos en que se desarrollará el curso y los criterios de evaluación.		C2	Participar haciendo preguntas, comentarios y aclarando dudas.	- Interpretar conceptos. - Establecer generalizaciones. - Pensar lógica, algorítmica, heurística, analítica y sintéticamente.	
	- Coordinar la formación de equipos que participarán en la exposición de temas y elaboración de tareas.		C2	Formar equipos de investigación para la elaboración de tareas y presentación de exposiciones.	- Tomar decisiones.	
	- Por el método psicológico y con la técnica de la comisión, asignar a los equipos los temas sujetos a investigación y presentación ante el grupo.		C2	Tomar notas y participar haciendo preguntas, comentarios y aclarando dudas.	- Interpretar conceptos. - Establecer generalizaciones. - Tomar decisiones.	
1.1	Por el método inductivo y con la técnica expositiva presentar el tema "Diferenciales". A continuación se forman parejas que por la técnica de cuchicheo discuten la solución a problemas planteados. Por el método activo resolver ejemplos y asignar ejercicios.		C2	Haber investigado el tema "Diferenciales"; y participar haciendo preguntas y aclarando dudas. Participar en la resolución de ejemplos y solucionar ejercicios.	- Interpretar y procesar datos. - Modelar matemáticamente fenómenos y situaciones. - Transferir el conocimiento adquirido a otros campos de aplicación. - Comunicar ideas en el lenguaje matemático.	1 2 3
1.2	Por el método heurístico y con la técnica expositiva presentar el tema "Diferenciación de funciones elementales". A continuación se forman parejas que por la técnica de cuchicheo discuten la solución a problemas planteados. Por el método activo resolver ejemplos y asignar ejercicios.		C3	Haber investigado el tema "Diferenciación de funciones elementales"; y participar haciendo preguntas y aclarando dudas. Participar en la resolución de ejemplos y solucionar ejercicios.	- Interpretar y procesar datos. - Modelar matemáticamente fenómenos y situaciones. - Analizar la factibilidad de las soluciones. - Resolver problemas.	2 4 6

1.3	Por el método analógico hacer una introducción al tema "Diferenciación de funciones algebraicas que contienen x^n" . A continuación se hace la presentación del equipo que por la técnica de la comisión hará una exposición del tema. Por el método activo resolver ejemplos y asignar ejercicios.	C3	El equipo participante presenta el tema "Diferenciación de funciones algebraicas que contienen x^n" . El resto del grupo haber investigado el tema y participar haciendo preguntas y aclarando dudas. Participar en la resolución de ejemplos y solucionar ejercicios.	- Interpretar y procesar datos. - Modelar matemáticamente fenómenos y situaciones. - Analizar la factibilidad de las soluciones. - Resolver problemas. - Establecer generalizaciones.	1 5 8
1.4	Por el método analógico hacer una introducción al tema "Diferenciación de funciones que contienen u". A continuación se hace la presentación del equipo que por la técnica de la comisión hará una exposición del tema. Por el método activo resolver ejemplos y asignar ejercicios.	C3	El equipo participante presenta el tema "Diferenciación de funciones que contienen u". El resto del grupo haber investigado el tema y participar haciendo preguntas y aclarando dudas. Participar en la resolución de ejemplos y solucionar ejercicios.	- Interpretar y procesar datos. - Analizar la factibilidad de las soluciones. - Resolver problemas. - Establecer generalizaciones.	2 7 11
1.5	Por el método activo y con la técnica expositiva presentar el tema "La antiderivada e integración indefinida de funciones elementales". Por el método activo resolver ejemplos y asignar ejercicios.	C4	Haber investigado el tema "La antiderivada e integración indefinida de funciones elementales"; y participar haciendo preguntas y aclarando dudas. Participar en la resolución de ejemplos y solucionar ejercicios.	- Interpretar y procesar datos. - Modelar matemáticamente fenómenos y situaciones. - Resolver problemas. - Comunicar ideas en el lenguaje matemático.	2 9 14
1.6	Por el método psicológico hacer una introducción al tema "Integración indefinida de funciones algebraicas que contienen x^n". A continuación se organiza al grupo en discusión circular, luego se hace la presentación de los equipos que por la técnica del seminario presentan el tema. Por el método activo resolver ejemplos y asignar ejercicios.	C3	Los equipos participantes presentan el tema "Integración indefinida de funciones algebraicas que contienen x^n". El resto del grupo haber investigado el tema y organizado en discusión circular participan haciendo preguntas y aclarando dudas. Participar en la resolución de ejemplos y solucionar ejercicios.	- Interpretar y procesar datos. - Modelar matemáticamente fenómenos y situaciones. - Resolver problemas. - Establecer generalizaciones. - Comunicar ideas en el lenguaje matemático.	1 10 16
1.7	Por el método sistematizado y por la técnica de la exposición presentar el tema "Integración indefinida de funciones que contienen u". Por el método activo resolver ejemplos y asignar ejercicios.	C4	Haber investigado el tema "Integración indefinida de funciones que contienen u"; y participar haciendo preguntas y aclarando dudas. Participar en la resolución de ejemplos y solucionar ejercicios.	- Interpretar y procesar datos. - Analizar la factibilidad de las soluciones. - Resolver problemas. - Establecer generalizaciones. - Potenciar las habilidades para el uso de tecnologías de la información.	2 12 19
	Evaluación de la unidad.		Participar presentando exámenes.	- Resolver problemas. - Comunicar ideas. - Tomar decisiones.	1 13 20

Identificación:	Competencias específicas:	Criterios de evaluación:
No. de unidad: 2. Tema: Técnicas de integración.	- Discernir sobre métodos más adecuados para resolver una integral dada y aplicarlo. - Solucionar las integrales indefinidas de cierto grado de dificultad como apoyo para el cálculo de las integrales definidas.	- Solución de problemas. - Participaciones. - Tareas. - Disciplina; Actitud; Valores.

Cla se	Actividades de enseñanza		Actividades de aprendizaje	Competencias genéricas	hrs %
	Descripción	N			
2.1	Por el método analógico hacer una introducción al tema "Técnica de integración por uso de tablas de fórmulas de funciones que contienen las formas $u^2 \pm a^2$". A continuación por el método de investigación se dan los temas sujetos de investigación y los lineamientos de presentación del informe.	C3	El grupo participa haciendo preguntas y aclarando dudas sobre la investigación y la presentación del informe sobre el tema "Técnica de integración por uso de tablas de fórmulas de funciones que contienen las formas $u^2 \pm a^2$". Realizan la investigación y entregan el informe.	- Interpretar y procesar datos. - Pensar lógica, algorítmica, heurística, analítica y sintéticamente. - Resolver problemas. - Establecer generalizaciones.	1 14 22
2.2	Por el método sistematizado hacer una introducción al tema "Técnica de integración por cambio de variable". A continuación se hace la presentación del equipo que por la técnica de la comisión hace una exposición del tema. Por el método activo resolver ejemplos y asignar ejercicios.	C4	El equipo participante presenta el tema "Técnica de integración por cambio de variable". El resto del grupo haber investigado el tema y participar haciendo preguntas y aclarando dudas. Participar en la resolución de ejemplos y solucionar ejercicios.	- Interpretar y procesar datos. - Pensar lógica, algorítmica, heurística, analítica y sintéticamente. - Resolver problemas. - Establecer generalizaciones.	1 15 23
2.3	Por el método intuitivo y por la técnica de presentación se expone el tema "Técnica de integración por partes". A continuación se forman parejas que por la técnica de cuchicheo discuten la solución a problemas planteados. Por el método activo resolver ejemplos y asignar ejercicios.	C4	Haber investigado el tema "Técnica de integración por partes", y formar parejas para la discusión a problemas planteados y exponer sus soluciones. Participar en la resolución de ejemplos y solucionar ejercicios.	- Interpretar y procesar datos. - Pensar lógica, algorítmica, heurística, analítica y sintéticamente. - Resolver problemas. - Establecer generalizaciones.	1 16 25
2.4	Por el método intuitivo y por la técnica de presentación se expone el tema "Técnica de integración del seno y coseno de m y n potencia". A continuación se forman equipos que por la técnica de corrillos discuten la solución a problemas planteados. Por el método activo resolver ejemplos y asignar ejercicios.	C4	Haber investigado el tema "Técnica de integración del seno y coseno de m y n potencia", y formar equipos para la discusión a problemas planteados y exponer sus soluciones. Participar en la resolución de ejemplos y solucionar ejercicios.	- Interpretar y procesar datos. - Pensar lógica, algorítmica, heurística, analítica y sintéticamente. - Resolver problemas. - Establecer generalizaciones.	2 18 28

2.5	Por el método intuitivo y por la técnica de presentación se expone el tema "Técnica de integración de la tangente y secante de m y n potencia"; y por la técnica de la caja de entrada a continuación se plantea al grupo problemas a los que tiene que dar solución. Por el método activo resolver ejemplos y asignar ejercicios.	C4	Haber investigado el tema "Técnica de integración de la tangente y secante de m y n potencia", y dar solución y exponer problemas planteados. Participar en la resolución de ejemplos y solucionar ejercicios.	- Interpretar y procesar datos. - Pensar lógica, algorítmica, heurística, analítica y sintéticamente. - Resolver problemas. - Establecer generalizaciones.	1 19 30
2.6	Por el método inductivo hacer una introducción al tema ""Técnica de integración de la cotangente y cosecante de m y n potencia. A continuación se hace la presentación de los equipos que por la técnica del seminario presentan el tema. Por el método activo resolver ejemplos y asignar ejercicios.	C4	Los equipos participantes presentan el tema "Técnica de integración de la cotangente y cosecante de m y n potencia". El resto del grupo haber investigado el tema y participan haciendo preguntas y aclarando dudas. Participar en la resolución de ejemplos y solucionar ejercicios.	- Interpretar y procesar datos. - Pensar lógica, algorítmica, heurística, analítica y sintéticamente. - Resolver problemas. - Establecer generalizaciones.	1 20 31
2.7	Por el método intuitivo y por la técnica de presentación hacer una introducción al tema "Técnica de integración por sustitución trigonométrica"; y por la técnica de la comisión un equipo presenta el tema. Por el método activo resolver ejemplos y asignar ejercicios.	C4	El equipo comisionado presenta el tema "Técnica de integración por sustitución trigonométrica". El resto del grupo haber investigado el tema y participan haciendo preguntas y aclarando dudas. Participar en la resolución de ejemplos y solucionar ejercicios.	- Interpretar y procesar datos. - Pensar lógica, algorítmica, heurística, analítica y sintéticamente. - Resolver problemas. - Establecer generalizaciones.	2 22 34
2.8	Por el método heurístico y por la técnica de presentación se expone el tema "Técnica de integración de fracciones parciales". A continuación se forman grupos que por la técnica de corrillos analizan problemas propuestos. Por el método activo resolver ejemplos y asignar ejercicios.	C4	Haber investigado el tema "Técnica de integración de fracciones parciales", y formar equipos para la discusión a problemas planteados y exponer sus soluciones. Participar en la resolución de ejemplos y solucionar ejercicios.	- Interpretar y procesar datos. - Pensar lógica, algorítmica, heurística, analítica y sintéticamente. - Resolver problemas. - Establecer generalizaciones.	2 24 37
2.9	Por el método heurístico y por la técnica de presentación se expone el tema "Técnica de integración por series de potencia". A continuación se forman grupos que por la técnica de corrillos analizan problemas propuestos. Por el método activo resolver ejemplos y asignar ejercicios.	C4	Haber investigado el tema "Técnica de integración por series de potencia", y formar equipos para la discusión a problemas planteados y exponer sus soluciones. Participar en la resolución de ejemplos y solucionar ejercicios.	- Interpretar y procesar datos. - Pensar lógica, algorítmica, heurística, analítica y sintéticamente. - Resolver problemas. - Establecer generalizaciones.	1 25 39

| 2.10 | Por el método analógico y por la técnica de presentación se expone el tema "Técnica de integración por series de Maclaurin y series de Taylor". A continuación se forman grupos que por la técnica de corrillos analizan problemas propuestos.

Por el método activo resolver ejemplos y asignar ejercicios. | C4 | Haber investigado el tema "Técnica de integración por series de Maclaurin y series de Taylor", y formar equipos para la discusión a problemas planteados y exponer sus soluciones.

Participar en la resolución de ejemplos y solucionar ejercicios. | - Interpretar y procesar datos.

- Pensar lógica, algorítmica, heurística, analítica y sintéticamente.

- Resolver problemas.

- Establecer generalizaciones.

- Potenciar las habilidades para el uso de tecnologías de la información. | 2
27
42 |
| | Evaluación de la unidad. | | Participar presentando exámenes. | - Resolver problemas.
- Comunicar ideas.
- Tomar decisiones. | 1
28
44 |

Identificación: No. de unidad: 3. Tema: La integral definida.	Competencias específicas: - Discernir sobre métodos más adecuado para resolver una integral definida y aplicarlo. - Evaluar las integrales definidas como dominio previo a las aplicaciones en la solución de problemas prácticas del campo de la ingeniería.	Criterios de evaluación: - Solución de problemas. - Participaciones. - Tareas. - Disciplina; Actitud; Valores.

Clase	Actividades de enseñanza		Actividades de aprendizaje	Competencias genéricas	hrs %
	Descripción	N			
3.1	Por el método inductivo y con la técnica expositiva presentar el tema "Definición de la integral definida". Por el método activo resolver ejemplos y asignar ejercicios.	C3	Haber investigado el tema "Definición de la integral definida"; y participar haciendo preguntas y aclarando dudas. Participar en la resolución de ejemplos y solucionar ejercicios.	- Pensar lógica, algorítmica, heurística, analítica y sintéticamente. - Transferir el conocimiento adquirido a otros campos de aplicación. - Comunicar ideas en el lenguaje matemático.	1 29 45
3.2	Por el método analógico hacer una introducción al tema "Teoremas de cálculo integral". A continuación por el método de investigación se dan los temas sujetos de investigación y los lineamientos de presentación del informe.	C3	El grupo participa haciendo preguntas y aclarando dudas sobre la investigación y la presentación del informe sobre el tema "Teoremas de cálculo integral". Realizan la investigación y entregan el informe.	- Interpretar y procesar datos. - Pensar lógica, algorítmica, heurística, analítica y sintéticamente. - Comunicar ideas en el lenguaje matemático.	1 30 47
3.3	Empleando el método lógico y con la técnica expositiva presentar el tema "Integración definida de funciones elementales". A continuación se forman equipos quienes por la técnica de corrillos discuten la solución a problemas planteados. Por el método activo resolver ejemplos y asignar ejercicios.	C4	Haber investigado el tema "Integración definida de funciones elementales", y formar equipos para la discusión a problemas planteados y exponer sus soluciones. Participar en la resolución de ejemplos y solucionar ejercicios.	- Interpretar y procesar datos. - Modelar matemáticamente fenómenos y situaciones. - Analizar la factibilidad de las soluciones. - Resolver problemas.	3 33 52

3.4	Por el método deductivo y con la técnica expositiva presentar el tema "Integración definida de funciones algebraicas que contienen x^n". A continuación se forman parejas de alumnos que por la técnica de cuchicheo discuten la solución a problemas planteados. Por el método activo resolver ejemplos y asignar ejercicios.	C4	Haber investigado el tema "Integración definida de funciones algebraicas que contienen x^n", y formar parejas de alumnos para la discusión a problemas planteados y exponer sus soluciones. Participar en la resolución de ejemplos y solucionar ejercicios.	- Interpretar y procesar datos. - Modelar matemáticamente fenómenos y situaciones. - Analizar la factibilidad de las soluciones. - Resolver problemas.	1 34 53
3.5	Por el método activo y por la técnica expositiva se presenta el tema "Integración definida de funciones que contienen u". A continuación se forman equipos que por la técnica de corrillos discuten la solución a problemas planteados. Por el método activo resolver ejemplos y asignar ejercicios.	C4	Haber investigado el tema "Integración definida de funciones que contienen u", y formar equipos para la discusión a problemas planteados y exponer sus soluciones. Participar en la resolución de ejemplos y solucionar ejercicios.	- Interpretar y procesar datos. - Modelar matemáticamente fenómenos y situaciones. - Analizar la factibilidad de las soluciones. - Resolver problemas.	3 37 58
3.6	Por el método activo y por la técnica expositiva se presenta el tema "Integración definida de funciones que contienen las forma $u^2 \pm a^2$". A continuación se forman equipos que por la técnica de corrillos discuten la solución a problemas planteados. Por el método activo resolver ejemplos y asignar ejercicios.	C4	Haber investigado el tema "Integración definida de funciones que contienen las formas $u^2 \pm a^2$" y formar equipos para la discusión a problemas planteados y exponer sus soluciones. Participar en la resolución de ejemplos y solucionar ejercicios.	- Interpretar y procesar datos. - Modelar matemáticamente fenómenos y situaciones. - Analizar la factibilidad de las soluciones. - Resolver problemas.	2 39 61
3.7	Por el método inductivo y con la técnica expositiva presentar el tema "Integrales impropias". Por el método activo resolver ejemplos y asignar ejercicios.	C3	Haber investigado el tema "Integrales impropias"; y participar haciendo preguntas y aclarando dudas. Participar en la resolución de ejemplos y solucionar ejercicios.	- Interpretar y procesar datos. - Modelar matemáticamente fenómenos y situaciones. - Resolver problemas. - Potenciar las habilidades para el uso de software.	3 42 66
	Evaluación de la unidad.		Participar presentando exámenes.	- Resolver problemas. - Comunicar ideas. - Tomar decisiones.	1 43 67

Identificación:	Competencias específicas:	Criterios de evaluación:
No. de unidad: 4. Tema: Aplicaciones de la integral	- Discernir sobre métodos más adecuado para resolver problemas prácticos del campo de la ingeniería. - Solucionar problemas específicos del campo de la ingeniería.	- Solución de problemas. - Participaciones. - Tareas. - Disciplina; Actitud; Valores.

Cla se	Actividades de enseñanza		Actividades de aprendizaje	Competencias genéricas	hr s %
4.1	Por el método especializado hacer una introducción al tema "Cálculo de la longitud de curvas". A continuación se hace la presentación del equipo que por la técnica del simposio hará una exposición del tema. Por el método activo resolver ejemplos y asignar ejercicios.	C 2	El equipo participante presenta el tema "Cálculo de la longitud de curvas". El resto del grupo haber investigado el tema y participar preguntando y aclarando dudas. Participar en la resolución de ejemplos y solucionar ejercicios.	- Interpretar y procesar datos. - Modelar matemáticamente fenómenos y situaciones. - Discernir sobre métodos más adecuado para resolver un problema y aplicarlo. - Resolver problemas.	1 44 69
4.2	Por el método analógico y por la técnica expositiva se presenta el tema "Cálculo de áreas". A continuación por la técnica de problemas se plantean los mismos para que los alumnos den soluciones. Por el método activo resolver ejemplos y asignar ejercicios.	C 3	Haber investigado el tema "Cálculo de áreas", y sugerir soluciones a problemas planteados. Participar en la resolución de ejemplos y solucionar ejercicios.	- Interpretar y procesar datos. - Modelar matemáticamente fenómenos y situaciones. - Discernir sobre métodos más adecuado para resolver un problema y aplicarlo. - Resolver problemas.	2 46 72
4.3	Por el método inductivo y por la técnica expositiva se presenta el tema "Cálculo de volúmenes". A continuación por la técnica de problemas se plantean los mismos para que los alumnos sugieran soluciones. Por el método activo resolver ejemplos y asignar ejercicios.	C 3	Haber investigado el tema "Cálculo de volúmenes", y sugerir soluciones a problemas planteados. Participar en la resolución de ejemplos y solucionar ejercicios.	- Interpretar y procesar datos. - Modelar matemáticamente fenómenos y situaciones. - Discernir sobre métodos más adecuado para resolver un problema y aplicarlo. - Resolver problemas.	2 48 75
4.4	Por el método especializado y por la técnica expositiva se presenta el tema "Cálculo de la masa, momentos y centros de masa". A continuación por la técnica de problemas se plantean los mismos para que los alumnos den soluciones. Por el método activo resolver ejemplos y asignar ejercicios.	C 3	Haber investigado el tema "Cálculo de la masa, momentos y centros de masa", y sugerir soluciones a problemas planteados. Participar en la resolución de ejemplos y solucionar ejercicios.	- Interpretar y procesar datos. - Modelar matemáticamente fenómenos y situaciones. - Discernir sobre métodos más adecuado para resolver un problema y aplicarlo. - Resolver problemas. - Potenciar las habilidades para el uso de software.	2 50 78

| 4.5 | Por el método analógico y por la técnica expositiva se presenta el tema "Cálculo del trabajo". A continuación por la técnica de problemas se plantean los mismos para que los alumnos den soluciones.

Por el método activo resolver ejemplos y asignar ejercicios. | C 4 | Haber investigado el tema "Cálculo del trabajo", y sugerir soluciones a problemas planteados.

Participar en la resolución de ejemplos y solucionar ejercicios. | - Interpretar y procesar datos.
- Modelar matemáticamente fenómenos y situaciones.

- Discernir sobre métodos más adecuado para resolver un problema y aplicarlo.
- Resolver problemas. | 2
52
81 |
| | Evaluación de la unidad. | | Participar presentando exámenes. | - Resolver problemas.
- Comunicar ideas.
- Tomar decisiones. | 1
53
83 |

Identificación: No. de unidad: 5. Tema: Integración por series.	Competencias específicas: - Discernir sobre métodos para resolver problemas. - Evaluar las integrales definidas por series como dominio previo a las aplicaciones en la solución de problemas prácticas del campo de la ingeniería.	Criterios de evaluación: - Solución de problemas. - Participaciones. - Tareas. - Disciplina; Actitud; Valores.

Cla se	Actividades de enseñanza		Actividades de aprendizaje	Competencias genéricas	hr s %
5.1	Por el método especializado hacer una introducción al tema "Definición, clasificación y tipos de series". A continuación se hace la presentación del equipo que por la técnica del simposio hará una exposición del tema. Por el método activo resolver ejemplos y asignar ejercicios.	C 3	El equipo participante presenta el tema "Definición, clasificación y tipos de series". El resto del grupo haber investigado el tema y participar preguntando y aclarando dudas. Participar en la resolución de ejemplos y solucionar ejercicios.	- Interpretar y procesar datos. - Pensar lógica, algorítmica, heurística, analítica y sintéticamente. - Resolver problemas. - Establecer generalizaciones.	1 54 84
5.2	Por el método analógico y por la técnica expositiva se presenta el tema "Generación del enésimo término de una serie". A continuación por la técnica de problemas se plantean los mismos para que los alumnos den soluciones. Por el método activo resolver ejemplos y asignar ejercicios.	C 3	Haber investigado el tema "Generación del enésimo término de una serie", y sugerir soluciones a problemas planteados. Participar en la resolución de ejemplos y solucionar ejercicios.	- Interpretar y procesar datos. - Pensar lógica, algorítmica, heurística, analítica y sintéticamente. - Resolver problemas. - Establecer generalizaciones.	2 56 87
5.3	Por el método inductivo y por la técnica expositiva se presenta el tema "Convergencia de series". A continuación por la técnica de problemas se plantean los mismos para que los alumnos sugieran soluciones. Por el método activo resolver ejemplos y asignar ejercicios.	C 3	Haber investigado el tema "Convergencia de series", y sugerir soluciones a problemas planteados. Participar en la resolución de ejemplos y solucionar ejercicios.	- Interpretar y procesar datos. - Analizar la factibilidad de las soluciones. - Resolver problemas. - Establecer generalizaciones.	1 57 89

5.4	Por el método especializado y por la técnica expositiva se presenta el tema "Intervalo y radio de convergencia de una serie de potencia". A continuación por la técnica de problemas se plantean los mismos para que los alumnos den soluciones. Por el método activo resolver ejemplos y asignar ejercicios.	C 4	Haber investigado el tema "Intervalo y radio de convergencia de una serie de potencia", y sugerir soluciones a problemas planteados. Participar en la resolución de ejemplos y solucionar ejercicios.	- Interpretar y procesar datos. - Analizar la factibilidad de las soluciones. - Resolver problemas. - Establecer generalizaciones.	1 58 91
5.5	Por el método analógico y por la técnica expositiva se presenta el tema "Derivación e integración indefinida de series de potencia". A continuación por la técnica de problemas se plantean los mismos para que los alumnos den soluciones. Por el método activo resolver ejemplos y asignar ejercicios.		Haber investigado el tema "Derivación e integración indefinida de series de potencia", y sugerir soluciones a problemas planteados. Participar en la resolución de ejemplos y solucionar ejercicios.	- Interpretar y procesar datos. - Analizar la factibilidad de las soluciones. - Resolver problemas. - Establecer generalizaciones.	1 59 92
5.6	Por el método especializado y por la técnica expositiva se presenta el tema "Integración definida por series de potencia". A continuación por la técnica de problemas se plantean los mismos para que los alumnos den soluciones. Por el método activo resolver ejemplos y asignar ejercicios.	C 4	Haber investigado el tema "Integración definida por series de potencia", y sugerir soluciones a problemas planteados. Participar en la resolución de ejemplos y solucionar ejercicios.	- Interpretar y procesar datos. - Analizar la factibilidad de las Soluciones y resolver problemas. - Establecer generalizaciones. - Potenciar las habilidades para el uso de software.	2 61 95
5.7	Por el método analógico y por la técnica expositiva se presenta el tema "Integración definida por series de Maclaurin y series de Taylor". A continuación por la técnica de problemas se plantean los mismos para que los alumnos den soluciones. Por el método activo resolver ejemplos y asignar ejercicios.	C 4	Haber investigado el tema "Integración definida por series de Maclaurin y series de Taylor", y sugerir soluciones a problemas planteados. Participar en la resolución de ejemplos y solucionar ejercicios.	- Interpretar y procesar datos. - Resolver problemas. - Establecer generalizaciones. - Comunicar ideas en el lenguaje Matemático. - Potenciar las habilidades para el uso de software.	1 62 97
0.0	Evaluación y clausura del curso.		Participar haciendo comentarios.	- Comunicar ideas. - Tomar decisiones.	1 63 98
	Evaluación de la unidad.		Participar presentando exámenes	- Resolver problemas. - Comunicar ideas. - Tomar decisiones.	1 64 100

Anexo: B7. Apoyos didácticos:

- Aula básica. - Cañón electrónico	- Fuentes de información. - Lap-top	- Proyector de acetatos. - Software

Anexo: B8. Fuentes de información:

Clave	AUTOR	TÍTULO	EDITORIAL
Bibliografia del Maestro:			
BM/1	José Santos Valdez y Cristina Pérez	Metodología para el Aprendizaje del Cálculo Integral	Trafford, 2010.
BM/2.	Wolfram Research, Inc	Mathematica 7 (Software).	
BM/3.	José Santos Valdez Pérez	Metodología para el Aprendizaje del Cálculo Diferencial: Versión 2008	Trafford, 2008.
Bibliografia del Programa de estúdio:			
BP/1	Stewart, James B.	Cálculo con una variable.	Thomson
BP/2	Larson, Ron.	Matemáticas 2 (Cálculo integral)	McGraw-Hill, 2009.
BP/3.	Swokowski Earl W.	Cálculo con Geometría Analítica.	Iberoamérica, 2009
BP/4.	Leithold Louis.	El Cálculo con Geometría Analítica	Oxford University Press, 2009.
BP/5.	Purcell, Edwing J.	Cálculo	Pearson, 2007.
BP/6.	Ayres, Frank.	Cálculo	McGraw-Hill, 2005
BP/7.	Hasser, Norman B.	Análisis matemático Vol 1.	Trillas, 2009.
BP/8.	Courant, Richard.	Introducción al cálculo y Análisis matemático Vol 1.	Limusa, 2008.

Anexo: B9. Calendarización de evaluación:

Semana	1	2	3	4	5	6	7	8	9	10	11	12	13	14	15	16	17	18
Tiempo Planeado	Ed			Eu1			Eu2				Eu3			Eu4		Eu5	Eo2	Eo3
Tiempo Real																		

Anexo: B10. Corresponsabilidades:

Autor de elaboración	Nombre:	Fecha:	Día: Mes: Año:
Docente	Nombre:	Firma:	
Jefe del Departamento	Nombre:	Vo.Bo.	
Presidente de academia	Nombre:	Vo.Bo.	

Anexos: C. SIMBOLOGÍA:

C1. Simbología de caracteres.
C2. Simbología de letras.
C3. Simbología de funciones.

Anexo: C1. Simbología de caracteres:

SÍMBOLO	SIGNIFICADO	SÍMBOLO	SIGNIFICADO
$\approx$	Aproximadamente	$[b,\infty)$	Intervalo infinito y cerrado por la izquierda
$\cong$	Aproximadamente ó igual	$[a,b)$	Intervalo semiabierto por la derecha
β	Beta	$(a,b]$	Intervalo semiabierto por la izquierda
ρ_l	Densidad laminar	+	Más; Signo de suma
ρ_m	Densidad de masa	$\pm$	Más ó menos
$\neq$	Diferente	>	Mayor que
$\div$	Entre; Signo de división	$\leq$	Menor ó igual que
$\in$	Es, está, existe, pertenece	<	Menor que
=	Igual	$\geq$	Mayor ó igual que
$\rightarrow$	Implica; tiende a	-	Menos, Menor que; Signo de resta
Δ	Incremento, delta	$-\alpha$	Menos infinito
Δx	Incremento de "x"	$\notin$	No existe, no pertenece
Δy	Incremento de "y"	$\forall$	Para todo
α	Infinito, alfa	$\perp$	Perpendicular
$\int$	Integral indefinida	π	Pi ≈ 3.1416
$\int_a^b$	Integral definida	$\times$	Por; Signo de multiplicación
¿	Interrogación (apertura).	.	Por; Signo de multiplicación
?	Interrogación (cierre).	$\therefore$	Por lo tanto; de donde
$\cap$	Intersección	$\sqrt{\ }$	Raíz cuadrada
		$\sqrt[n]{\ }$	Raíz enésima
		$\Leftrightarrow$	Sí y sólo sí
$[a,b]$	Intervalo cerrado	$\sum$	Sumatoria
$(-\infty,\infty)$	Intervalo infinito	$\sum_a^b$	Sumatorio que inicia en "a" y termina en "b".
$(-\infty,a)$	Intervalo infinito y abierto por la derecha	$\cup$	Unión
(b,∞)	Intervalo infinito y abierto por la izquierda	$|a|$	Valor absoluto de a
$(-\infty,a]$	Intervalo infinito y cerrado por la derecha		

Anexo: C2. Simbología de letras:

SÍMBOLO	SIGNIFICADO	SÍMBOLO	SIGNIFICADO
a	Límite inferior de la integral definida	NA	No aprueba
A	Área	p	Punto " p ", Presión
b	Límite superior de la integral definida	$PM\overline{ab}$	Punto medio entre $"a"\ y\ "b"$
c	Punto "c"; Punto límite "c"; Constante de integración	P(x, y)	Punto "P"
cm	Centímetros	$p(x)$	Polinomio de variable "x"
c.m.	Centro de masa	Q	Punto "Q"
du	Diferencial de "u"	r	Radio
dv	Diferencial de "v"	R^{+}	Números reales positivos
dy	Diferencial de "y"	R^{2}	Plano cartesiano
d	Distancia	s	Espacio
e	Número $"e"\ \big|\ e \approx 2.71828$	t	Tiempo
f	Función;	T	Recta tangente
F	Fuerza	T_{0}	Tarea evaluada con cero puntos
ft	Pies	T_{1}	Tarea evaluada con cinco puntos
h	Altura	T_{2}	Tarea evaluada con diez puntos
I	Intervalo;	T_{3}	Tarea evaluada con quince puntos
k	Constante; Constante de proporcionalidad	T_{4}	Tarea evaluada con veinte puntos
lb	Libras	u	Cualquier función; Unidades
$lím$	Límite	v	Cualquier función; Velocidad
$\ln$	Logaritmo natural	V	Volumen
lt	Litro	W	Trabajo
L	Límite; Longitud de arco	x	Coordenada "x" ó absisa
L^{-}	Límite lateral izquierdo	X	Recta horizontal; Eje de las "x$_s$"
L^{+}	Límite lateral derecho	x→c	"x" tiende a "c"
m	Pendiente; masa; eme	x→c^{+}	"x" tiende a "c" por la derecha
m_{T}	Pendiente de la recta tangente	x→c^{-}	"x" tiende a "c" por la izquierda
m_{S}	Pendiente de la recta secante	(x, y)	Pareja ordenada "x" e "y"; Punto en R^2
M_{x}	Momento con respecto a "x"	y	Coordenada "y" ú ordenada
M_{y}	Momento con respecto a "y"	Y	Eje de las "Y$_s$"
$"n"$	Ene potencia	Z	Números enteros
$n!$	n factorial	Z^{-}	Números enteros negativos
N	Números naturales	Z^{+}	Números enteros positivos

Anexo: C3. Simbología de funciones:

SÍMBOLO	SIGNIFICADO	SÍMBOLO	SIGNIFICADO
f	Función;	$y = \cos x$	Función coseno
$f(x)$	Función f de variable "x"	$y = \cosh x$	Función coseno hiperbólico
f'	Primera derivada de la función f	$y = \csc x$	Función cosecante
f''	Segunda derivada de la función f	$y = \cot x$	Función cotangente
f^n	Enésima derivada de la función f	$y = \coth x$	Función cotangente hiperbólica
$f'(x)$	Derivada de la función $y = f(x)$	$y = \csc h x$	Función cosecante hiperbólica
$f''(x)$	Segunda derivada de la función f	$y = f\,trig\,x$	Función elemental trigonométrica
$f^n(x)$	Enésima derivada de la función f	$y = f\,hiper\,p(x)$	Función hiperbólica
$f(kx)$	Función múltiplo escalar	$y = f\,hiper\,x$	Función elemental hiperbólica
$(fg)(x)$	Función producto	$y = f\log p(x)$	Función logarítmica de $p(x)$
$(f/g)(x)$	Función cociente	$y = f\log x$	Función elemental logarítmica
$(f \circ g)(x)$	Función composición	$y = f\,trig\,p(x)$	Función trigonométrica
$g(x)$	Función g de variable "x"	$y = f\exp p(x)$	Función exponencial
u	Cualquier función; Unidades	$y = f\exp x$	Función elemental exponencial
v	Cualquier función; Velocidad	$y = f(x)$	Función
$y = a^x$	Función elemental exponencial de base "a"	$y = \sec h x$	Función secante hiperbólica
$y = a^{p(x)}$	Función exponencial de base "a".	$y = sen\,x$	Función seno
$y = arc\cos x$	Función inversa del coseno	$y = \ln p(x)$	Función logaritmo natural de $p(x)$
$y = \arccos h x$	Función inversa del coseno hiperbólico	$y = \ln x$	Función logaritmo natural de x
$y = arc\coth x$	Función inversa de la cotangente hiperbólica	$y = \log_a p(x)$	Función logaritmo de base "a"
$y = arc\csc x$	Función inversa de la cosecante	$y = \log_a x$	Función elemental logaritmo de base "a"
$y = arc\csc h x$	Función inversa de la cosecante hiperbólica	$y = senh\,x$	Función seno hiperbólico
$y = arc\sec x$	Función inversa de la secante	$y = \tan x$	Función tangente
$y = arc\sec h x$	Función inversa de la secante hiperbólica	$y = tgh\,x$	Función tangente hiperbólica
$y = arc\,sen\,x$	Función inversa del seno	$y = \log_{10} p(x)$	Función logaritmo común base "10"
$y = arcsenh\,x$	Función inversa del seno hiperbólico	$y = \log_{10} x$	Función elemental logaritmo común de base "10"
$y = arc\tan x$	Función inversa de la tangente	$y = \sec x$	Función secante
$y = \arctan h x$	Función inversa de la tangente hiperbólica		

NOMBRE DE LA INSTITUCIÓN EDUCATIVA
Registro escolar
C á l c u l o   I n t e g r a l

No. de lista: _____
Fecha: ___/___/___
Hora de clase: _____/_____
Años cumplidos: _____
Sexo: M O F O
Recursando: Si O No O

Alumno: _____ _____ _____
Apellido Paterno Apellido Materno Nombre (s)

1. INFORMACIÓN PERSONAL:

Semestre que cursas: ___ Especialidad:_____ Correo electrónico:_____
Si estas recursando la materia, con qué Maestro la reprobaste?_____
Cuáles consideras las tres causas de reprobación:1ª_____2ª_____3ª_____
Es la especialidad que tu elegiste ? Si O No O Si la respuesta es no entonces cuál te gustaría cursar?_____
Trabajas?: Sí O No O Si la respuesta es sí donde y en qué?_____
Realizas otros estudios: Si O No O Si la respuesta es sí donde y qué?_____
Lugar de nacimiento: Población:_____ Estado:_____
Estudios de bachillerato: Nombre de la escuela:_____
              Población:_____Estado:_____
              Especialidad del bachillerato:_____

1. Tiene un método para estudiar: Si O Más o menos O No O   8. Tienes Internet en tu casa: Si O No O
2. Tienes un horario de estudio: Si O Más o menos O No O   9. Tienes correo electrónico: Si O No O
3. Sabes estudiar en libros: Si O Más o menos O No O   10. Tiene calculadora científica: Si O No O
4. Sabes estudiar en computadora: Si O Más o menos O No O   11. Tienes calculadora graficadora: Si O No O
5. Sabes estudiar en equipo: Si O Más o menos O No O   12. Tienes computadora personal: Si O No O
6. Tienes cuarto de estudio: Si O No O   13. Tienes computadora portátil: Si O No O
7. Tienes un lugar de estudio: Si O No O   14. Tienes mini laptop: Si O No O

2.- EXPECTATIVAS:

Qué esperas del curso?   Qué esperas del Maestro?:

1. _____   1. _____
2. _____   2. _____
3. _____   3. _____

3. INFORMACIÓN ACADÉMICA:

En el bachillerato cursaste cálc. Integral?____ Promedio de matemáticas en el bachillerato:___ Qué calificación esperas:____

Materias cursadas en el tecnológico   Habilidades tecnológicas:

1. _____ Cal_____   1. Sabes usar Internet: Sí O No O
2. _____ Cal_____   2. Sabes usar la calculadora científica: Sí O No O
3. _____ Cal_____   3. Sabes usar una calculadora graficadora: Sí O No O
4. _____ Cal_____   4. Sabes obtener una derivada con calculadora: Sí O No O
5. _____ Cal_____   5. Sabes obtener un límite con software de matemáticas: Sí O No O
6. _____ Cal_____   6. Sabes obtener una derivada con software de matemáticas: Sí O No O
7. _____ Cal_____   7. Sabes usar software: Mathematica; Derive, Maple; Matlab; Otro? Sí O No O

Conoces lo siguiente:

1. Números reales: Si O Más o menos O No O   7. Derivadas básicas: Si O Más o menos O No O
2. Factorización: Si O Más o menos O No O   8. Derivadas (productos y cocientes): Si O Más o menos O No O
3. Funciones: Si O Más o menos O No O   9. Integral indefinida: Si O Más o menos O No O
4. Límites: Si O Más o menos O No O   10. Integral definida: Si O Más o menos O No O
5. Graficación básica: Si O Más o menos O No O   11. Calcular áreas con cálculo integral: Si O Más o menos O No O
6. Reglas de   Si O Más o menos O No O   12. Calcular volúmenes con cálculo   Si O Más o menos O No O
   graficación: integral:

4.- DEPORTE Y/O CULTURA:

Practicas deporte: Sí O No O _____ Para el tecnológico Sí O No O Nivel: Inicial O Medio: O | Selección: O
Practicas cultura: Sí O No O _____ Para el tecnológico Sí O No O Nivel: Inicial O Medio: O | Avanzado: O

5.- Algún comentario o recomendación que quieras hacer:_____

ITS EXÁMEN DE CALCULO INTEGRAL			Unidad:	Tema:		
			Oportunidad: 1a.O 2a.O 3a.O			
Apellido paterno	Apellido materno	Nombre(s)	Fecha:		Hora:	No. de lista
Examen	Participaciones	Tareas	Otras		Calificación final	

Anexo: F. LISTA DE ALUMNOS.

NOMBRE DE LA INSTITUCIÓN EDUCATIVA
LISTA DE ALUMNOS
Materia: Cálculo integral

Semestre: Hora: Aula: Maestro:

ALUMNO				UNIDADES							Califi-
No	Nombre	Esp	Op	1	2	3	4	5	Prom edio	Op	cación final
1											
2											
3											
4											
5											
6											
7											
8											
9											
10											
11											
12											
13											
14											
15											
16											
17											
18											
19											
20											
21											
22											
23											
24											
25											

CLAVES:
O 1a oportunidad   ● Participación   A Asistencia   Esp Especialidad
□ 2a oportunidad   T Tarea   F Falta   Exe Examen sorpresa
△ 3a oportunidad   C Conferencia
Op Oportunidad   NP No presento

ÍNDICE: